激光技术与太阳能电池

王月 王彬 王春杰 著

北京

冶金工业出版社

2018

内 容 提 要

本书介绍了一种新颖的基于激光技术提升薄膜太阳能电池效率的方法。全书共6章：第1章介绍了太阳能电池的研究背景；第2章介绍了晶硅太阳能电池原理及分类，侧重点是太阳能电池的原理和结构等；第3章介绍了太阳能电池的分类，详细介绍了各种太阳能电池的发展和现状；第4章介绍了固体激光器，详细介绍了固体激光器的工作原理和 Nd:YAG 激光器；第5章介绍了固体激光器制备太阳能电池的理论分析及应用；第6章介绍了固体激光器对电池效率的影响，侧重点是激光器的优化以及激光器的功率、速度对硅片的影响。

本书内容涉及电池的基本原理、分类、制备工艺及过程，可作为从事太阳能电池行业研究人员的入门读物，也可以作为本科生和硕士研究生学习薄膜太阳能电池入门课程的参考书。

图书在版编目(CIP)数据

激光技术与太阳能电池/王月，王彬，王春杰著. —
北京：冶金工业出版社，2018.5
ISBN 978-7-5024-7761-5

Ⅰ.①激… Ⅱ.①王… ②王… ③王… Ⅲ.①激光
技术—应用—太阳能电池—研究 Ⅳ.①TM914.4

中国版本图书馆 CIP 数据核字(2018)第 069245 号

出版人 谭学余
地 址 北京市东城区嵩祝院北巷 39 号 邮编 100009 电话 (010)64027926
网 址 www.cnmip.com.cn 电子信箱 yjcbs@cnmip.com.cn
责任编辑 于昕蕾 美术编辑 吕欣童 版式设计 孙跃红
责任校对 郭惠兰 责任印制 牛晓波
ISBN 978-7-5024-7761-5
冶金工业出版社出版发行；各地新华书店经销；固安华明印业有限公司印刷
2018 年 5 月第 1 版，2018 年 5 月第 1 次印刷
169mm×239mm；14.25 印张；276 千字；216 页
54.00 元
冶金工业出版社 投稿电话 (010)64027932 投稿信箱 tougao@cnmip.com.cn
冶金工业出版社营销中心 电话 (010)64044283 传真 (010)64027893
冶金书店 地址 北京市东四西大街 46 号(100010) 电话 (010)65289081(兼传真)
冶金工业出版社天猫旗舰店 yjgycbs.tmall.com
(本书如有印装质量问题，本社营销中心负责退换)

前　言

　　随着现代工业的飞速发展，能源危机和大气污染等问题日益突出。由于不可再生能源的减少和环境污染的双重压力，光伏产业得到了迅猛发展。目前，光伏产业包括两大技术路线：晶硅电池和薄膜电池。晶硅太阳能电池是目前技术最成熟、商业化程度最高的产品，市场占有率已经达到90%以上。而对薄膜太阳能电池的技术研究一直处于探索阶段，但经过近几十年的研究也获得了丰硕的成果。太阳能电池的发展趋势是转化效率逐渐提高、成本逐渐降低，并且应用领域也在不断地扩大，总产量也在不断地增加。

　　我国有丰富的太阳能源，光伏发电具有巨大的潜力，而且我国目前已经在国际光伏产业上占有重要的一席之地。目前，综合来看，晶体硅太阳能电池仍然是主体，晶体硅太阳能电池具有较为成熟的制作工艺，转化效率不断提高，制作成本大幅度降低，所以在未来的一段时间内，晶体硅太阳能电池仍然是光伏主流产品。

　　随着激光技术的不断发展，激光设备已解决各个领域通过普通工艺无法完成的技术难题，在各种激光器中，固体激光器具有结构牢固、稳定性强、良好的热性能和力学性能等优点，尤其适用于加工太阳电池。利用固体激光器制备局部背接触太阳电池能够满足工业生产对成本低廉且电池性能优良的需求。但不恰当的使用也会对电池造成损伤，若激光能量过大会使多余的热量传递至硅基底从而改变硅表面微结构。若输出能量过小，则会导致背沉积层不能被移除，电池串联电阻大，影响电池光电转换效率。因此降低激光器对硅片的损伤，对于提高太阳电池效率具有重要意义。

本书内容涵盖了太阳能电池的基本工作原理与分类，固体激光器的工作原理、分类以及制备太阳能电池的理论分析，以及激光器对太阳能电池效率的影响等内容。全书分为6章：第1章介绍了太阳能电池的研究背景，包括太阳能电池的发展现状以及新趋势；第2章介绍了晶硅太阳能电池原理及分类，侧重点是太阳能电池的原理和结构，以及相关参数和影响因素等；第3章介绍了太阳能电池的分类，详细介绍了目前几种主流太阳能电池的发展和现状以及几种新型太阳能电池的发展情况；第4章介绍了固体激光器，详细介绍了固体激光器的组成、工作原理、分类以及Nd:YAG激光器等；第5章介绍了固体激光器制备太阳能电池的应用及影响因素，同时还介绍了激光掺杂和表面织构化等相关内容；第6章介绍了固体激光器对电池效率的影响，侧重点是通过优化激光器的工作参数研究激光器的功率、速度对硅片的影响。

本书在编写过程中参考了大量的著作和文献资料，无法全部列出，在此谨向作者致以谢意。

随着太阳能电池技术的飞速发展，本书在编写过程中可能存在不足之处，同时书中的研究方法和结论也有待更新和更正。由于编者知识面、水平以及掌握的资料有限，书中难免有不当之处，欢迎各位读者批评指正。

作　者
2018 年 1 月

目　录

1 绪 论

能源是现代社会发展的动力与基石。进入 21 世纪后，随着全球经济的飞速发展，各国对能源的需求也与日俱增。与此同时，如何实现可持续发展也是人类面临的紧迫问题。化石能源的大量使用带来的全球变暖、大气污染等问题日益严重。这是人类实现人与自然和谐可持续发展进程中的重大挑战[1]。

不可再生的化石能源储量日益枯竭，根据 BP 在 2016 年发布的 BP 世界能源统计年鉴（BP Statistical Review of World Energy 2016）中发布的数据[2]，2015 年末，世界石油储量为 17000 亿桶，2014 年日均开采量则为 8867.3 万桶，如按照此速率持续开采并未能在将来发现大规模的新油田，则石油将在 52 年之后彻底枯竭[3]。图 1-1 为目前世界及中国能源结构现状，从图中可知，目前的能源主要还是以原煤和原油为主体。然而这些能源的日渐枯竭已经成为现代社会发展的拦路虎。

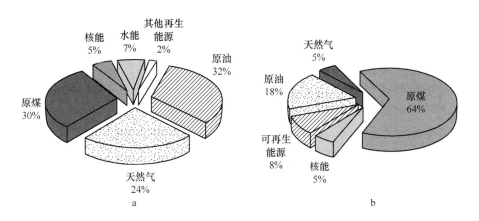

图 1-1 世界（a）及中国（b）能源结构现状

在这种严峻的形势下，尽快开发和利用可再生清洁能源已成为各国能源战略中的重中之重。太阳能、风能、水能、核能、生物能等是人类现阶段已探明可大规模利用的清洁能源。众所周知，太阳能是一种取之不尽、用之不竭的清洁能源，储量巨大。当前世界面临资源、环境、饥饿与贫穷的挑战，在寻求人类社会可持续发展的进程中，太阳能的利用逐渐得到各国政府的重视。德国气候变迁委员会预测，太阳能在未来的能源结构中所占的比例将越来越大，到 2100 年可达到 70%[3]。太阳能作为一种高效、无污染、遍及全球的可再生资源，目前已逐渐被各行各业所利用。这对缓解全球能源紧张状况，控制大气污染与全球温室化效应，同时提高各国人民的生活质量，具有非常重要的意义[4]。

据欧洲光伏工业协会 EPIA 预测，太阳能光伏发电在 21 世纪会占据世界能源消费的重要席位（图 1-2），不但要替代部分常规能源，而且将成为世界能源供应的主体。预计到 2030 年，可再生能源在总能源结构中将占到 30% 以上，而太阳能光伏发电在世界总电力供应中的占比也将达到 10% 以上；到 2040 年，可再生能源将占总能耗的 50% 以上，太阳能光伏发电将占总电力的 20% 以上；到 21 世纪末，可再生能源在能源结构中将占到 80% 以上，太阳能发电将占到 60% 以上[4,5]。这些数字足以显示出太阳能光伏产业的发展前景及其在能源领域重要的战略地位。

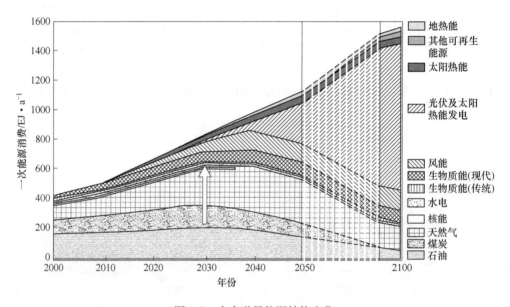

图 1-2　未来世界能源结构变化

地表的风能、水能、生物质能，地下的石油、天然气、煤炭等化石能源，从根本来说都是太阳的辐射能。广义上的太阳能范畴很大，狭义上的可利用的太阳能则基本分为太阳辐射能的光热、光电、光化学的直接转换[6~8]。太阳能光电转换技术是将太阳能通过光电转换器转换成电能，这也就是被大家所熟知的光伏发电。从长远的观点看，太阳能作为新能源和可再生能源之一，因为清洁环保、永不衰竭的特点，受到世界各国的青睐。充分利用太阳能，对于替代常规能源，保护自然环境，促进经济可持续发展具有极为重要的现实意义和深远的历史意义。

1.1 太阳能发展历程

1.1.1 早期的太阳能利用

人类利用太阳能已有 3000 多年的历史。将太阳能作为一种能源和动力加以利用，只有 300 多年的历史。近代太阳能利用历史可以从 1615 年法国工程师所罗门·德·考克斯在世界上发明第一台太阳能驱动的发动机算起，该发明是一台利用太阳能加热空气使其膨胀做功而抽水的机器。在 1615 ~ 1900 年之间，世界上又研制成多台太阳能动力装置和一些其他太阳能装置。这些动力装置几乎全部采用聚光方式采集阳光，发动机功率不大，工质主要是水蒸气，价格昂贵，实用价值不大，大部分为太阳能爱好者个人研究制造[9]。

1.1.2 工业化太阳能的利用

在第二次世界大战结束后的 20 年中，一些有远见的人士已经注意到石油和天然气资源正在迅速减少，呼吁人们重视这一问题，从而逐渐推动了太阳能研究工作的恢复和开展，并且成立太阳能学术组织，举办学术交流和展览会，再次兴起太阳能研究热潮。1952 年，法国国家研究中心在比利牛斯山东部建成一座功率为 50kW 的太阳炉。1960 年，在美国佛罗里达建成世界上第一套用平板集热器供热的氨－水吸收式空调系统，制冷能力为 5 冷吨。1961 年，一台带有石英窗的斯特林发动机问世。在这一阶段里，加强了太阳能基础理论和基础材料的研究，取得了如太阳选择性涂层和硅太阳电池等技术上的重大突破。平板集热器有了很大的发展，技术上逐渐成熟[10,11]。

1.1.3 中国近代太阳能的利用兴起

1975 年，在河南安阳召开"全国第一次太阳能利用工作经验交流大会"，进一步推动了我国太阳能事业的发展。这次会议之后，太阳能研究和推广工作纳入了我国政府计划，获得了专项经费和物资支持。一些大学和科研院所，纷纷设立太阳能课题组和研究室，有的地方开始筹建太阳能研究所。当时，我国也兴起了开发利用太阳能的热潮。

在全球倡导低碳经济的今天，太阳能作为一种清洁的可再生能源，越来越受到各国政府的重视。目前太阳能光伏发电的成本是燃煤的 11 ~ 18 倍，因此各国太阳能电池产业的发展大多依赖政府补贴，补贴的规模决定着该国太阳能电池产业的发展规模。在政府补贴力度上，德国、西班牙、法国、美国、日本等发达国家最大。2008 年，西班牙推出了优厚的太阳能电池产业补贴政策，使其国内太阳能电池产业出现了爆发式发展，一度占据了世界太阳能电池产量的前三强。2009 年德国太阳能电池组件安装量高达 3200MW，占全球总安装量的 50.4%。

在各国政府的大力支持下，太阳能电池产业得到了快速发展。2006～2009年，全球太阳能电池产量的年均增长率为60%。由于受到金融危机的影响，2009年上半年太阳能电池产量的增速有所放缓，随着下半年市场的复苏，全年太阳能电池产量达到了10431MW，比2008年增长42.5%[12]。

目前，我国已形成了完整的太阳能电池产业链。国内从事光伏产业的企业数量达到580余家，从业人数约30万。2009年，我国多晶硅、硅片、太阳能电池和组件产能分别占据全球总产能的25%、65%、51%和61%，太阳能电池产量也占了总产量的4成以上，太阳能光伏产业出口创汇金额约为158亿美元。从产业布局上来看，国内的长三角、环渤海、珠三角及中西部地区已形成了各具特色的区域产业集群，并涌现出了无锡尚德、江西赛维、天威英利等一批知名企业。2007年我国成为太阳能电池第一生产大国[13]。预计2010年中国太阳能电池产量达到8000MW，约占全球总产量一半，居世界首位。山东、江苏、陕西、甘肃、青海、宁夏及海南省已经将太阳能电池产业的发展列入地方发展规划。目前国内太阳能电池市场规模较小，国内生产的产品90%以上靠出口。这种过度依赖出口的产业发展模式易受国际需求变化的影响，增加了行业经营风险。在2008年的全球金融危机中，因西方国家削减了光电产品价格补贴，直接导致了中国许多太阳能电池企业的倒闭[14]。

1.1.4 世界范围内开发利用太阳能热潮

20世纪70年代兴起的开发利用太阳能热潮，进入80年代后不久开始落潮，逐渐进入低谷。世界上许多国家相继大幅度削减太阳能研究经费，其中美国最为突出。导致这种现象的主要原因是：世界石油价格大幅度回落，而太阳能产品价格居高不下，缺乏竞争力。核电发展较快，对太阳能的发展起到了一定的抑制作用。由于需要大量燃烧矿物能源，造成了全球性的环境污染和生态破坏，对人类的生存和发展构成威胁。在这样的背景下，1992年联合国在巴西召开"世界环境与发展大会"，会议通过了《里约热内卢环境与发展宣言》，这次会议之后，世界各国加强了清洁能源技术的开发，将利用太阳能与环境保护结合在一起，使太阳能利用工作走出低谷，逐渐得到加强。尽管如此，从总体来看，20世纪取得的太阳能科技进步仍比以往任何一个世纪都大[15~17]。

1.1.5 开发利用太阳能成为主流趋势

在生存环境破坏严重、能源日益紧缺的今天，如何开发环保能源成为一个全球性话题。太阳能作为一种免费、清洁的能源，受到世界各国的重视，不断有大型太阳能电站涌现，而且不断有国家声称要建成世界上最大的太阳能电站。目前世界上太阳能发电技术日趋成熟，截止到2008年年底全球共安装了超过1700个太阳能发电站，平均大小为 200kW。累加的太阳能发电总量已经超过 3200MW。截至 2008 年，有大约 800 个太阳能发电站运行或试运行，规模都大于 1MW。最新的世界能源统计资料表明，太阳能发电产业在最近 5 年的年均增长速度超过 30%。

改善太阳能电池的性能，降低制造成本以及减少大规模生产对环境造成的影响是未来太阳能电池发展的主要方向。作为太阳能电池材料，其中[18]：

（1）由于多晶硅和非晶硅薄膜电池具有较高的转换效率和相对较低的成本，将最终取代单晶硅电池，成为市场的主导产品；

（2）Ⅲ-Ⅴ族化合物及 CIS 等属于稀有元素，尽管转换效率很高，但从材料来源看，这类太阳能电池不可能占据主导地位；

（3）有机太阳能电池对光的吸收效率低，从而导致转换效率低；

（4）染料敏化纳米 TiO_2 薄膜太阳能电池的研究已取得喜人成就，但还存在如敏化剂的制备成本较高等问题。

另外目前多沿用液态电解质，但液态电解质存在易泄漏、电极易腐蚀、电池寿命短等缺陷，使得制备全固态太阳能电池成为一个必然方向。目前，大部分全固态太阳能电池光电转换率都不是很理想。纳米晶太阳能电池以其高效、低价、无污染的巨大优势挑战未来。人们相信，随着科技发展以及研究推进，这种太阳能电池应用前景广阔无限。

1.1.6 太阳能电池发展进程

1.1.6.1 第一代太阳能电池

第一代太阳能电池包括单晶硅太阳能电池和多晶硅太阳能电池。从单晶硅太阳能电池发明开始到现在，尽管硅材料有各种问题，但仍然是目前太阳能电池的主要材料，其比例约占整个太阳电池产量的 90% 以上。我国北京市太阳能研究所从 20 世纪 90 年代起开始进行高效电池研究，采用倒金字塔表面织构化、发射区钝化、背场等技术，使单晶硅太阳能电池的效率达到了 19.8%。

1.1.6.2 第二代太阳能电池

第二代太阳能电池是基于薄膜材料的太阳能电池。薄膜技术所需的材料较晶体硅太阳能电池少得多，且易于实现大规模生产。薄膜电池主要有非晶硅薄膜电池、多晶硅薄膜电池、碲化镉以及铜铟硒薄膜电池。我国南开大学于 20 世纪 80 年代末开始研究铜铟硒薄膜电池，目前在该研究领域处国内领先、国际先进地位。其制备的铜铟硒太阳能电池的效率已经超过 12%。铜铟硒薄膜太阳能电池的试生产线亦已建成。我国在染料敏化纳米薄膜太阳能电池的科学研究和产业化研究上都与世界研究水平相接近。我国在染料敏化剂、纳米薄膜修饰和电池光电效率上都取得与世界相接近的科研水平，在该领域具有一定的影响力。

1.1.6.3 第三代太阳能电池

第三代太阳能电池必须具有以下条件：薄膜化，转换效率高，原料丰富且无毒。目前第三代太阳能电池还在进行概念和简单的试验研究。已经提出的第三代太阳能电池主要有叠层太阳电池、多带隙太阳能电池等。虽然太阳能电池材料的研究已到了第三个阶段，但是在工艺技术的成熟程度和制造成本上，都不能和常规的硅太阳能电池相提并论。硅太阳能电池的制造成本经过几十年的努力终于有了大幅度的降低，但是与常规能源相比，仍然比较昂贵，这又限制了它的进一步大规模应用。鉴于此点，开发低成本、高效率的太阳能电池材料仍然有很长的路要走[19,20]。

1.2 太阳能发电的优势与不足

1.2.1 太阳能发电的优点

太阳能发电具有如下优点[21]：

（1）能源巨大。太阳能是巨大的无污染的可再生能源，每天送到地球表面的辐射能大约相当于 2.5 亿万桶石油。太阳是一个巨大无尽的洁净能源中心，在太阳内部进行的由"氢"到"氦"核聚变反应已经持续了几十亿年，其向宇宙空间辐射的能量功率为 3.8×10^{15} 亿千瓦，其中 22 亿分之一到达地球大气层，30% 被大气层反射，23% 被大气层吸收，其余的到达地球表面，其功率为 8.0×10^5 亿千瓦，也就是说太阳每秒照射到地球上的能量就相当于燃烧 500 万吨煤释放的热量。

（2）能量长久。太阳的寿命还有上百亿年，太阳能是"取之不尽，用之不竭"的能源库。地球上的风能、水能、海洋温差能、波浪能和生物质能以及部分潮汐能都是来源于太阳，即使是地球上的化石燃料（如煤、石油、天然气等）从根本上说也是远古以来贮存下来的太阳能。因此广义的太阳能所包括的范围非常大，狭义的太阳能则限于太阳辐射能的光热、光电和光化学的直接转换。开发利用太阳能，使之成为能源体系中重要的替代能源可以说是人类能源战略上的终极理想。

（3）分布广泛。太阳光普照地球，无论陆地、海洋、高山和海岛。处处都有阳光普照，不受地域的限制，只要需要，就可开发和利用，不需要开采、运输和输送。

（4）没有污染。开发利用太阳能不会污染环境，没有任何废弃物，没有噪声，是理想的最清洁的能源。

（5）成本低廉。太阳能发电不需要燃料，没有运动部件，不易损坏，维护简单，运行成本低廉。

（6）建设周期短。太阳能发电建设周期短，变化灵活，节约建设时间和减少工程量，容易增加或减少容量，避免浪费。

1.2.2 太阳能发电的缺点

太阳能发电具有如下缺点[21]：

（1）能量密度低。太阳辐射到地球表面的太阳能总量大，但是照射的能量分布密度小，正午时分地面上在垂直于太阳光方向 $1m^2$ 面积上接收到太阳能平均有 1000W 左右，按全年日夜平均只有 200W 左右。因此利用要占很大的面积。

（2）不稳定性。地面获得太阳能辐射具有间歇性和随机性，主要受到四季、昼夜、地理纬度和海拔高度等自然条件的限制以及晴、阴、云、雨等气候条件的影响。

（3）效率低，价格高。目前太阳能开发与利用处于发展阶段，理论可行，技术成熟。但是，太阳能利用装置的效率还不高，价格较贵，为常规发电的 5～15 倍，生物质发电（沼气发电）的 7～12 倍，风能发电的 6～10 倍，经济性不能与常规能源相竞争。但太阳能与其他新能源相比在资源潜力和持久适用性方面更具优势，从长远前景来看，光伏发电是最具潜力的战略替代发电技术。随着科技创新与技术的发展，这个状况会逐渐改善。

1.3 太阳能发电现状与发展前景

1.3.1 太阳能电池的生产与应用

早在 1839 年，法国科学家贝克雷尔（Becqurel）就发现，光照能使半导体材料的不同部位之间产生电位差。这种现象后来被称为"光生伏打效应"，简称"光伏效应"。1954 年，美国科学家恰宾和皮尔松在美国贝尔实验室首次制成了实用的单晶硅太阳能电池，第一个太阳能电池的效率为 6%，经过改进，效率达到了 10%，并于 1958 年装备于美国的先锋 1 号人造卫星上，成功地运行了 8 年。开始了将太阳光能转换为电能的实用光伏发电技术。20 世纪 70 年代以后，由于技术的进步，太阳能电池的材料、结构、制造工艺等方面不断改进，降低了生产成本，开始在地面应用，光伏发电逐渐推广到很多领域。但是，由于价格问题，市场没有打开，太阳能电池产量的年增长率平均为 12% 左右[22]。

1.3.2 光伏产业飞速发展

随着太阳能电池的种类不断增多，应用范围日益广阔，市场规模逐步扩大。至 1994 年，世界太阳能电池销售量已达 64MW，呈飞速发展之势。21 世纪以来，一些发达国家纷纷制定了发展包括太阳能电池在内的可再生能源计划。太阳能电池的研究和生产在欧洲、美洲、亚洲大规模铺开。美国和日本为争夺世界光伏市场的霸主地位，争相出台太阳能技术的研究开发计划。日本在 1994 年出台了新阳光计划；欧盟在 1997 年出台了百万屋顶计划；德国在 1999～2003 年出台了十万屋顶计划；德国 2004 年出台了可再生能源法及新补贴计划；西班牙及意大利在 2005 年实施了类似德国的计划；中国在 2006 年实施了可再生能源法；美国加州在 2006～2011 年开展了 30 亿美元，100 万家庭太阳能系统，3000MW·h 发电量的计划。从 1997 年开始，全球太阳能电池的产量年增长率平均为 40% 以上。最近 5 年，更是达到了 49.5%。2003 年全世界生产总量更达到 744MW。2007 年全球太阳能电池产量达 3436MW，较 2006 年增长了 56%。2008 年全球太阳能电池产量达 6.4GW，增速近 100%，其中中国 2GW，欧洲 1.6GW，日本 1.2GW，美国 700MW，其他国家和地区是 850MW。发达国家正在把太阳能的开发利用作为能源革命的主要内容和长期规划，光伏产业正日益成为国际上继 IT、微电子产业之后又一爆炸式发展的行业。

进入 21 世纪，全球各国政府通过颁布优惠政策与相关法律加速可再生能源的开发利用，这极大促进了光伏行业的发展。越来越多的国家开始实行"阳光计划"，开发太阳能能源。如美国的"光伏建筑计划"、欧洲的"百万屋顶光伏计划"、日本的"朝日计划"以及我国已开展的"光明工程"等[23～25]。

目前，太阳能电池的应用领域非常广泛，已经遍及军事和航天领域，并且深入到与生活息息相关的行业，如农渔业、市政灯光等部门，尤其在一些偏远的山区和地形比较复杂的地区使用小型光伏发电组件可以节约架设线路的费用。目前晶体硅电池占据着绝大多数的市场份额，是光伏发电市场的主要产品。因为晶体硅太阳能电池技术日益成熟，生产成本逐年走低，光电转化效率较高，电池各组件寿命长。在将来很长一段时间内仍是太阳能电池发展的主流选择。然而，目前技术生产的晶体硅太阳能电池的光电转换效率还有较大的提升空间，提高太阳能电池的光电转换效率仍然是光伏企业提高收益的主要手段。提高转化效率可以通过采用优异的电池结构来实现。目前，很多光伏企业开发出新的电池结构以及优化生产工艺，如 PERC 结构电池、IBC 结构电池、MWT 结构电池、背接触电池等，这些电池的光电转换效率都较传统电池有非常大的提高，但是仍然有非常大的提升空间。表 1-1 给出了世界各国政府推出的光伏产业发展扶持相关政策[26]。

德国、美国、日本三个国家是主要的利用太阳能的国家，集中了太阳能电池的主要生产商，也是产品主要的需求国。西班牙则发展迅速。德国太阳能装机容量在 2007 年达到 1328MW，占世界新增容量的 47%。德国是目前全球最大的太阳能发电市场，而西班牙是增长最快的市场之一，2007 年新增太阳能光伏发电装机容量 640MW，同比增长 480%，成为全球新的第二大市场。美国市场新增 220MW，同比增长 57%，只有日本在政府取消了一定的政策补贴后增速下降了 22%，综上，全球太阳能电池呈迅猛式的发展趋势[26]。

表 1-1 各国政府推出的光伏扶持政策[26]

国家	扶 持 政 策	预计市场容量
澳大利亚	2009 年 3 月 1 日启动第一阶段上网电价，50.05 澳分/度，相当于正常供电成本的 3.88 倍	2013 年太阳能发电装机容量达 400MW
法国	住宅用户回购电价 0.3 欧元，商业系统 0.45 欧元，BIPV 补助 0.55 欧元/度	2028 年累计达 7GW
日本	补助 7 万日元/kW，较 2006 年的 3 万~4 万日元提升 1 倍。安装成本为 60 日元/kW。2009 年 1Q 补贴 90 亿日元，2009 年 4 月~2010 年 3 月补贴 200 亿日元。2020 年日本要使 70% 以上的新建住宅安装太阳能电池板	400~500MW
美国	奥巴马政府推出可再生能源计划，2012 年占总发电量的 10%，2025 年占 25%，美国目前电力总装机容量为 10 亿千瓦；将商用和家用太阳能装置减税 30% 的政策延长 8 年，对于家用太阳能装置，相当于减少了 2000 美元/kW 的投资；洛杉矶，2020 年新增 1280MW，分三个阶段，一阶段居民屋顶 380MW，二阶段市政供电 500MW，三阶段政府屋顶 400MW；佛罗里达，商用、家用太阳能剩余电力以高于该市标准电费 1 倍的价钱卖给电力公司，20 年有效	可再生能源装机容量将达到 5 亿千瓦
希腊	投资大于 10 万欧元的工程，可获得 40% 的补贴；10 年购电价，本岛 0.4 欧元/度，各群岛 0.5 欧元/度	2009 年新增 750MW，远期 3GW
韩国	不大于 3kW 的设备，政府给予总安装费用 60% 的补贴；每度电补贴 677.38 韩元	2012 年达 1300MW
印度	制定了 0.3 美元/度的上网电价政策	2009 年增至 50MW

1.4 中国太阳能发电现状与发展前景

1.4.1 中国太阳能资源非常丰富

中国太阳能资源非常丰富，理论储量达每年 17000 亿吨标准煤。太阳能资源开发利用的潜力非常广阔。中国地处北半球，南北距离和东西距离都在 5000km以上。在中国广阔的土地上，有着丰富的太阳能资源。大多数地区年平均日辐射量在每平方米 4kW·h 以上，西藏日辐射量最高达每平方米 7kW·h。年日照时间大于 2000h，居世界第二位，仅次于撒哈拉大沙漠。与同纬度的其他国家相比，与美国相近，比欧洲、日本优越得多，因而有巨大的开发潜能。我国太阳能资源较丰富地区包括河北西北部、山西北部、内蒙古南部、宁夏南部、甘肃中部、青海东部、西藏东南部和新疆南部等地[27]。

1.4.2 中国太阳能光伏产业发展

中国是目前世界最大的太阳能光伏产品生产国，2007 年太阳能发电量达到

1.1GW，占全球太阳能发电总量的 27.5%，位居世界第一。相比汽车、家电等百年成熟产业而言，太阳能产业是新兴产业，其大规模发展也就十多年的时间，中国光伏发电产业于 20 世纪 70 年代起步，90 年代中期进入稳步发展时期。从 2000 年开始，我国光伏产业一直以年均 300% 的速度增长，2007 年首次跃居全球第一。太阳能电池年产量达到 1188MW，超过日本和欧洲，并已初步建立起从原材料生产到光伏系统建设等多个环节组成的完整产业链，特别是多晶硅材料生产取得了重大进展，突破了年产千吨大关，冲破了太阳能电池原材料生产的瓶颈制约，为我国光伏发电的规模化发展奠定了基础。目前我国已有数百家企业从事光伏生产及研究，其中无锡尚德、江西赛维等 11 家企业已成功实现海外上市。它们虽是能源产业的后起之秀，但其市值之和已与中国神华、中煤能源等全国煤炭类上市企业的市值之和相当。中国是太阳能热水器第一生产大国，小型可再生能源项目正继续融入中国农村能源体系。

1.4.3　中国太阳能光伏产业发展强劲

中国对太阳能电池的研究开发工作高度重视，早在"七五"规划期间，非晶硅半导体的研究工作已经列入国家重大课题，"八五"和"九五"规划期间，中国把研究开发的重点放在大面积太阳能电池等方面[27]。

根据半导体设备暨材料协会（SEMI）的统计，2011 年中国国内新增光伏装机容量 2.7GW，占到 2011 年全球新增光伏装机容量的 10% 左右。水利水电规划总院的数据显示，截至 2012 年底，中国光伏发电容量已经达到了 7982.68MW，超越美国位居第三，但是最重要的还是集中在西部地区。中国 19 个省共核准了 484 个大型并网光伏发电项目，核准容量是 11543.9MW；中国 15 个主要省已累计建成 233 个大型并网光伏发电项目，总的建设容量为 4193.6MW，2012 年兴建 98 个。其中青海、宁夏、甘肃 3 省区的建设容量和市场份额都占据了半壁江山。为了解决这种光伏发电集中的情况，从 2012 年 12 月开始了分布式光伏发电示范项目的一个技术评审，到 2013 年 5 月，中国 26 个省市共上报了 140 个示范区，每一个示范区项目不是一个独立项目，可能涵盖了若干个市、县或镇，它的总容量是 16529.6MW。根据 OFweek 行业研究中心的最新数据显示，2013 年上半年中国新增光伏装机 2.8GW，其中 1.3GW 为大型光伏电站。截至 2013 年上半年，中国光伏发电累计建设容量已经达到 10.77GW，其中大型光伏电站 5.49GW，分布式光伏发电系统 5.28GW。

目前，国务院审议通过了《可再生能源中长期发展规划》，明确太阳能发电是可再生能源发展的重要组成部分，当前和今后一段时间要加快开发利用。与此同时，中国已经形成了多家世界级的光伏产品生产企业，并分别在美国、中国香港上市。从已上市企业的市值看，世界十大光伏企业中，中国有保利协鑫、茂迪

（台湾）、天合光能、无锡尚德四家，分别位居第二、第五、第七、第八。根据《中国可再生能源中长期发展规划》，到 2020 年，我国力争使太阳能发电装机容量达到 1.8GW（百万千瓦），到 2050 年将达到 600GW（百万千瓦）。按照中国电力科学院的预测，到 2050 年，中国可再生能源的电力装机将占全国电力装机的 25%，其中光伏发电装机将占到 5%。未来十几年，我国太阳能装机容量的复合增长率将高达 25% 以上。不仅节约大量煤炭、石油等不可再生资源，而且对节能减排、保护环境将起到重要作用。

1.4.4 我国太阳能电池发展的主要问题及解决办法

由于国外市场特别是德国市场需求的刺激，我国太阳能电池厂家发展迅速，估计今年全国数十家企业新上的或扩产的太阳能电池生产线的产能目标将超过 600MW，而实际产量也将达到 300MW 以上。但在"形势一片大好"的背后存在着不少潜在的问题[27]。

1.4.4.1 硅原材料

太阳能电池用硅原材料缺乏已成为国际性的一大问题，对我国的影响尤为严重，国际上长期供货合同的均价已上涨了 25%，而在我国，由于畸形发展，上涨的幅度远不止 25%，一般向国外生产厂家直接订货合同价格为 40～60 美元/kg；通过中间商的硅材料价格 2005 年一路飙升，一年之间已从 25 美元/kg 上升到超过 200 美元/kg，最近已达 220 美元/kg。以目前国际市场太阳能电池销售价 4.0～4.2 美元/W 计算[14]，如此昂贵的硅材料价格已使太阳能电池生产厂无利润可言，更为严重的是现在已有的一些新上电池生产线，即使高价也买不到货，处于半停产状态，尽管洛阳中硅、四川峨眉等公司计划扩产，特别是洛阳中硅已决定新建年产 1000t 多晶硅的生产线项目，但上这样的大项目风险不小，不仅投资很大，而且从年产 300t 试验生产线扩展到年产 1000t 生产线，技术上将会遇到不少问题。由于太阳能电池用多晶硅材料用量猛增，已带动了整个电子信息产业的硅材料上涨，影响到其他硅电子元器件的材料成本。

有资料表明，目前我国对多晶硅的需求量为 3800t，其中光伏产业需求 2691t，而我国多晶硅的产量只有 60t，即使全部供应光伏产业，也仅占市场需求的 2.6%。我国硅原材料非常丰富，是石英砂矿（制备晶体硅的原材料）的出产大国，在海南岛等地拥有大量的矿产资源，在世界硅产量中我国就占了 1/3，这是我国大力发展太阳能电池的有利资源条件。但是我国的提纯技术较为落后，提纯成本很高，价格贵。作者认为，我国一定要重视多晶硅规模生产技术的自主研发，努力增大科技投入，不能依赖于从国外买进技术，必须要靠科研人员和企业的自主研发创新，扭转现在的被动局面，为将来的发展作好技术储备。

1.4.4.2 市场

目前我国的太阳能电池产品主要是外销，太阳能电池和组件有 95% 以上销往国外, 国内市场份额很小, 太阳能电池成了典型的两端在外的行业: 技术、原材料在外, 销售和市场在外, 而加工制造在内, 这导致高额利润由国外厂商赚, 国内花费大量劳力、能源、资源, 仅取得低额利润。值得注意的是, 现在我国能源紧缺, 消耗紧缺的能源制取可再生的能源产品, 源源不断地输送到国外获得微薄收益, 不符合国家的根本利益。

最近几年国内太阳能电池市场一直处于停滞不前的状态, 在国外, 发展太阳能光电产业主要是依靠大量安装屋顶并网系统, 到 2013 年已占全世界太阳能电池总用量的 60% 以上, 现在估计已超过 70%, 而我国只有深圳、上海和北京有些零星的并网屋顶系统, 如果没有大中型城市和东南沿海经济发达地区大量推广屋顶并网系统, 即使实施西部地区村通电工程也难以使我国的太阳能电池市场获得持久快速发展。

如果国内市场没有发展起来, 一旦国外市场受阻, 而众多的太阳能电池生产厂商将面临十分困难的局面。因此, 太阳能电池要想获得长足的发展, 必须要打开国内市场, 这还依赖于政府的扶持。图 1-3 给出了 2004 ~ 2011 年我国太阳能电池产量及增长率。

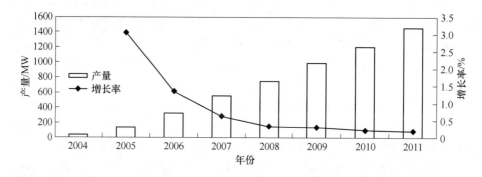

图 1-3　中国太阳能电池产量及增长率

1.4.4.3　技术进步

近年来我国太阳能电池产业发展很快, 但技术进步并不显著, 主流的晶体硅太阳能电池的技术进步几乎全依赖于先进的进口设备, 很少有自主创新的核心技术; 除少数企业外, 产品总体质量不如日本、欧盟、美国等发达国家或地区。在目前的科技体制下, 科研院所要想开展具有原创性的太阳能电池研究有很多困难, 因此, 包括生产设备制造在内的总体技术水平始终与发达国家有一定的差距。

要解决技术进步的问题, 关键是需要有一大批拔尖的技术人才, 而我国现有的情况是: 大学比较注重一些新型太阳能电池的研究, 缺乏对常规太阳能电池生产工艺的研发, 而一些有关科技院所已改制或面临改制, 无力投入大量资金建立太阳能电池生产线进行工艺技术的研究与开发。由于光伏产业发展较快，能适应生产第一线的技术人员奇缺，一些企业往往通过猎头公司相互挖人，这也对行业的发展带来了不利影响。要想促进太阳能电池的长足发展，这些问题必须解决。

1.4.4.4 国家和各级政府的扶植政策

太阳能发电虽然有诸多优点，毕竟太阳能电池制造成本较高，发电成本远高于不计环保成本的燃煤火力发电成本；经核算高于每点成本少则6倍，多则10倍。在现今市场经济为主体的社会条件下，政府必须有相应的扶植政策。日本、美国、欧盟都有发展光伏产业的扶持政策，就连印度这样的第三世界国家也有自己的扶持政策。最典型的是德国，由于政策落实，加上公众认同，近两年发展极快，2005年安装量达837MW，占世界总安装量的57%。我国2005年2月28日全国人大通过了《可再生能源法》，2006年4月国家发展改革委又出台了《可再生能源发电价格和费用分摊管理试行办法》[28]，具体落实施行还会遇到诸多困难，需要电力部门和各级地方政府给予大力支持。

1.4.4.5 其他

公众的认识和支持也是推广太阳能发电技术的一个重要问题，目前我国对这方面的科普宣传做得很不够，示范工程也很少，与集中供电的火力发电相比，对独立光伏系统需要增加蓄电池等贮能设备，对并网发电系统还要增加并网逆变器等辅助设备，使用较复杂，因此没有公众的支持也是难以发展的。

另外，国外大多数住宅多为单层或双层建筑，而目前我国大中城市则多为高层或多层建筑，这为实施太阳能建筑一体化，安装太阳能光伏屋顶系统向用户供电，也将带来一定的困难。

1.5 太阳能电池的新技术与新动态

目前光伏市场上太阳电池包括晶体硅电池、非晶硅薄膜电池、碲化镉薄膜电池、铜铟镓硒薄膜电池等，其中主流产品仍然是晶体硅电池。晶体硅电池具有转换效率高、性能稳定、生产工艺成熟、成本合理等特点，预计在今后十年内依然占主导地位。随着太阳能电池市场和产业的不断成长，电池生产设备和工艺不断改进优化，目前普通工艺的单晶硅电池转换效率已从16%提高到17%～18%，多晶硅电池的效率从14%提高到16%，而且各种新型高效电池技术纷纷出现，如选择性发射极、激光制绒、电镀或者多次印刷的电极栅线等，推动大规模生产电池效率向19%～20%的目标前进[29]。

1.5.1 大力发展多晶硅

多晶硅薄膜电池由于所使用的硅比单晶硅少很多，不存在效率衰退等问题，而且有可能在廉价衬底材料上制备。多晶硅薄膜太阳能电池的成本远低于单晶硅电池，光电转换率近 20%，高于非晶硅薄膜电池。因此，多晶硅薄膜电池将有望成为太阳能电池的主导产品。目前美国、德国、日本和中国多晶硅原材料生产厂大规模扩产，2010 年产量达到了 12t。

多晶硅太阳能电池的制作工艺与单晶硅太阳能电池差不多，但是多晶硅太阳能电池的光电转换效率则要低不少，实验室最高转换效率为 18%，工业规模生产的转换效率为 10%。从制作成本上来讲，多晶硅太阳能电池比单晶硅太阳能电池要便宜一些，材料制造简便，节约电耗，总的生产成本较低，因此将逐步取代单晶硅太阳能电池的市场[8]。此外，多晶硅太阳能电池的使用寿命也要比单晶硅太阳能电池短。多晶硅太阳能电池的生产需要消耗大量的高纯硅材料，而制造这些材料的工艺复杂，电耗很大，在太阳能电池生产总成本中已超 1/2。

1.5.2　减少硅片厚度

为了降低成本，世界有实力的厂商都在技术设备上下工夫，减少硅片厚度，降低硅材料的消耗，节约成本。20 世纪 70 年代硅片的厚度为 $450 \sim 500\mu m$，80 年代就达到了 $400 \sim 450\mu m$，90 年代达到 $350 \sim 400\mu m$，2000 年为 $180 \sim 280\mu m$，2010 年达到了 $150 \sim 200\mu m$，预计 2020 年可达 $80 \sim 100\mu m$。

1.5.3　发展薄膜电池

非晶硅薄膜太阳电池在 20 世纪 70 年代世界能源危机时获得了迅速发展，它在降低成本方面的巨大潜力，引起了世界各国研究单位、企业和政府的普遍重视。非晶硅薄膜太阳能电池与单晶硅和多晶硅太阳电池的制作方法完全不同，工艺过程大大简化，硅材料消耗很少，电耗更低，成本低，质量轻，转换效率较高，便于大规模生产，它的主要优点是在弱光条件也能发电，有极大的潜力[9,10]。大力发展薄膜型太阳能电池不失为当前最为明智的选择，薄膜电池的厚度一般为 0.5 至数微米，不到晶体硅太阳能电池的 1/100，大大降低了原材料的消耗，因而也降低了成本。

薄膜太阳能电池由于用硅很少，并且价格便宜，还可以作成柔性衬底，甚至不规则形状，可以具有不同颜色和透明程度，容易实现与建筑的一体化，近年发展很快。研究人员表示，通过进一步研究，有望开发出转换率达 20% 的薄膜太阳能电池，真正得到实际广泛应用。世界薄膜太阳能电池 2006 年的产量是 181MW，2007 年增加到 400MW，占世界光伏产量的 12%。

1.5.4　太阳能采集新装置——氦气球

美国技术人员约瑟夫·科利（Joseph Cory）与合作者宇航员工程师皮尼·葛

菲尔（Pini Gurfil）花费多年时间一同对氦气球进行了开发，他们在氦气球上引入了如今最先进的太空技术，经反复的实验与计算后最终发现，直径 10ft（1ft = 0.3048m）大的气球竟然就可以提供与 25m² 大小的太阳能电板相同的供电能力，能够输出 1kW 左右的能量，这是太阳能技术上的一项突破性发现[30]。氦气球如图 1-4 所示。

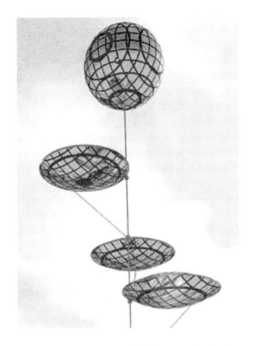

图 1-4　新型太阳能采集装置——氦气球

1.5.5　新材料与新工艺不断出现

科技的进步使太阳能电池领域也得到了飞速的发展，不仅对现有材料和技术进行了大量研究，同时对新材料和新工艺的研发也投入了大量精力，力求进一步降低成本，提高转换效率[31~33]。

（1）廉价太阳能电池板。纽约内斯堡大学教授维维安·艾伯特发明了一种新型太阳能电池板，比普通太阳能电池板更薄，而且价格更加低廉。新型太阳能电池板包含一层只有约 5μm 厚的特种感光合金，这一材料的使用使电池板厚度大大减小，而且在不降低电池光电转换效率的情况下比普通太阳能电池板成本减少了 50%。

（2）新的小珠太阳能电池。不久前，美国德州仪器公司和 SCE 公司宣布，他们开发出一种新的太阳能电池，每一单元是直径不到 1mm 的小珠，它们密密麻麻地、规则地分布在柔软的铝箔上，在大约 $50cm^2$ 的面积上分布有 1700 个这样的单元。这种新电池的特点是，虽然转换率只有 8% ~ 10%，但是，价格便宜。而且铝箔底衬柔软结实，可以随意折叠并且经久耐用。使用也非常方便，挂在向阳处，便可以发电。据称，使用这种新型的太阳能电池，每瓦发电能力的设备只要 15 ~ 20 美元，而且每发 1 度电的费用也可以降到 14 美分左右，完全可以同普通电厂产生的电力相竞争。每个家庭将这种电池挂在向阳的屋顶、墙壁上，每年就可以获得 1000 ~ 2000 度的电力。

(3) 荷兰新型太阳能电池。荷兰新型太阳能电池将输出效率提升 9%，荷兰规模最大的太阳能电池生产商 Solland Solar 将凭借其新型电池，让太阳能行业向前迈出重要一步。这种新型电池是将电池正面收集的能量通过电池再转移至电池背面，电池表面就有更大面积来采集阳光并将其转化为电能，每块电池的输出效率可以提高 2%，再经过处理并与一个太阳能电池组件相连接，所得到的输出效率甚至可以提高 9%。传统太阳能组件的输出效率在 13.5% 左右，而这种新型的电池将输出效率提高至 15% 左右。这是太阳能电池输出效率领域的重大改进。

当今，世界各国普遍重视和发展太阳能电池，这是一项重要的发展战略。随着新型太阳能电池的涌现，以及传统硅电池的不断革新，新概念的太阳能电池已经显现，从某种意义上讲，这预示着太阳能电池技术的发展趋势。基于上述太阳能电池的发展背景和现状分析，目前太阳能电池发展的新概念和新方向可以归纳为薄膜电池、柔性电池、叠层电池，以及纳米晶电池[34]。

目前，在太阳能电池中，晶体硅太阳能电池占据了 90% 的世界太阳能光伏市场，而且在未来 5 ~ 10 年内仍将主导太阳能光伏市场。要想推动世界光伏产业的快速发展，提高太阳能电池的光电转换效率是降低太阳电池组件成本的主要方法，现有的高转换效率的太阳能电池是在高质量的硅片上制成的，这是制造硅太阳能电池成本最高的部分。因此，在如何保证转换效率仍较高的情况下来降低衬底的成本就显得尤为重要，这也是今后太阳能电池发展急需解决的问题。世界各国科技人员积极研究高效率硅电池、多带隙电池、聚光电池和薄膜电池，为进一步降低成本而努力。目前，高效率、长寿命、低成本成为太阳能电池发展的总趋势。

此外，多晶硅薄膜电池在将来可能更具吸引力，目前商业化电池效率已经达到 17% ~ 18%。在薄膜电池的研究中，研究的重点是简化生产技术，改善材料的化学性质，以及改进电池设计。薄膜电池已采用多结制备技术以提高效率，United Solar System 公司已经发展了三结非晶硅电池，效率达到 12%，这种电池与一种柔性衬底结合，显著降低了制造费用[35~39]。

参 考 文 献

［1］冯垛生. 太阳能发电原理与应用［M］. 北京：人民邮电出版社，2007.

［2］王月. 非真空法制备薄膜太阳能电池［M］. 北京：冶金工业出版社，2014.

［3］杨德仁. 太阳能电池材料［M］. 北京：化学工业出版社，2007.

［4］赵玉文. 太阳电池新进展［J］. 物理，2004，33（2）：99～105.

［5］Werner J H，Arch J K，Brendel R，et al. Crystalline Thin Film Silicon Solar Cells［A］. Proc12th European Photovoltaic Solar Energy Conference Amsterdam［C］. The Netherland，1994：1823～1826.

［6］Carlson D E，Wroski C R. Solar Cells Using Discharge-produced Amorphous Silicon［J］. J. Elect. Mater.，1997，6：95～99.

［7］Konagai M，Fukuchi F，Kang H C，et al. Current Status and Perspectives of Amorphous Si Thin Film Solar Cells［A］. Tech Dig Int PVSEC-6［C］. New Delhi，1996：429～433.

［8］Ashid A Y. Single Junction a-Si Solar Cells with over 13% Efficiency［J］. Solar Energy Materials and Solar Cells，1994，34：291～302.

［9］毛爱华. 太阳能电池的研究和发展现状. 包头钢铁学院报［J］. 2002，21，94～98.

［10］Chapin D M，Fuller C S，Pearson G L. A New Silicon p-n Junction Photocell for Converting Solar Radiation into Electrical Power［J］. J Appl Plays，1954，25（5）：676～677.

［11］Martin A G，Keith Emery，Yoshihiro H，et al. Solar Cell Efficiency Table（Version 45）［J］. Pro Photo Res&Appl，2015，23：1～9.

［12］李芬，陈正洪，何明琼，等. 太阳能光伏发电的现状及前景［J］. 水电能源科学，2011，29（12），188～192.

［13］郭浩，丁丽，刘向阳. 太阳能电池的研究现状及发展趋势［J］. 许昌学院报，2009，2，38～42.

［14］王建军，刘金霞. 太阳能电池及材料研究和发展现状［J］. 浙江万里学院学报，2006，5，73～77.

［15］周翘宇，于洪利. 太阳能电池的种类及研究现状［J］. 中国科技成果，2010，4，30～32.

［16］刘鉴民. 太阳能利用　原理·技术·工程［M］，北京：电子工业出版社，2010.

［17］黎立桂，鲁广昊，杨小牛，等. 聚合物太阳能电池研究进展［J］. 科学通报，2006，21（51），2457～2468.

［18］沈文忠. 面向下一代光伏产业的硅太阳能电池研究新进展［J］. Chinese Journal of Nature. 2010，32：134～142.

［19］Drolet N，Morin J F，Leclerc M，et al. 2，7-Carbazolenevinylene-based Oligomer Thin-film Transistors：High Mobility through Structural Ordering［J］. Adv Mater，2005，15（10）：1671～1682.

［20］Thompson B C，Kim Y G，Reynolds J R. Spectral Broadening in MEH-PPV：PCBM-based Photovoltaic Devices via Blending with a Narrow Band Gapcyanovinylene-dioxythiophene Polymer［J］. Macro-molecules，2005，38（13）：5359～5362.

［21］赵文玉，林安中．晶体硅太阳能电池及材料［J］．太阳能学报，1999（特刊）：85～94.

［22］张耀明．中国太阳能光伏发电产业的现状与前景［J］．能源研究与利用，2007，（1）：1～6.

［23］耿新华，孙云．薄膜太阳能电池的研究进展［J］．物理，1999，28［2］，96～102.

［24］武文．物理多晶硅太阳电池表面织构与减反射膜匹配性能研究［D］．内蒙古大学，2015.

［25］陈哲艮，金步平．一种新型太阳电池的设计［J］．太阳能学报，1999，20（3），229～233.

［26］林红，李鑫，李建保．太阳能电池发展的新概念和新方向［J］．稀有金属材料与工程，2009，38，722～724.

［27］邓洲．国内光伏应用市场存在的问题、障碍和发展前景［J］．中国能源，2013，35（1）.

［28］任斌，赖树明，陈卫，等．有机太阳能电池研究进展［J］．材料导报，2006，20（9），124～128.

［29］何杰，苏忠集，向丽，等．聚合物太阳能电池研究进展［J］．高分子通报，2006，4，53～67.

［30］周超．太阳能光伏发电在城市轨道交通中的应用［J］．都市快轨交通，2013，26（2），77～81.

［31］翁敏航．太阳能电池材料、制造、检测技术［M］．北京：科学出版社，2017.

［32］马天琳．太阳能电池生产技术［M］．西安：西北工业大学出版社，2015.

［33］赵雨．太阳能电池技术及应用［M］．北京：中国铁道出版社，2013.

［34］侯海虹．薄膜太阳能电池基础教程［M］．北京：科学出版社，2017.

［35］靳瑞敏．太阳能电池原理与应用［M］．北京：北京大学出版社，2011.

［36］黄惠良．太阳能电池制备开发应用［M］．北京：科学出版社，2012.

［37］缪缪．我国太阳能电池产业的发展研究［M］．徐州：中国矿业大学出版社，2011.

［38］张红梅．太阳能光伏电池及其应用［M］．北京：科学出版社，2016.

［39］邓长生．太阳能原理与应用［M］．北京：化学工业出版社，2010.

2 晶硅太阳能电池原理及分类

2.1 金属与半导体导电机理

2.1.1 自由电子

从金属的物质结构来解释金属材料导电机制。以铜原子为例，其原子核外面有 29 个电子，这些电子的分布是分层的，离原子核最远的那一层只要一个电子，它与原子核的结合力最弱，很容易受到相邻原子核的作用，而脱离它原来所属的那个原子，成为一个不属于任何一个原子所有而是属于整个晶体所有的电子。这样的电子能在整个晶体中运动，这样的电子成为"自由电子"。在室温下，每立方厘米的铜晶体中有 8.45×10^{22} 个铜原子（其晶格形式如图 2-1 所示）。假设每个铜原子有一个电子变成自由电子；每立方厘米有 8.45×10^{22} 个铜原子，显然每立方厘米也会有 8.45×10^{22} 个电子。基于同样道理分析，也可以知道其他导体中，每立方厘米的晶体中的自由电子的浓度也非常高[1]。

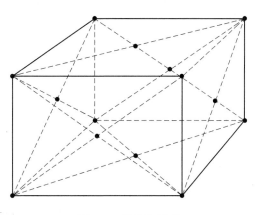

图 2-1　铜晶胞模型

2.1.2 金属导电率

因为晶体内有大量的不断振动的原子和大量自由运动的电子，所以任何一个电子的运动都不可避免地、经常地碰到其他原子和电子，每次碰撞都会改变其运动方向。因而这些自由电子在晶体内的运动是杂乱无章的。如果在金属两端施加一定的外加电压，自由电子的运动就要受到电场力的作用。尽管它在运动中还是会与其他原子和电子相碰撞，但每次碰撞之后会在电场力的作用下，顺着电场力的方向加速运动（电子带负电荷，电场力的方向正好与电场的方向相反），其总的运动结果是好像自由电子在与电场力的方向相反的方向上作直线运动。有直线运动就有直线速度。显然这个直线速度是与电场强度成正比的。将单位电场强度（每厘米长度的电压差为 1V，即 1V/cm）下的直线速度叫做自由电子的"迁移率"，用 μ 来表示。

当电压作用于一个导体上时，其中的自由电子都会以一定的速度从导体的一端迁移到另一端，也就是电荷从一端流向另一端。这就是导体传导电流的过程。很明显，一个物体的导电能力的大小，就依赖于自由电子浓度（用 n 表示，单位为个/cm^3）的高低和其迁移率 μ（cm^3/(s·v)）的大小。为了说明物体的导电能力，特引入电导率这个概念，即

$$\sigma = en\mu \tag{2-1}$$

式中，e 为电子所带的电荷。将电导率的倒数 $\dfrac{1}{\sigma}$ 称为电阻率 ρ。

2.2　晶硅电池的原理

2.2.1　半导体导电机理

半导体从广义上来讲，就是在常温下导电性能介于导体与绝缘体之间的材料。其导电能力要比导体小得多，而比绝缘体大得多。半导体与金属导体导电的机理有本质的不同。与金属导体相比，半导体的电导率比金属的电导率至少小 2~3 个数量级，这只是半导体与金属导体在电导率量上的区别，更重要的是它们本质上的区别。金属和半导体的电导率随温度的变化趋势是完全相反的。随温度的变化，金属中自由电子的浓度是始终保持不变的，即使把温度降到绝对零度，浓度还是不会发生改变，温度和外来杂质只是稍微影响其迁移率大小。因此金属的电导率与温度、杂质的关系比较小。半导体与此相反，在绝对零度下，没有自由电子，温度的升高、杂质的激活都使半导体的自由电子浓度显著增加，即半导体的电导率与温度高低、杂质含量的关系非常大。

半导体材料的种类繁多，包括晶态半导体、非晶态的玻璃半导体、有机半导体等。人们对半导体材料的认识和研究是从晶态半导体开始的。从单一元素半导体开始，到二元化合物半导体、三元及多元化合物半导体等。Ⅳ族元素硅和锗是最常用的元素半导体，化合物半导体包括Ⅲ-Ⅴ族化合物（砷化镓、磷化铟等）、Ⅱ-Ⅵ族化合物（硫化镉、硒化锌等）、氧化物（锰、铬、铁、铜的氧化物），以及由Ⅲ-Ⅴ族化合物和Ⅱ-Ⅵ族化合物组成的固溶体（镓铝砷、镓砷磷等）[2~5]。

从半导体的电学角度出发，对于常规的半导体材料一般具备以下五大特征：电阻率特性、导电特性、光电特性、负的电阻率温度特性、整流特性[6,7]。

　　这里以有代表性的硅原子为例说明半导体导电机理。硅为元素半导体，原子序数是 14，所以原子核外面有 14 个电子，其中内层的 10 个电子被原子核紧密地束缚住，而外层的 4 个电子受到原子核的束缚较小，如果得到足够的能量，就能使其脱离原子核的束缚而成为自由电子，并同时在原来的位置留出一个空穴。电子带负电，空穴带正电。硅原子核外层的这 4 个电子又称为价电子。硅原子示意图如图 2-2 所示。

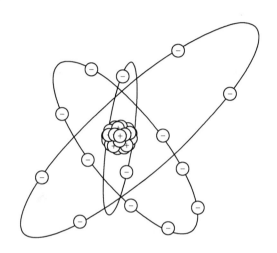

图 2-2　硅原子示意图

　　在硅晶体中每个原子周围有 4 个相邻原子，并和每一个相邻原子共有 2 个价电子，形成稳定的 8 个原子壳层。硅晶体的共价键结构如图 2-3 所示。从硅的原子中分离出一个电子需要 1.12eV 的能量，该能量称为硅的禁带宽度。

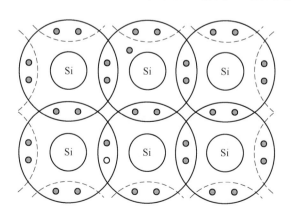

图 2-3　硅晶体的共价键结构

　　当其受到足够光或热作用时（即得到足够的能量时），就会脱离原子核的束缚而成为自由电子。同时在原来的位置上因逸出一个电子而留下一个空穴，如图2-4 所示。

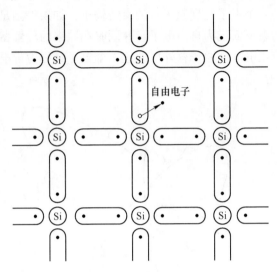

图 2-4　硅晶体结构与电子 – 空穴对的产生

纯净的半导体中，有一个自由电子，就必然有一个空穴，两者的数量是相等的。在有外界电场作用时，自由电子沿着电场相反方向运动，同时在空穴邻近的电子由于热运动脱离原来原子的束缚而填充到这个空穴，但又在原位置处留下一个新的空穴。这样空穴也在相应地发生运动，它运动的方向和电子运动的方向正好相反。电子的流动所产生的电流与带正电的空穴向其相反方向运动时产生的电流是等效的。

2.2.2　半导体二极管的物理特性

半导体二极管有两个电极：一个是阳极，一个是阴极，在电路中用图 2-5 表示。

当二极管电路与外电压相接（正向相接）时，灯泡通过较大电流称为正向电流。当二极管电路与外电压反向连接时，灯泡通过电流非常微弱，此时灯泡不亮，称为反向漏电电流，如图 2-6 所示。

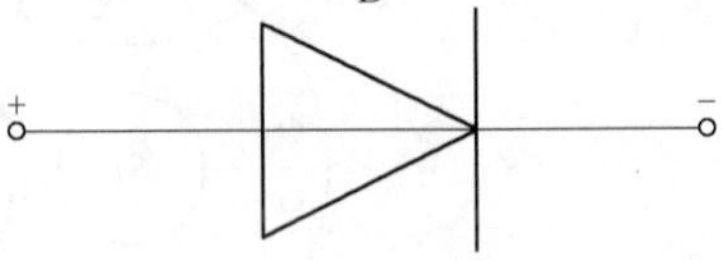

因此，可以认为二极管只允许电流从一个方向流过。这种只允许电流从一个方向流过的特性称为二极管单向导电特性。制作太阳能光伏发电的材料经过掺杂后也与二极管一样具有同样的单向导电特性[8,9]。

图 2-5　二极管符号图

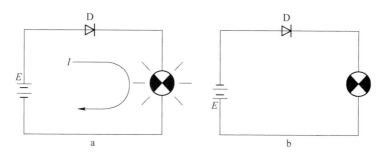

图 2-6 二极管单向导电现象

a—正向连接；b—反向连接

2.2.3 半导体的能带结构

无论电子和空穴怎样运动，它们肯定都有很多运动状态。在未受到外来能量刺激时，这些运动状态都是稳定的，并具有一定的能量。通常情况下用能量来表示这些运动状态，就是用"能级"来表明各种不同的运动状态。当载流子受到外界能量作用时，就会从低能量的运动状态进入到高能量状态，即载流子从低能级跃迁到高能级。因此，原子中的电子运动状态可用能级来表示。通常处于原子核外围运动着的电子能量较高，处于原子核内部运动着的电子能量较低。大量的运动电子，每个运动状态的能量是不相等的，它们均匀分配在最高能量与最低能量之间，这些能级实际上组成了一个在能量上可以认为是连续的带，称为"能带"[10]。

图 2-7 所示是半导体的能带。因为每个能级只允许有两个电子，那么硅原子外围有 4 个价电子，就有两个能级，有两个能级就应该有两个能带，因而两个能带正好被 4 个价电子占满。图中从能量 1 到能量 2 的能带就是两个能带中较高的一个能带，因为被电子占满，所以称为"满带"，又称为"价带"。在 2~3 的一段能量上没有可能的运动状态，因而称为"禁带"。3~4 之间，又是电子在晶体中可能的运动状态。在绝对零度的条件下，满带中的每个能级都有两个电子，因而没有导电能力。当升到一定温度时，满带中的电子受到热的激发，获得足够的能量进入上面的那个能带（导带）[11~14]。

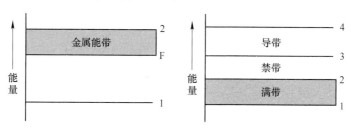

图 2-7 晶体的能带禁带

2.3   P 型和 N 型半导体

2.3.1   P 型半导体

  如果在纯净的硅晶体中掺入少量的 3 价杂质硼（或铝、镓、铟等），因为这些 3 价杂质原子的最外层只有 3 个价电子，所以晶体中就存在因共价键缺少电子而形成的空穴，如图 2-8 所示。这些空穴数量远远超过原来未掺杂质时的电子和空穴的数量。因此在全部载流子中占大多数的是空穴。由于 3 价杂质原子可以接受电子而被称为受主杂质，因此掺入 3 价杂质的 4 价半导体被称为空穴半导体，也称之为 P 型半导体[15,16]。

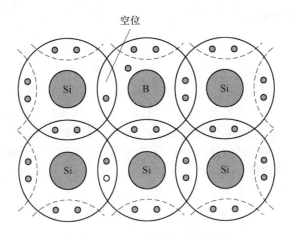

图 2-8   P 型半导体示意图

2.3.2   N 型半导体

  如果在纯净的硅晶体中掺入少量的 5 价杂质磷（或砷、锑等），由于磷的原子数目比硅原子数目少得多，因此整个结构基本不变，只是某些位置上的硅原子被磷原子所取代。由于磷原子具有 5 个价电子，所以 1 个磷原子与相邻的 4 个硅原子结成共价键后，必然会多出一个电子不能形成电子对。这样就会在晶体中出现许多被排斥在共价键以外的自由电子，从而使得硅晶体中的电子载流子数目远远超过原来未掺杂质时的电子和空穴的数量。电子称为多数载流子，空穴称为少数载流子。掺入的 5 价杂质原子又成为施主。因此，一个掺入 5 价杂质的 4 价半导体，就成了电子导电类型的半导体，也称之为 N 型半导体，如图 2-9 所示[17,18]。

  由于纯净的硅晶体中掺入的杂质不同，两种类型半导体中的多数载流子和少数载流子数量也就不同。整个半导体内正、负电荷处于平衡状态，可是整体的导

多余价电子

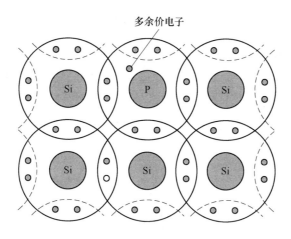

图 2-9 N 型半导体示意图

电能力要比纯净的硅晶体导电能力强得多。这也是利用硅作为太阳能电池材料的基本原理。

2.4 PN 结

导体材料中虽然有大量的自由电子，但材料本身并不带电。同样，无论是 P 型半导体，还是 N 型半导体，它们虽然有大量的载流子，但它们本身在没有外界条件作用下，仍然是不带电的中性物质。但是，如果把 P 型半导体和 N 型半导体紧密结合起来，那么在两者交界处就形成 PN 结。PN 结是构成太阳能电池、二极管、三极管、可控硅等多种半导体器件的基础[19,20]。

2.4.1 扩散运动与漂移运动

基于扩散作用，物质总是由浓度大的地方向浓度小的地方运动。当 P 型半导体和 N 型半导体紧密结合成为一体时，在两者交界处，由于 P 区空穴浓度大于 N 区，N 区电子浓度大于 P 区，因此产生载流子的扩散运动。于是 N 型区域的电子向 P 型区域扩散，如图 2-10a 所示。在 N 区附近的薄层 A 由于失去电子而带正电，P 型区域的空穴向 N 型区域扩散，如图 2-10b 所示。可知，在 P 区附近的薄层 B 由于失去空穴而带负电。结果，在 PN 区交界上就形成了带正电的薄层 A 和带负电的薄层 B，由于正负电荷的积累结果，在 A、B 间便形成了一个内电场，称内建电场，如图 2-10c 所示。其方向是由 A 指向 B（电场的方向是由正电荷指向负电荷，从高电位指向低电位）。

由于有了内电场的存在，就对电荷的运动产生了影响。电场会推动正电荷顺着电场的方向运动，而阻止其逆着电场的方向运动。同时电场吸引负电荷逆着电

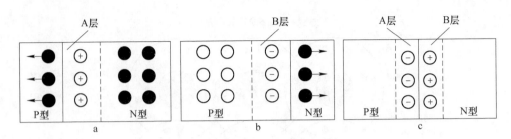

图 2-10　PN 结电子与空穴的扩散

场的方向运动，而阻止其顺着电场的方向运动。很明显，对于这个内电场，一方面阻止 N 型区的电子继续向 P 型区扩散，P 型区的空穴向 N 型区扩散，也就是对多数载流子的扩散运动起阻碍作用；另一方面，又促使 P 型区中含量极少的电子（P 型半导体中的少数电子载流子）向 N 型区运动，N 型区含量极少的空穴（N 型半导体中的少数空穴载流子）向 P 型区运动。这种少数载流子在电场作用下有规则的运动称为"漂移运动"。其运动方向与扩散运动方向相反，因此起着相互阻碍和制约的作用，故 A、B 层称为阻挡层，也叫 PN 结。

　　由于 PN 结内部存在着两个方向相反的扩散运动和漂移运动，在开始时，扩散运动占优势，薄层 A 和 B 越来越厚，但随着电子和空穴的不断扩散，形成的内电场越来越强，于是在内电场作用下漂移运动也越来越强，直到漂移运动与扩散运动达到动态平衡时，N 型区的电子和 P 型区的空穴便不再增加，阻挡层的厚度也不再发生变化。此时的阻挡层的厚度为 $10^{-4} \sim 10^{-5}\,\mathrm{cm}$。当然，这时的漂移运动与扩散运动仍然继续进行，只不过两者处于动态平衡状态而已，宏观表现出二极管总电流为零[21~23]。

2.4.2　PN 结的导通和截止

　　如果把 PN 结接上正向电压（外部电压正极接 P 区，负极接 N 区），如图 2-11a 所示。这时的外电场的方向与内电场方向相反。外电场使 N 区的电子向左移动，使 P 区的空穴向右移动，从而使原来的空间电荷区的正电荷和负电荷得到中和，电荷区的电荷量减少，空间电荷区变窄，即阻挡层变窄。因此外电场起削弱内电场的作用，这大大地有利于扩散运动。于是，多数载流子在外电场的作用下顺利通过阻挡层，同时外部电源又源源不断地向半导体提供空穴和电子。因此电路出现较大的电流，叫做正向电流。因此，PN 结在正向导通时的电阻是很小的。

　　相反，如果把 PN 结接上反向电压（外部电压负极接 P 区，正极接 N 区），如图 2-11b 所示。这时的外电场的方向与内电场方向一致。加强了内电场，使空间电荷区加宽，即阻挡层变宽。这样，多数载流子的扩散运动变得无法进行下去。不过，漂移运动会因内电场的增大而加强。但是，漂移电流是半导体中少数载流子形成的，它的数量很小。因此 PN 结加反向电压时，反向电流极小，呈现很大的反向电阻，基本上可以认为没有电流通过，将这种现象称为"截止"。这种单向导电性可以用 PN 结的电流 – 电压关系来表示，如图 2-12 所示[24,25]。

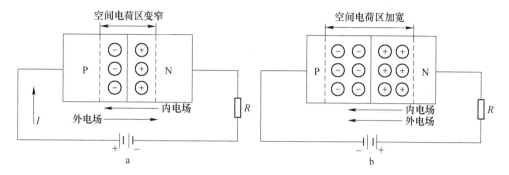

图 2-11　PN 结单向导电特性

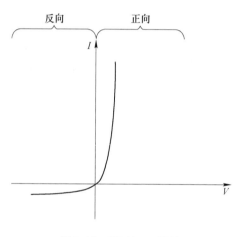

图 2-12　PN 结 *I-V* 特性

由于 PN 结具有上述单向导电特性，所以半导体二极管广泛使用在整流、检波等电路方面。

2.4.3　光电导

以辐射照射半导体也可以产生载流子，只要辐射光子的能量大于禁带宽度，电子吸收了这个光子就足以跃迁到导带中去，产生一个自由电子和一个自由空穴。辐射所激发的电子或空穴，在进入导带或满带后，具有迁移率。因而辐射的效果就是使半导体中的载流子浓度增加。相比于热平衡载流子浓度增加出来的这部分载流子称为光生载流子，相应增加的电导率称为光电导。实际上每个电子吸收一个光子而进入导带后，就能在晶体中自由运动。如有电场存在，这个电子就参与导电。但经过一段时间后，这个电子就有可能消失掉，不再参与导电。事实上任何光生载流子都只有一段时间参与导电。这段时间有长有短，其平均值就称为载流子寿命[26]。

2.4.4　PN 结的光生伏特效应

太阳能电池的工作原理是基于半导体的光生伏特效应。光生伏特效应是指光照时不均匀半导体（或半导体）与金属结合的部位产生电位差的现象。当太阳光照到太阳能电池上后，可在 PN 结及其附近激发大量的电子、空穴对，如果这些电子、空穴对产生在 PN 结附近的一个扩散长度范围内，便有可能在复合前通过扩散运动进入 PN 结的强电场区内。在强电场的作用下，电子被扫到 N 区，空穴被扫到 P 区，从而使 N 区带负电，P 区带正电。若在 PN 结两侧引出电极并接上负载，则负载中就有"光生电流"流过，从而获得功率输出，光能就直接变成了实用的电能，这就是太阳能电池的基本工作原理[27~29]。

"光生电流"过程如图 2-13 所示，主要包括两个关键的步骤：第一个步骤是半导体材料吸收光子产生电子 – 空穴对，并且只有当入射光子的能量大于半导体的禁带宽度时，半导体内才能产生电子 – 空穴对。P 型半导体中的电子和 N 型半导体中的空穴处在一种亚稳定的状态，复合前存在的时间是很短暂的，若扩散前载流子发生了复合则无法产生所谓的"光生电流"；第二个步骤是 PN 结对载流子的收集。当电子、空穴对扩散到 PN 结时，PN 结的内电场能立即将电子和空穴在空间上分隔开来，从而阻止了复合的发生，电子 – 空穴对会被扫到相应的区域，这样就从光生少数载流子变为多数载流子，若此时负载与太阳能电池接通则就会有电流产生。图 2-14 为太阳能电池光生伏特效应示意图[29]。

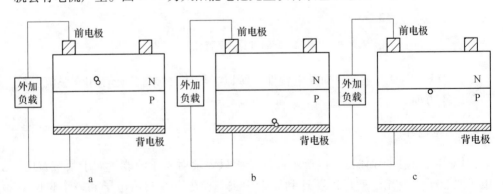

图 2-13　"光生电流"示意图

a—吸收光子产生电子 – 空穴对；b—少数载流子通过 PN 结成为多数载流子（以空穴为例）；
c—电子通过负载后与空穴复合，完成一次循环

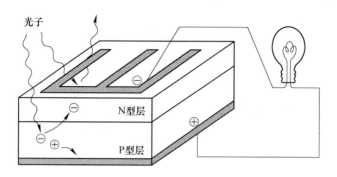

图 2-14 光生伏特效应[20]

通常应用的太阳能电池是一种能将光能直接转换成电能的半导体器件。它的基本构造是由半导体的 PN 结组成。本书以晶体硅太阳能电池为例来说明其结构和工作原理。

典型的晶体硅太阳能电池的结构如图 2-15 所示，其基体材料是薄片 P 型单晶硅，厚度在 0.3mm 以下。上面为一层 N⁺ 型的顶区，并构成一个 N⁺/P 型结构。从电池顶区表面引出的电极是上电极，为保证尽可能多的入射光不被电极遮挡，同时又能减少电子和空穴的复合损失，使之以最短的路径到达电极，所以上电极一般都采用铝–银材料制成栅线形状。由电池底部引出的电极为下电极，为了减少电池内部的串联电阻通常将下电极用镍–锡材料做成布满下表面的板状结构。上、下电极分别与 N⁺ 区和 P 区欧姆接触，尽量做到接触电阻为零。为了减少入射光的损失，整个上表面还均匀地覆盖一层用二氧化硅等材料构成的减反射膜[30]。

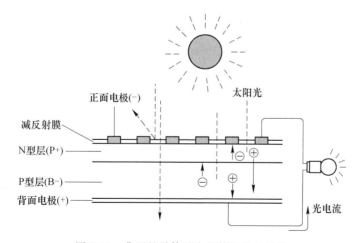

图 2-15 典型的晶体硅太阳能电池的结构

每一片单体硅太阳能电池的工作电压为 0.45 ~ 0.50V，此数值的大小与电池片的尺寸无关。而太阳能电池的输出电流则与自身面积的大小、日照的强弱以及温度的高低等因素有关。在其他条件相同时，面积较大的电池产生较强的电流，因此功率也较大。

太阳能电池一般制成 P^+/N 或 N^+/P 型结构，其中第一个符号，即 P^+ 或 N^+ 表示太阳能电池正面光照半导体材料的导电类型；第二个符号，即 H 或 P 表示太阳能电池背面衬底半导体材料的导电类型。在太阳光照射时，太阳能电池输出电压的极性以 P 型侧电极为正，N 型侧电极为负。

照到太阳能电池上的太阳光线，一部分被太阳能电池上表面反射掉，另一部分被太阳能电池吸收，还有少量透过太阳能电池。在被太阳能电池吸收的光子中，那些能量大于半导体禁带宽度的光子，可以使得半导体中原子的价电子受到激发，在 P 区、空间电荷区和 N 区都会产生光生电子 - 空穴对，也称光生载流子。这样形成的电子 - 空穴对由于热运动，向各个方向迁移。光生电子 - 空穴对在空间电荷区产生后，立即被内电场分离，光生电子被推进 N 区，光生空穴被推进 P 区。在空间电荷区边界处总的载流子浓度近似为 0。在 N 区，光生电子 - 空穴产生后，光生空穴便向 PN 结边界扩散，一旦到达 PN 结边界，便立刻受到内电场的作用，在电场力的作用下作漂移运动，越过空间电荷区进入 P 区，而光生电子（多数载流子）则被留在 P 区。因此，在 PN 结两侧产生了正、负电荷的积累，形成与内建电场方向相反的光生电场。这个电场除了一部分抵消内建电场以外，还使 P 型层带正电，N 型层带负电，因此产生了光生电动势，这就是光生伏特效应（简称光伏）[31,32]。

在有光照射时，上、下电极之间就有一定的电动势，用导线连接负载，就能产生直流电。如果使太阳能电池开路，即负载电阻 $R_L = \infty$，则被 PN 结分开的全部过剩载流子就会积累在 PN 结附近，于是产生了最大光生电动势。假使把太阳能电池短路，即 $R_L = 0$，则所有可以到达 PN 结的过剩载流子都可以穿过结，并因外电路闭合而产生了最大可能的电流 I_{sc}。如果把太阳能电池接上负载 R_L，则被 PN 结分开的过剩载流子中就有一部分把能量消耗于降低 PN 结势垒，即用于建立工作电压 U_m，而剩余部分的光生载流子则用来产生光生电流 I_m[33]。

2.5　常规晶硅电池结构及工艺研究

目前商品化的太阳能电池中，晶体硅电池是主流，其中单晶硅电池约占 4 成，多晶硅电池约占 5 成。下面以单晶硅电池为例，阐述太阳能电池的结构和生产工艺[34]。

常规结构的单晶硅太阳能电池如图 2-16 所示，由电极、减反钝化膜、n 型发射极、P 型衬底和铝背电极组成。

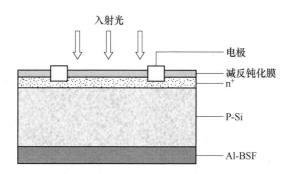

图 2-16 常规晶体硅太阳能电池结构

国内太阳能企业使用的掺硼的 P 型单晶硅片，尺寸以 125mm × 125mm 为主，厚度约为 200μm，晶相为 <100>，电阻率为 0.5~3Ω·cm。通过图 2-17 的常规生产工艺，可制作出如图 2-16 所示的常规结构电池。

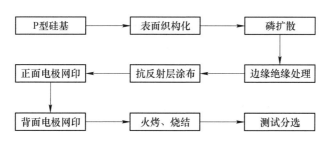

图 2-17 常规电池生产工艺流程

2.5.1 表面织构化

表面织构即为太阳能电池的制绒过程，制绒是生产太阳能电池的第一道工序，其作用有两个：（1）去除硅片表面的机械损伤层，线切割会在硅片表面残留 10μm 的机械损伤层（图 2-18a），而在损伤层中的位错、缺陷是载流子的复合中心，会使少数载流子寿命降低，降低电池的光电转化效率。在制绒腐蚀过程中，可以把硅片加工过程中的损伤层去除。（2）制绒可以使硅片表面形成金字塔陷光结构（图 2-18b），降低太阳光的反射率[35]。

<100> 晶向的硅片，在低浓度的 NaOH 溶液中，会发生以下反应：

$$Si + H_2O + 2OH^- \Longrightarrow SiO_3^{2-} + 2H_2 \qquad (2-2)$$

由于（100）面和（111）面具有不同的腐蚀速率，从而形成由多个（111）面组成的金字塔结构。光线入射到样品的表面，至少会有两次机会与硅表面接触，有效减少光的反射，增加光的吸收。如图 2-19 所示，原片的平均反射率在 30% 以上，绒面的平均反射率可降到 12% 以下[35]。

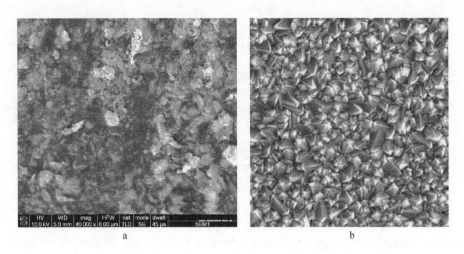

图 2-18　原片（a）和金字塔结构（b）的 SEM 图

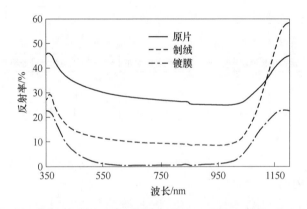

图 2-19　原片、制绒片、镀膜片的反射率

2.5.2　扩散制 PN⁺ 结

目前多数厂家都选用 P 型硅片来制作太阳能电池，一般用 POCl₃ 液态源作为扩散源，通过 N₂ 携带进入横向石英管中，加热到 850 ~ 900℃ 进行磷扩散形成 PN⁺ 结。这种方法制出的结均匀性好，方块电阻不均匀性小于 3%。扩散过程可表示为

$$4POCl_3 + 3O_2 \longrightarrow 2P_2O_5 + 6Cl_2 \uparrow \tag{2-3}$$

在硅片表面形成 P_2O_5 的磷硅玻璃，接着用硅取代磷从而除去磷硅玻璃：

$$2P_2O_5 + 5Si \rightarrow 4P + 5SiO_2 \tag{2-4}$$

磷被释放出来并且扩散进入硅中，同时 Cl_2 被排出。磷在扩散过程中有吸杂作

用，能提高材料的少子寿命。扩散后的硅片少子寿命一般在 $10\mu s$ 以上。延长扩散时间，降低最高扩散温度可以改善少子寿命[36]。

2.5.3 去除边缘 PN⁺ 结和去除磷硅玻璃

扩散过程中，会在边缘形成 PN⁺ 结，前后表面电学导通，造成电池短路，因此必须去除。等离子刻蚀是国内厂家最常用的刻边方法，这种技术成本低廉，一批可以刻蚀 300 片，但操作过程难以实现自动化，而且容易磨损 N⁺ 层，造成漏电[36]。

激光刻边是另外一种刻边技术，在电池正面距离边缘激光刻出十几微米深的沟，将正面的 PN⁺ 结与背面断开，但是减少了电池的有效面积，这种技术应用不多。

链式湿化学腐蚀是目前最有可能替代等离子刻蚀法的去 PN⁺ 结技术，硅片在滚轮上送进化学腐蚀液槽上面，滚轮带上腐蚀液对硅片背面进行腐蚀，从而可以把背面的 PN⁺ 结去除，与前表面进行电学隔离[37]。

扩散过程中形成磷硅玻璃，是很强的复合中心，要用 HF 去除。

2.5.4 镀膜

氮化硅减反膜在电池中主要有两个作用：（1）降低反射率，厚度为 75nm，折射率为 2.05 的氮化硅膜，可以把平均反射率降到 3% 以下；（2）钝化作用，使用 PECVD 沉积的氮化硅膜，其含氢量达到 40%，这些氢键可以饱和前表面的悬挂键，对前表面有良好的钝化作用，减少发射极复合损失，同时，这些氢在后续的烘干和烧结工序中，在高温下扩散到硅片体内，起到良好的体钝化作用[38]。

等离子增强化学气相沉积（PECVD）技术被广泛应用在商业化生产太阳能电池中。SiH_4 和 NH_3 在 $0.1 \sim 1mbar$（$1bar = 100kPa$），$200 \sim 450℃$ 下反应，一层约 75nm，折射率为 2.05 的氮化硅沉积在硅片表面，反射率可以降低到 3% 以下[39]。

2.5.5 丝网印刷电极

丝网印刷技术在 1975 年首次被用于太阳能电池的电极制造工艺中，至今已经成为商品化太阳能电池的标准制造工艺，被广泛应用。目前规模化生产的丝网印刷机，印刷速度为 $1000 \sim 2000$ 片/h。

丝网印刷的步骤如下：

（1）上片。硅片放置于工作台上，并运送到网版图案正下方。

（2）涂墨。印刷刮刀无压力地在网版上方移动，将金属浆料涂均匀。

（3）印刷。印刷刮刀以恒定的压力，从网版的一端移到另一端，网版受压与硅片表面接触，金属浆料通过网版开孔位置漏到硅片表面上，由于网版的张力，刮刀刮过后，网版恢复原状，与硅片脱离，从而在硅片表面上形成与网版一致的浆料图案。

（4）下片。硅片随工作台移出网版下方。

（5）烘干。在链式烘干炉内烘干，电极图案定型，并进入下一道印刷工序[40]。

2.5.6　银电极

一般来说，银浆的成分为70%～80%（质量分数）大小为0.1～0.3μm的银颗粒，1%～10%（质量分数）玻璃料（PbO-B_2O_3-SiO_2）和20%（质量分数）左右的有机溶剂。银颗粒烧结后，可以与硅片形成良好的欧姆接触，同时具有良好的导电能力。玻璃料在烧结过程中可以烧穿氮化硅膜，使银电极和硅片具有良好的附着力，同时降低银的熔点，避免高温烧结过程中，银颗粒烧穿PN^+结造成漏电，但是玻璃料会增大发射极和银电极之间的接触电阻。有机溶剂保持浆料具有适当的黏度。如果浆料黏度过大容易导致断栅，黏度过少时，栅线则不能形成良好的高宽比。目前工业上丝网印刷的细栅线宽度在110～130μm，主栅为1.5～2mm，因此遮光而导致的效率损失在8%左右[41]。

2.5.7　铝背场

铝背场在常规结构电池中主要有四个作用：（1）表面钝化，降低背表面复合速率，提高长波光生找流子收集能力，提高开路电压；（2）增加背反射，增加光程，提高短路电流；（3）与硅形成良好的欧姆接触，提高输出性能；（4）铝吸杂，提高体少子寿命。

工业上，一般通过在背面丝网印刷铝浆再高温烧结合金化，形成铝背场。铝浆中包含铝颗粒（直径为1～10μm）、玻璃粉、有机黏合剂和溶剂。据铝－硅二元相图分析：烧结时，硅片被加热至高于共晶温度（577℃），铝开始逐渐熔化；随着温度继续上升，硅在熔融铝的溶解度不断增大，越来越多的硅溶解在液态铝中；冷却时，硅在熔融铝中的溶解度降低，逐步析出再结晶，在硅片表面形成一层富含铝的硅，这就是铝背场（BSF）；同时，液态铝开始固化，而这层铝并不是纯铝，还含有硅，硅的含量接近12%。因此在背场上形成了一层铝－硅层。BSF中铝的浓度在$(1～3)×10^{18}cm^{-3}$。而在大部分P型硅中，硼的浓度一般小于$2×10^{16}cm^{-3}$，因此在背表面形成$P－P^+$的高低结阻止少数载流子在背表面复合，经优化烧结工艺后得到的BSF区厚度为6～7μm[41]。

2.5.8　烧结

烧结工序在链式烧结炉内进行。烧结炉通常分9个温区：1～3温区为低温区，温度控制在 300℃以下；4～7 温区为中温区，温度控制在 400～700℃之间；8、9 温区为高温区，是整个烧结的最重要区域，8 区温度控制在 800℃左右，9 区控制在 900℃左右。电池在网带带动下，依次通过 1～9 温区，再经冷却区冷却，烧结温度与时间的关系如图 2-20 所示。此过程分为两个阶段，第一阶段为燃烧阶段，浆料内残留的有机溶剂在这个阶段被释放出；第二阶段为烧结阶段，银浆在这个阶段烧穿氮化硅，与硅片形成欧姆接触，铝浆形成铝背场，与硅片形成欧姆接触。同时氮化硅中的氧将在这个阶段群放扩散到体内，进行体钝化。

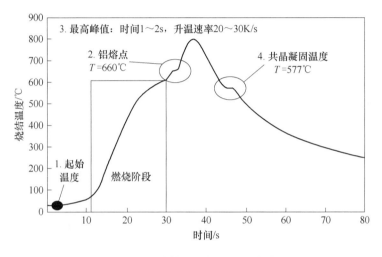

图 2-20 烧结温度与时间的关系

2.6 太阳能电池相关参数

2.6.1 标准测试条件

由于太阳能电池组件的输出功率取决于太阳辐照度、太阳能光谱的分布和太阳能电池的温度，因此太阳能电池组件的测量在标准条件下（STC）进行，测量条件被欧洲委员会定义为 101 号标准，其条件是[42]：

（1）光谱辐照度：$1000W/m^2$；

（2）大气质量系数：AM = 1.5（AM 表示太阳光线射入地面所通过的大气量，也是假设正上方太阳垂直照射的日照射为 AM = 1 时，用其倍率表示的参数。如 AM = 1.5 是光的通过距离为 1.5 倍，相当于太阳光线与地面夹角为 42°）；

（3）太阳电池温度：25℃。

在该条件下，太阳能电池组件所输出的最大功率被称为峰值功率，表示为 W_p（peakwatt）。在很多情况下，组件的峰值功率通常用太阳模拟仪测定并和国际认证机构的标准化的太阳能电池进行比较。

2.6.2 太阳能电池的等效电路

2.6.2.1 理想的太阳能电池的等效电路

理想的太阳能电池的等效电路如图 2-21 所示。

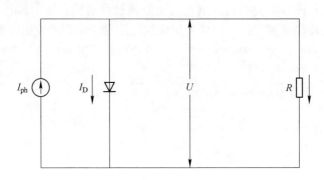

图 2-21　理想的太阳能电池的等效电路

当连接负载的太阳能电池受到光照射时，太阳能电池可以看做是产生光生电流 I_{ph} 的恒流源，与之并联的有一个处于正偏置下的二极管，通过二极管 PN 结的漏电电流 I_D 称为暗电流，是在无光照时，由于外电压作用下 PN 结内流过的电流，其方向与光生电流方向相反，会抵消部分光生电流[42]，I_D 表达式为

$$I_D = I_0 (e^{qU/AKT} - 1) \tag{2-5}$$

式中　I_0——反向饱和电流，在黑暗中通过 PN 结的少数载流子的空穴电流和电子电流的代数和；

　　　U——等效二极管的端电压；

　　　q——电子的电量；

　　　T——绝对温度；

　　　A——二极管曲线因子，取值在 1～2 之间。

因此，流过负载两端的工作电流为

$$I = I_{ph} - I_D = I_{ph} - I_0 (e^{qU/AKT} - 1) \tag{2-6}$$

2.6.2.2 实际的太阳能电池的等效电路

实际上，太阳能电池本身还另有电阻，一类是串联电阻，另一类是并联电阻（又称旁路电阻）。前者主要是由于半导体材料的体电阻、金属电极与半导体材料的接触电阻、扩散层横向电阻以及金属电极本身的电阻四个部分产生的 R_s，其中扩散层横向电阻是串联电阻的主要形式，串联电阻通常小于 1Ω；后者是由于电池表面污染、半导体晶体缺陷引起的边缘漏电或耗尽区内的复合电流等原因产生的旁路电阻 R_{sh}，一般为几千欧[42]。实际的太阳能电池的等效电路如图 2-22 所示。

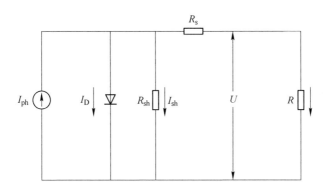

图 2-22   实际的太阳能电池的等效电路

在旁路电阻 R_{sh} 两端的电压为 $U_j = (U + IR_s)$，因此流过旁路电阻 R_{sh} 的电流为 $I_{sh} = (U + IR_s)/R_{sh}$，而流过负载的电流为

$$I = I_{ph} - I_D - I_{sh} = I_{ph} - I_0(e^{qU/AKT} - 1) - (U + IR_s)/R_{sh} \qquad (2-7)$$

显然，太阳能电池的串联电阻越小，旁路电阻越大，越接近于理想的太阳能电池，该太阳能电池的性能也就越好。就目前的太阳能电池制造工艺水平来说，在要求不很严格时，可以认为串联电阻接近于零，旁路电阻趋近于无穷大，也就是可当做理想的太阳能电池看待，这时可以用式（2-6）来代替式（2-7）。此外，实际的太阳能电池等效电路还应该包含由于 PN 结形成的结电容和其他分布电容，但考虑到太阳能电池是直流设备，通常没有交流分量，因此这些电容的影响也可以忽略不计。

2.6.3   太阳能电池的主要技术参数

2.6.3.1   伏安特性曲线

由式（2-7）可知，当负载 R 从 0 变到无穷大时，负载 R 两端的电压 U 和流过的电流 I 之间的关系曲线，即为太阳能电池的负载特性曲线，通常称为太阳能电池的伏安特性曲线，以前也习惯称为 $I \sim V$ 特性曲线。实际上，通常并不是通过计算，而是通过实验测试的方法来得到。在太阳能电池的正负极两端，连接一个可变电阻 R，在一定的太阳辐照度和温度下，改变电阻值，使其由 0（即短路）变到无穷大（即开路），同时测量通过电阻的电流和电阻两端的电压。在直角坐标图上，以纵坐标代表电流，横坐标代表电压，测得各点的连线，即为该电池在此辐照度和温度下的伏安特性曲线，如图 2-23 所示。

2.6.3.2   最大功率点

在一定的太阳辐照度和工作温度条件下，太阳能电池的伏安特性曲线上的任何一点都是工作点，工作点和原点的连线称为负载线，负载线斜率的倒数即为负

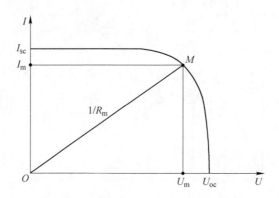

图 2-23　太阳能电池的伏安特性曲线

载电阻 R_L 的值，与工作点对应的横坐标为工作电压 U，纵坐标为工作电流 I。电压 U 和电流 I 的乘积即为输出功率。调节负载电阻 R_L 到某一值时，在曲线上得到一点 M，对应的工作电流 I_m 和工作电压 U_m 的乘积为最大，即

$$P_m = I_m U_m = P_{max} \tag{2-8}$$

则称点 M 为该太阳能电池的最佳工作点（或最大功率点），I_m 为最佳工作电流，U_m 为最佳工作电压，R_m 为最佳负载电阻，P_m 为最大输出功率。

　　也可以通过伏安特性曲线上的某个工作点作一条水平线，与纵坐标相交点为 I；再作一垂直线，与横坐标相交点为 U。这两条线与横坐标和纵坐标所包围的矩形面积，在数值上就等于电压 U 和电流 I 的乘积，即输出功率。伏安特性曲线上的任意一个工作点，都对应一个确定的输出功率。通常，不同的工作点输出功率也不一样，但总可以找到一个工作点，其包围的矩形面积最大，也就是其工作电压 U 和电流 I 的乘积最大，因而输出功率也最大，该点即为最佳工作点，即

$$P = UI = U\left[I_{ph} - I_0 \left(e^{qU/AKT} - 1 \right) \right] \tag{2-9}$$

　　在此最大功率点，有 $\mathrm{d}P_m/\mathrm{d}u = 0$，因此有

$$\left(1 + \frac{qU_m}{AKT} \right) e^{\frac{qU_m}{AKT}} = \frac{I_{ph}}{I_0} + 1 \tag{2-10}$$

整理后可得

$$I_m = \frac{(I_{ph} + I_0)\, qU_m/AKT}{1 + qU_m/AKT} \tag{2-11}$$

$$U_m = \frac{AKT}{q}\ln \frac{1 + (I_{ph}/I_0)}{1 + qU_m/AKT} \approx U_{oc} - \frac{AKT}{q}\ln\left(1 + \frac{qU_m}{AKT} \right) \tag{2-12}$$

最后得

$$P_m = I_m U_m \approx I_{ph}\left[U_{oc} - \frac{AKT}{q}\ln\left(1 + \frac{qU_m}{AKT} \right) - \frac{AKT}{q} \right] \tag{2-13}$$

由图 2-23 可以看出，如果太阳能电池工作在最大功率点左边，也就是电压从最佳工作电压下降时，输出功率要减少；而超过最佳工作电压后，随着电压上升，输出功率也要减少。

通常太阳能电池所标明的功率，是指在标准工作条件下最大功率点所对应的功率。而在实际工作时往往并不是在标准测试条件下工作，而且一般也不一定符合最佳负载的条件，再加上太阳辐照度和温度随时间在不断变化，所以真正能够达到额定输出功率的时间很少。有些光伏系统采用"最大功率跟踪器"，可在一定程度上增加输出的电能[43]。

2.6.3.3 短路电流

在接有外电路的情况下，若将外电路短路，则负载电阻、光生电压以及光照时流过 PN 结的正向电流均为零。此时 PN 结中的电流等于它的光生电流，我们称之为短路电流，用 I_{sc} 表示。当 $V = 0$ 时，$I_{sc} = I_L$。I_L 为光生电流，正比于光伏电池的面积和入射光的辐照度。$1cm^2$ 光伏电池的 I_L 值为 $16 \sim 30mA$。升高环境的温度，I_L 值也会略有上升，一般来讲温度每升高 $1℃$，I_L 值上升 $78\mu A$。

一个理想的光伏电池，因串联的 R_s 很小、并联电阻的 R_{sh} 很大，所以进行理想电路计算时，它们都可忽略不计。所以根据式（2-14），可以得到图 2-24，短路电流 k 随着光强的增加而呈线性增长。

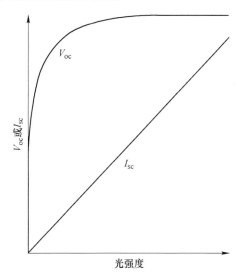

图 2-24　短路电流和开路电压随着光强的变化

但在实际过程中，就要将串联电阻和并联电阻都考虑进去，则 I_{sc} 的方程如下：

$$I_{sc} = I_L - I_D - I_P = I_L - I_S \left[e^{\frac{q(V + IR_s)}{kT}} - 1 \right] - \frac{V + IR_s}{R_{sh}} \qquad (2\text{-}14)$$

当负载被短路时，$V=0$，并且此时流经二极管的暗电流非常小，可以忽略，则上式可变为

$$I_{sc} = I_L - I_{sc}\frac{R_s}{R_{sh}} \Rightarrow I_{sc} = \frac{I_L}{1+\dfrac{R_s}{R_{sh}}} \tag{2-15}$$

由此可知，短路电流总是小于光生电流 I_L，且 I_{sc} 的大小也与 R_s 和 R_{sh} 有关。

2.6.3.4　开路电压 V_{oc}

将 PN 结开路时，即负载电阻无穷大，则流过负载的电流为零。此时的电压称为开路电压，用 V_{oc} 表示：

$$V_{oc} = \frac{KT}{q}\ln\left(\frac{I_L}{I_S}+1\right) \tag{2-16}$$

太阳能电池的光伏电压与入射光辐照度的对数成正比。随光强的增加而呈现出对数上升趋势，并逐渐达到最大值。V_{oc} 与环境温度成反比，并且与电池面积的大小无关。环境温度每上升 1℃，V_{oc} 下降 $2\sim3\text{mV}$。该值一般用高内阻的直流毫伏计测量。另外 V_{oc} 还与暗电流有关。然而，对于太阳能电池而言，暗电流不仅仅包括反向饱和电流，还包括薄层漏电流和体漏电流。

2.6.3.5　填充系数 FF

填充系数计算公式为

$$\text{FF} = \frac{V_m I_m}{V_{oc} I_{oc}} \tag{2-17}$$

填充系数 FF 对于太阳能电池是一个十分重要的参数，其可以反映太阳能电池的质量。太阳能电池的串联电阻越小，并联电阻越大，填充系数也就越大。反映到太阳能电池的电流 – 电压特性曲线上则是接近正方形的曲线，此时太阳电池可以实现很高的转换效率。

2.6.3.6　转换效率 η

转换效率计算公式为

$$\eta = \frac{I_m V_m}{P} = \frac{\text{FF} I_{oc} V_{oc}}{P} \tag{2-18}$$

式中，P 为太阳辐射功率。从上式我们可以得到：填充系数越大，太阳能电池的转换效率也就越大。

2.6.3.7　电流温度系数

当温度变化时，太阳能电池的输出电流会产生变化，在规定的实验条件下，温度每变化 1℃，太阳能电池短路电流的变化值称为电流温度系数，通常用 α 表示，有

$$I_{sc} = I_0(1 + \alpha\Delta T) \tag{2-19}$$

对于一般的晶体硅太阳能电池，$\alpha = +(0.06 \sim 0.1)\%/℃$，这表示温度升高时，短路电流会略有上升。

2.6.3.8 电压温度系数

当温度变化时，太阳能电池的输出电压也会产生变化，在规定的实验条件下，温度每变化1℃，太阳能电池开路电压的变化值称为电压温度系数，通常用 β 表示，有

$$U_{oc} = U_0(1 + \beta\Delta T) \tag{2-20}$$

对于一般的晶体硅太阳能电池，$\beta = -(0.3 \sim 0.4)\%/℃$，这表示温度升高时，开路电压要下降。

2.6.3.9 功率温度系数

当温度变化时，太阳能电池的输出功率也会产生变化，在规定的实验条件下，温度每变化1℃，太阳能电池输出功率的变化值称为功率温度系数，通常用 γ 表示。由于 $I_{sc} = I_0(1 + \alpha\Delta T)$，$U_{oc} = U_0(1 + \beta\Delta T)$。其中，$I_0$ 为25℃时的短路电流，U_0 为25℃时的开路电压，因此，理论最大输出功率为

$$P_{max} = I_{sc}U_{oc} = I_0U_0(1 + \alpha\Delta T)(1 + \beta\Delta T)$$
$$= I_0U_0[1 + (\alpha + \beta)\Delta T + \alpha\beta\Delta T^2]$$

忽略平方项，得到

$$P_{max} = P_0[1 + (\alpha + \beta)\Delta T] = P_0(1 + \gamma\Delta T) \tag{2-21}$$

例如，对于 M55 单晶硅太阳能电池组件，其 $\alpha = 0.032\%/℃$，$\beta = -0.41\%/℃$，因此其理论最大功率温度系数 $\gamma = -0.378\%/℃$。图 2-25 所示是某个太阳能电池在不同温度下的伏安特性曲线，可见在温度变化时，电压变化较大，而电流变化相对较小[43]。

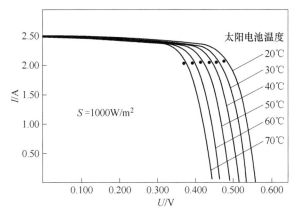

图 2-25 某个太阳能电池在不同温度下的伏安特性曲线

对于一般的晶体硅太阳能电池，$\gamma = -(0.35 \sim 0.5)\%/℃$。不同太阳能电池的温度系数有些差别，非晶硅太阳能电池的温度系数要比晶体硅太阳能电池小。

总体而言，在温度升高时，虽然太阳能电池的工作电流有所增加，但工作电压却下降，而且后者下降较多，因此总的输出功率要下降，所以应尽量使太阳能电池在较低的温度环境下工作。

2.6.3.10　太阳辐照度的影响

太阳能电池的开路电压 U_{oc} 与入射光谱辐照度的大小有关，当辐照度较弱时，开路电压与入射光谱辐照度呈近似线性变化；当太阳辐照度较强时，开路电压与入射光谱辐照度呈对数关系变化。也就是当光谱辐照度从小到大时，开始时开路电压上升较快；当太阳辐照度较强时，开路电压上升的速度就会减小。

在入射光谱辐照度比标准测试条件（$1000W/m^2$）不是大很多的情况下，太阳能电池的短路电流 I_{sc} 与入射光谱辐照度成正比关系。图 2-26 所示是某个太阳能电池在不同辐照下的伏安特性曲线，可见在一定范围内，当入射光谱辐照度成倍增加时，太阳能电池的短路电流也要成倍增加，因此入射光谱辐照度的变化对于太阳能电池的短路电流影响很大。

太阳能电池的最大功率点也要随着太阳辐照度的增加而变化，由图 2-26 可见，当太阳辐照度由 $200W/m^2$ 变化到 $1000W/m^2$ 时，相应的最佳工作电压变化不太大，但短路电流却由 2.4A 变化到 8.3A，增加了将近 3.5 倍。

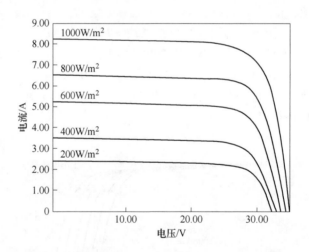

图 2-26　某个太阳能电池在不同辐照度下的伏安特性曲线

2.7　影响电池效率的一些因素

2.7.1　光吸收率

太阳能电池并不能将照射在其上的所有太阳光全部吸收，有一部分会被反射或散射，也有一部分会透射过去。所以提高电池对太阳光的吸收是至关重要的，目前主要有两个解决思路：一是减少对太阳光的反射和散射，通常的做法是将窗口层的表面做成绒面状，使光的入射角度增大，从而有效地减少光的反射和散射；另一个思路是减少太阳光的透射，增加电池吸收层的厚度就可以有效地提高对太阳光的吸收率。太阳能电池对光的吸收能力与厚度的关系如下式表示：

$$I = I_0 e^{-\alpha x} \tag{2-22}$$

式中，I_0 为入射光的总能量；I 为距离物体表面 x 处光的能量；α 为材料的吸收系数。从上式可以看出，当厚度增加到一定程度时，就可以吸收几乎全部的太阳光。

2.7.2 带隙类型

半导体材料分为直接带隙半导体和间接带隙半导体两种。直接带隙半导体的电子在跃迁时，由于导带底的最小值和价带顶的最大值有着相同的波矢量，电子可以直接跃迁而不发生其他任何变化。间接带隙半导体的电子在跃迁时则不同，因为间接带隙半导体材料的导带底最小值和价带顶的最大值具有不用的波矢量，电子在跃迁的同时还要发射或吸收声子，这使得间接带隙半导体的吸收系数比直接带隙半导体要低很多，一般在 2 ~ 3 个数量级[43]。

2.7.3 载流子寿命

太阳能电池在吸收太阳光产生电子空穴对之后，若电子或空穴未能及时导出，就会发生复合，电子空穴对从产生到复合的这段时间，叫做载流子寿命，又叫复合寿命。对于太阳能电池来说，载流子寿命越长越好，这样可以增加电池的短路电流，从而提高电池的转换效率。在理想的情况下，一种材料的载流子寿命是固定的。但是在现实情况下，由于材料的纯度不够高以及制造过程中产生的一些缺陷都可以形成复合中心。复合中心的存在对于提高载流子寿命来说是一个很大的障碍。因此在电池的制备过程中，应采取必要的工艺处理，减少载流子的复合中心，延长载流子寿命。

2.7.4 光照强度

我们都有这样一个常识，即阴天的时候太阳能电池产生的能量要远远小于晴天时太阳能电池产生的能量。太阳光的入射强度直接制约了太阳能电池的工作效率。我们平时所使用的 AM1.5 标准光照条件是指天顶角为 48°时太阳光入射的情况，光强是 100mW/cm^2。在实际使用时，我们可以使用增大光照强度的方法提高太阳能电池的功率，最简单的方法就是将太阳光聚焦于太阳能电池之上。因为 $P = IV$，I 与光强成 1 倍的正比关系，V 则与光强有 $\ln X$ 倍的正比关系，此时太阳能电池输出功率的增加将远远超过光强的增加，从而大大提高了太阳能电池的使用效率。

2.8　提高太阳能电池效率的方法

2.8.1　最大功率跟踪

在一定的光照和温度条件下，太阳能电池有一个最大功率点，当光照和温度改变时，太阳能电池不一定工作在最大功率点，为了充分发挥太阳能电池的发电能力，可以采取一些措施，如利用电力电子技术等，使得太阳能电池随时工作在最大功率点，以实现最大功率跟踪，提高太阳能电池的输出功率。实现最大功率跟踪有很多种方法，下面介绍其中几种[44]。

2.8.1.1　恒电压控制法（CVT）

在一定范围内，光照强度变化时，太阳能电池的最佳工作电压 U_m 变化不太大。根据这一特点，可以在光伏方阵和负载之间通过一定的阻抗变换，使得系统成为一个稳压器，即光伏方阵的工作电压始终保持在 U_m 附近，这样就可使方阵的输出功率保持接近于最大功率点。

但光伏方阵的工作电压也是随着温度变化的，如果始终采用恒电压跟踪方法，在太阳能电池工作温度变化时，方阵的输出功率将偏离最大功率点，产生较大的功率损失。特别是在有些情况下，光伏方阵的温度上升较多时，可能导致光伏方阵的伏安特性曲线与系统设定的工作电压不存在交点，这样系统将会产生震荡，以致影响系统的正常工作。因此现在 CVT 法已逐渐被其他方法取代。

2.8.1.2　扰动观察法

扰动观察法是周期性地增加或减少负载的大小，以改变太阳能电池光伏方阵的端电压及输出功率，并观察比较负载变动前后的输出电压及输出功率的情况，再决定下一步的增、减负载动作。如果输出功率比负载变动前大，就将负载继续朝同一方向变动；如果发现输出功率比负载变动前小，则表示应该在下一周期改变负载变动的方向，如此反复进行扰动、观察和比较，使得光伏方阵始终工作在最大功率点。

用此方法追踪，当达到最大功率点附近之后，扰动并不会停止，而会在最大功率点附近振荡，因而造成能量损失。虽然可以缩小每次扰动的幅度，以降低在最大功率点的振荡幅度来减少能量损失，但当温度或太阳辐照度有较大变化时，会使追踪到另一最大功率点的速度变慢，这样就可能浪费大量能量。

2.8.1.3　增量电导法

由太阳能电池的伏安特性曲线可知，在最大功率点处，$\mathrm{d}P/\mathrm{d}U = 0$。将功率用电压与电流的乘积表示为

$$\mathrm{d}P/\mathrm{d}U = \mathrm{d}(IU)/\mathrm{d}U = I + U\mathrm{d}I/\mathrm{d}U = 0$$

将上式整理后可得

$$dI/dU = -I/U \tag{2-23}$$

式中，dI 表示变化增量前后测得的电流差值；dU 表示变化增量前后测得的电压差值。因此，根据测量的增量值 dI/dU 和瞬间太阳能电池的电导值 I/U，可以决定下一次的变动方法。当增量值和电导值符合式（2-23）时，表示已经达到了最大功率点，不再考虑要下一次扰动。

虽然增量电导法仍然是以改变太阳能电池的输出电压来达到最大功率点的，但是凭着修改逻辑判断减少了在最大功率点附近的振荡现象，使其更能适应瞬息万变的气象环境。理论上，这种方法是完美的，然而在实际测量时不可能完全精确符合，总会有一定误差，能完全达到式（2-23）要求的概率是非常小的，所以在实践应用时，仍有一定的误差。

2.8.1.4 直线近似法

直线近似法在众多最大功率跟踪法中是新兴的一种方法，其基本原理还是根据 $dP/dU = 0$ 这个逻辑判断式，利用一条直线来近似表达在某个温度下各种不同辐照度时的最大功率点，只要将工作点控制在此直线上，即可实现最大功率跟踪。

在现代制造工艺条件下，太阳能电池内部的并联电阻值可认为是无穷大的，在某个工作温度下，对于不同的光照强度，最大功率 P_m 的变化率接近于一条直线。

此方法是以太阳能电池数学模型的推导为出发点，来求出最大功率点的近似直线，因此等效模型及太阳能电池的各项参数的正确性，以及太阳能电池和元器件的老化，可能影响其准确程度。

2.8.1.5 实际测量法

对于较大的太阳能光伏系统，有时可利用一块额外的太阳能电池组件，每隔一段时间实际测量其开路电压和短路电流，以建立太阳能电池组件在此光照强度及温度下的参考模型，并求出在此气象条件下最大功率点的电压与电流，配合控制电路，使得太阳能电池方阵工作在此电压（或电流）下，即可达到最大功率跟踪的目的。这就是实际测量法。

此方法的最大优点在于是根据实际测量来建立参考模型，因此可以避免因太阳能电池和元器件的老化而导致参考模型失去正确性。此外，由于这种方法需要额外的太阳能电池组件和测量电路，因此对于小型光伏系统可能在成本上不一定合算。

在以上介绍的最大功率点跟踪的方法中，其基本思路大体是相同的，差别在于对最大功率点的判断和实现方法上。这些方法各有优缺点，以扰动观察法为例，其优点是容易实现和结构简单，但在最大功率点附近可能产生振荡问题，应用时必须解决振荡幅度和追踪时间的矛盾。然而，对于并网供电的光伏系统，振荡问题可能反而对判断和解决孤岛效应有所帮助。

2.8.2　聚光

太阳能电池的发电量与光照强度有关，在一定范围内，光照强度越大，发电量也越多。因此，采用一些措施来提高照射在太阳能电池上的光照强度，是增加太阳能电池发电量的有效手段，因此便产生了聚光太阳能电池。

2.8.2.1　聚光太阳能电池的结构

聚光太阳能电池发电系统使用较小的太阳能电池面积，通过增加照射光强度的办法，提高太阳能电池的输出功率。其主要部件有聚光太阳能电池片、聚光器、跟踪装置和冷却器等[45]。

A　聚光太阳能电池片

我们知道，在一定范围内，当入射光辐照度增加时，太阳能电池的短路电流和开路电压都要提高。而且短路电流与光辐照度成正比，这样就可用面积较小的太阳能电池得到较大的输出功率。特别是在目前太阳能电池成本较高的情况下，采用聚光的方法，对于减少太阳能电池片的消耗，进一步降低光伏发电的成本，具有很大的实用价值。

聚光太阳能电池片是聚光太阳能电池发电系统的核心部件，一般要求有较高的转换效率和较小的温度系数，当然成本也不能过高。砷化镓（CaAs）太阳能电池的效率可超过30%，由于温度升高引起的开路电压下降很少，符合前面两项要求，它的禁带宽度和载流子浓度均适合在强光下工作。但是砷化镓材料的成本远高于硅电池的成本，所以在地面应用时通常不会采用砷化镓太阳能电池。

在低倍聚光条件下，一般只是采用常规的效率较高的硅太阳能电池，以避免专门制作太阳能电池而增加成本；在高倍聚光条件下，对太阳能电池性能有较高的要求，要采取措施降低电池的串联电阻和隧道结的损失。如前所述，串联电阻是影响电池效率的一个重要参数。目前，降低串联电阻的工作主要围绕两个方面开展：

（1）优化电池结构，包括各层的厚度和掺杂水平等，以及对高电流、低电阻、低损耗结的设计，以减少电池的体电阻。

（2）在电池结构确定，即体电阻消耗一定的情况下，优化电极栅线厚度及分布，以减小顶层接触电阻损耗等。由于在电池结构方面，聚光太阳能电池的PN结要求较深，普通的太阳能电池多用于平面结构，而聚光太阳能电池常采用垂直结构，以减少串联电阻的影响。

同时，聚光太阳能电池的栅线也较密，典型的聚光太阳能电池的栅线约占电池面积的10%，以适应大电流密度的需要。

此外，如经常处在强烈光照的条件下，太阳能电池也容易产生老化，特别是在高倍聚光条件下工作的太阳能电池，应进行专门的设计、制造。

　　B　聚光器

　　聚光器是利用透镜或反射镜将太阳光聚焦到太阳能电池上。聚光器有多种分类方法：按光学类型，通常可分为折射式聚光器和反射式聚光器，反射式聚光器又有槽形平面聚光器和抛物面聚光器等；按聚光形状又可分为点聚焦型聚光器和线聚焦型聚光器，前者是使太阳辐射在太阳能电池表面形成一个焦点（或焦斑），后者是使太阳辐射在太阳能电池表面形成一条焦线（或焦带）。聚光器还可按聚光程度分为：

　　(1) 低倍聚光（聚光比 10 以下）。这个范围的聚光器是以时角不跟踪为前提而设计的，但对于太阳仰角，最好一年调整数次。这类聚光器多为槽形或平面侧面镜反射式聚光器，在太阳能电池周围设置几块反光镜，以实现增加太阳能电池表面接收太阳光的目的。反射式聚光器的聚光倍数较低，如能配备简单的跟踪装置，也会增加聚光的效果。低倍聚光发电系统如图 2-27 所示，图 2-28 为其结构图。

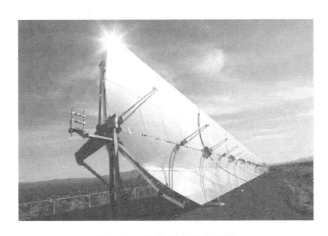

图 2-27　低倍聚光发电系统

　　(2) 中倍聚光（聚光比 10 ~ 100）。在这个范围内，主要使用点聚焦或线聚焦型聚光器。使用点聚焦型聚光器时，其性质与高倍聚光器的情况相同，采用双轴完全跟踪较为理想；采用线聚焦型聚光器时，应将其焦线置于东西方向。

　　(3) 高倍聚光（聚光比大于 100）。在这个范围内，主要使用点聚焦聚光器。这种聚光器，即使太阳入射角只有 0.5° 的变化，在太阳能电池上的辐照量也会降低一半，因此，配备跟踪装置十分必要。高倍聚光发电系统如图 2-29 所示。

　　众所周知，普通的球面凸透镜就可以聚光，然而一般用于太阳能电池聚光器装置体积比较大，若仍使用普通的球面凸透镜，其厚度将变得非常大，为了减轻质量，节省材料，通常采用菲涅耳透镜。它是利用光在不同介质的界面发生折射

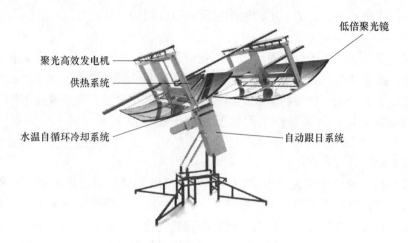

图 2-28　低倍聚光发电系统结构图

图 2-29　高倍聚光发电系统

的原理制成的，具有与一般透镜相同的作用。其特点是直径很大的菲涅耳透镜可以做得很薄，与球面透镜相比可大大减轻透镜的质量。实际应用的菲涅耳透镜是将透镜进行分割、连接组合而得到的，由聚烯烃材料注压成薄片状，镜片表面一面为光面，另一面刻录了由小到大的同心圆，截面呈锯齿形。它的纹理是利用光的干涉及扰射，并根据相对灵敏度及接收角度要求来设计的。菲涅耳透镜也是聚光电池的主要部件，因此要求透镜具有体积小、质量轻、加工方便、透光率高和不容易老化等特点。菲涅耳透镜一方面对太阳光进行聚焦，另一方面对电池组件也起到保护作用。它是电池组件外罩的一部分，优质的菲涅耳透镜必须表面光洁，纹理清晰，厚度一般在 1mm 左右。菲涅耳透镜聚光示意图如图 2-30 所示。

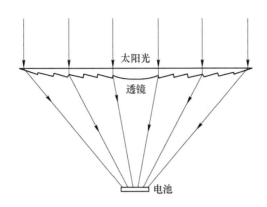

图 2-30　菲涅耳透镜聚光示意图

C　跟踪装置

随着聚光比的提高。聚光光伏系统所接收到光线的角度范围就会变小，为了充分地利用太阳光，使太阳总是能够精确地垂直入射在聚光电池上，尤其是对于高倍聚光系统，必须配备跟踪装置。

太阳每天从东向西运动，高度角和方位角在不断变化，同时在一年中，太阳赤纬角还在 $-23.45°\sim+23.45°$ 之间来回变化。当然，太阳位置在东西方向的变化是主要的，在地平坐标系中，太阳的方位角每天差不多都要改变 180°，而太阳赤纬角在一年中的变化也只有 46.90°。因此跟踪方法又有单轴跟踪和双轴跟踪之分，单轴跟踪只在东西方向跟踪太阳，双轴跟踪则除东西方向外，同时还在南北方向跟踪。显然，双轴跟踪的效果要比单轴跟踪好，当然前者的结构比较复杂，价格也较高。太阳能自动跟踪聚焦式光伏系统的关键技术是精确跟踪太阳，其聚光比越大，跟踪精度要求就越高，聚光比为 400 时跟踪精度要求小于 0.2°。在一般情况下，跟踪精度越高，跟踪装置的结构就越复杂，控制要求也越高，造价也就越贵，有的甚至要高于光伏系统中太阳能电池的造价。

点聚焦型聚光器一般要求双轴跟踪，线聚焦型聚光器仅需单轴跟踪，有些简单的低倍聚光系统也可以不用跟踪装置。

跟踪装置主要包括机械结构和控制部分，有多种形式。例如，有的采取用以石英晶体为振荡源，驱动步进机构，每隔 4min 驱动一次，每次立轴旋转 1°，每昼夜旋转 360°的时钟运动方式，进行单轴、间歇式主动跟踪。比较普通的是采用光敏差动控制方式，主要由传感器、方位角跟踪机构、高度角跟踪机构和自动控制装置等组成。当太阳光辐照度达到工作照度时自动开机，在太阳光线倾斜时，高灵敏探头将检测到的"光差变化"信号转换成电信号，并传给自动跟踪太阳控制器，自动跟踪控制器驱使电动机开始工作，通过机械减速及传动机构，使太阳电池板旋转，直到正对太阳的位置时，光差变化为零，高灵敏探头给自动跟踪控制器发出停止信号，自动跟踪控制器停止输出高电平，使其主光轴始终与太阳光线相平行。当太阳西下且亮度低于工作照度时，自动跟踪系统停止工作。第二天早晨，太阳从东方升起，跟踪系统转向东方，再自东向西转动，实现自动跟踪太阳的目的。

D　冷却器

在聚光条件下，太阳能电池组件的温度会上升，由于太阳能电池的功率温度系数是负值，温度升高时，太阳能电池的功率要下降。为减小因电池的温升而造成的效率降低，必须考虑散热问题，应采取适当措施，使得太阳能电池的温度保持在一定范围以内。例如，以达到常温条件下转换效率的80%作为指标，由此决定电池温度的上限，对硅太阳能电池来说，其上限是100℃。

如果聚光太阳能电池的温度较高，就要采取冷却措施，一般可采用自然冷却或通水冷却等方法，在低倍聚光时，也可以不配备专门的冷却器。对于硅太阳能电池，聚光比在100以下时，可采用在组件背面安装适当大小的散热片的方法，在太阳能电池工作时，产生的热量通过铜散热器传到壳体，再通过辐射和对流方式将热量散掉，使电池温度保持在100℃以下。用散热片冷却时，风速对散热量的影响较为显著。因此，要参考使用地点的风速资料来设计散热片的最佳尺寸，同时在设计聚光跟踪系统的结构时，尽量改善太阳能电池的通风条件。

在高倍聚光时采用散热片自然冷却的方法可能效果并不显著，这时可采取水冷却等方法。通水冷却需要专门配置供水和循环设备，如需要有水源，要配置管道、阀门和水泵等设备，需要增加一定投资。但在有些情况下也可以综合利用，如将热水供给附近居民使用，当然由于天气条件的变化，无法做到稳定供应。

2.8.2.2　应用聚光系统的优缺点

使用聚光电池，能够使太阳能电池增加发电量，或在同样发电量情况下，可减少所用的太阳能电池的数量。这在太阳能电池价格昂贵时，确实有一定的实际使用价值。然而，与一般固定安装的平板太阳能电池相比，聚光电池发电系统存在一些不利条件，具体如下[45]：

（1）一般跟踪装置需要消耗一定电力；

（2）聚光电池发电系统要配置聚光器、跟踪装置、冷却器等一系列光学元器件、机械装置、控制电路等设备，增加了整个发电系统的投资；

（3）由于有运动部件，增加了发生故障的可能性；

（4）大大增加了系统的维护的工作量，如双轴间歇跟踪机构的齿轮箱常常发生漏油故障和打滑、损坏等情况，需要经常检修。

因此一定要根据当地条件，经过仔细的设计计算，还要通过详细的经济核算，确保聚光电池发电系统比固定安装的平板太阳能电池发电系统多发电力的综合价值能抵消前述的不利因素，否则不要轻易采用。事实上，尽管长期以来，对聚光电池发电系统进行了各种研究和实践，也研制出了很多种聚光电池和聚光器，不断出现的新型跟踪装置更是花样繁多，但是迄今为止，在中、小型光伏发电系统中还极少有聚光跟踪光伏发电系统长期成功运行的先例。例如美国建造的容量为225kW的Phoenix-SkyHarbor聚光电站从安装到拆除一共运行了5年，连续无故障运行的最长时间不超过6个月。1983年美国建成了当时全球最大的Car-risaPlains光伏发电站，容量为650kW，采用双轴跟踪，用计算机控制，在1992年全部拆除。Hesperia-Lugo1、Hesperia-Lugo2两个光伏发电站的跟踪机构分别在1986年和1987年全部更换，1987年部分跟踪机构停止了工作。

中国在20世纪80年代，就有电子部18所、西安交通大学等单位进行过聚光电池发电系统的研制和实验，投入实际运行后效果并不理想。有单位曾在1994年引进间歇跟踪聚光电站技术，将一个15kW的聚光电站安装在西藏自治区的日喀则。由于从安装到调试未能按设计要求运行，最后不得不将原定的聚光跟踪电站变为固定电站。

当然，聚光跟踪发电还是有其独特的优点的，特别是应用在太阳资源较好的地区，可以较大幅度地增加太阳能电池的发电量，节省宝贵的土地资源。经过不断研究改进，在一些国外大型光伏电站中，还是有不少聚光跟踪光伏系统成功应用的实例。例如，美国Amonix公司开发的20kW的点聚焦菲涅耳透镜阵列，安装在亚利桑那州电力公司等处，已经成功运行了十多年。Solar Research公司一直致力于反射圆盘式聚光电池系统的研究，自1996年至今，先后在南澳大利亚州等地建成了这种聚光电池发电站。美国Entech公司自从联邦光伏计划启动以来，一直致力于线聚焦菲涅耳透镜光伏系统的研究。西班牙也于2006年在北部的纳瓦拉安装了由400个太阳能跟踪系统组成的"聚光太阳能花园"，据称该系统比传统平板光伏系统的能源输出增加了35%。马德里Polytechnical研究组研究开发了一种新型的RXI聚光光伏系统，据说应用这个系统的发电成本只有0.104欧元/(kW·h)，将来若能建造1000MW系统，其发电成本可望降到0.033欧元/(kW·h)。国外有不少大型光伏发电站是采用跟踪但不聚光的方式，来提高发电量的[45]。

随着科学的发展和技术的进步，若能研制出更加高效和廉价的聚光太阳能电池和性能可靠、维护简单、价格便宜的聚光跟踪系统，聚光跟踪光伏系统将会有更大的市场潜力。

参 考 文 献

[1] 王月. 非真空法制备薄膜太阳能电池 [M]. 北京：冶金工业出版社，2014.

［2］ Carlsond D E，Wroski C R. Solar Cells Using Discharge-produced Amorphous Silicon ［J］. J. Elect. Mater. , 1997，6：95.

［3］ Winder C，Hummelen J C，Brabec C J，et al. Sensitization of Low Band Gap Polymer Bulk Hetero Junction Solar Cells ［J］. Thin Solid Films，2002，403 ~ 404：373 ~ 379.

［4］ Meskers S C J，Hubner J，Biissler H，et al. Dispersive Relaxation Dynamics of Photo Excitations in Apolyfluorene Film Involving Energy Transfer：Experiment and Monte Carlo Simulations ［J］. J. Phys. Chem. B，2001，105（38）：9139 ~ 9149.

［5］ 刘世友. 铜铟硒太阳电池的生产与发展 ［J］. 太阳能，1999（2）：16 ~ 17.

［6］ 吕芳. 太阳能发电 ［M］. 北京：化学工业出版社，2009.

［7］ 王长贵. 太阳能 ［M］. 北京：能源出版社，1985.

［8］ 黄汉云. 太阳能光伏发电应用原理 ［M］. 北京：化学工业出版社，2009.

［9］ 沈辉. 太阳能光伏发电技术 ［M］. 北京：化学工业出版社，2005.

［10］ 李申生. 太阳能物理学 ［M］. 北京：首都师范大学出版社，1996.

［11］ 冷长庚. 太阳能及其利用 ［M］. 北京：科学出版社，1975.

［12］ 练亚纯. 太阳能的利用 ［M］. 北京：北京人民出版社，1975.

［13］ 杨金焕. 太阳能光伏发电应用技术 ［M］. 北京：电子工业出版社，2009.

［14］ 王志娟. 太阳能光伏技术 ［M］. 杭州：浙江科学技术出版社，2009.

［15］ 高中林. 太阳能的转换 ［M］. 南京：江苏科学技术出版社，1985.

［16］ 黄昆，韩汝琦. 半导体物理基础 ［M］. 北京：科学出版社，1979.

［17］ 郝跃. 微电子概论 ［M］. 北京：高等教育出版社，2003.

［18］ 吕淑媛，刘崇琪，罗文峰. 半导体物理与器件 ［M］. 西安：西安电子科技大学出版社，2017.

［19］ 徐振邦. 半导体器件物理 ［M］. 北京：电子工业出版社，2017.

［20］ 陈治明，雷天民，马剑平. 半导体物理学简明教程 ［M］. 第2版. 北京：机械工业出版社，2016.

［21］ 曾云，杨红官. 微电子器件 ［M］. 北京：机械工业出版社，2016.

［22］ 朱丽萍，何海平. 宽禁带化合物半导体材料与器件 ［M］. 杭州：浙江大学出版社，2016.

［23］ 沈为民. 固体电子学导论 ［M］. 第2版. 北京：清华大学出版社，2016.

［24］ 张媛. 电工电子技术 ［M］. 西安：西安电子科技大学出版社，2016.

［25］ 王骥，肖明明. 模拟电路分析与设计 ［M］. 第2版. 北京：清华大学出版社，2016.

［26］ 应根裕. 光电导物理及其应用 ［M］. 北京：电子工业出版社，1990.

［27］ 陈宜生. 物理效应及其应用 ［M］. 天津：天津大学出版社，1996.

［28］ 张兴，仁贤. 太阳能光伏并网发电及其逆变控制 ［M］. 北京：机械工业出版社，2010.

［29］ 郭培源. 光电检测技术及应用 ［M］. 北京：北京航空航天大学出版社，2006.

［30］ 施钰川. 太阳能原理与技术 ［M］. 西安：西安交通大学出版社，2009.

［31］ 杨星. 光面晶体硅 - 陷光膜复合的太阳能电池光电特性研究 ［D］. 厦门：集美大学，2015.

［32］ 孙倩. PLZT薄膜的合成及其光伏效应 ［D］. 上海：华东师范大学，2012.

［33］ Cerhard S C, Marchmann R, Tone M. Mechanically Textured Low Cost Muticrystalline Silicon Solar Cells with a Novel Printing Metallization ［C］. 26th IEEE Photovoltaic Specialists Conference, 2007, 21: 43~46.

［34］ 于军胜. 太阳能光伏器件技术 ［M］. 成都: 电子科技大学出版社, 2011.

［35］ 甄颖超. 单晶硅片的表面织构化与应用 ［D］. 呼和浩特: 内蒙古大学, 2016.

［36］ 武文. 物理多晶硅太阳电池表面织构与减反射膜匹配性能研究 ［D］. 呼和浩特: 内蒙古大学, 2015.

［37］ 张晓科, 王可, 解晶莹. CIGS 太阳电池的低成本制备工艺 ［J］. 电源技术, 2005, 29 (12): 849~852.

［38］ Hou W W, Bob B, Li S H, et al, Low-temperature Processing of a Solution-deposited CuInSSe Thin-film Solar Cell. ［J］. Thin Solid Films, 2009, 517 (24): 6853 – 6856.

［39］ Gassla M, Shafarman W N. Five-source PVD for the Deposition of Cu ($In_{1-x}Ga_x$)($Se_{1-y}S_y$)$_2$ Absorber Layers ［J］. Thin Solid Films, 2005, 480 (481): 33~36.

［40］ 邓雷磊. ZnO 薄膜的制备及其特性研究 ［D］. 厦门: 厦门大学, 2007.

［41］ 于永强. PLD 制备 ZnO 薄膜及非晶纳米棒的结构与性质研究 ［D］. 合肥: 合肥工业大学, 2009.

［42］ 赵富鑫, 魏彦章. 太阳电池及其应用 ［M］. 北京: 国防工业出版社, 1985.

［43］ 安其霖, 曹国琛, 李国欣, 等. 太阳电池原理与工艺 ［M］. 上海: 上海科学技术出版社, 1984.

［44］ 敖建平, 孙云, 刘琪. CIGS 电池缓冲层 CdS 的制备工艺及物理性能 ［J］. 太阳能学报, 2006, 27: 682~686.

［45］ 杨德仁. 太阳电池材料 ［M］. 北京: 化学工业出版社, 2006.

3 太阳能电池的分类

太阳能电池，也称为光伏电池，是将太阳光辐射能直接转换为电能的器件。由这种器件封装成太阳能电池组件，再按需要将一定数量的组件组合成一定功率的太阳电池方阵，经与储能装置、测量控制装置及直流—交流变换装置等相配套，即构成太阳电池发电系统，也称为光伏发电系统。太阳能光伏发电最核心的器件是太阳能电池。而太阳能电池已经经过了160多年的漫长的发展历史。从总的发展来看，基础研究和技术进步都起到了积极推进的作用[1]。

制作太阳能电池的材料是近些年来发展最快、最具活力的研究领域，是最受瞩目的项目之一。人们已经研究出多种不同材料、不同结构、不同用途和不同形式的太阳能电池。据此太阳能电池有多种分类方法。根据太阳能电池制作材料的不同，可以分为以下几种：硅基太阳能电池、有机聚合物太阳能电池、染料敏化太阳能电池、量子点敏化太阳能电池和无机半导体纳米晶薄膜太阳能电池（碲化镉太阳能电池、砷化镓多结太阳能电池、铜铟镓硒太阳能电池和铜锌锡硫硒太阳能电池）等。同时也可按照不同基底和不同结构进行分类[2-4]，下面将对上述各方面进行分项阐述。

3.1 按基体不同分类的太阳能电池

晶体硅太阳能电池，是目前市场上的主导产品。晶体硅太阳能电池以硅半导体材料的光生伏特效应为工作原理。一般基于 PN 结的结构基础上，在 N 型结上面制作金属栅线，作为正面电极。在整个背面制作金属膜，作为背面欧姆接触电极，形成晶硅太阳能电池。一般在整个表面上再覆盖一层减反射膜或在硅表面制作绒面用来减少太阳光的反射。晶体硅太阳能电池主要有单晶硅太阳能电池、多晶硅太阳能电池、薄膜硅太阳能电池等[5]。

3.1.1 单晶硅太阳能电池

自太阳能电池发明以来，对单晶硅太阳能电池研究的工作时间最长，单晶硅太阳能电池在硅太阳能电池中转化效率最高，理论值上转换效率可以达到 24% ~ 26%，从航天到日常生活，已经应用在国民经济的各个领域。在此基础上，人们一直致力于晶体硅电池的研发工作。德国夫朗霍费费莱堡研究所系统研究改进了单晶硅电池表面制造工艺，采用光刻照相技术将电池表面制成倒金字塔结构，并在表面将13nm厚的氧化物钝化层与两层减反射涂层相结合，制得的电池转换效率超过了23%[6]。澳大利亚新南威尔士大学在高效晶体硅太阳能电池（PERL电池）中作了倒锥形表面结构，成功研制出了转换效率为25%的单晶硅太阳能电池（AM1.5，100MW/cm²，25℃）[7]。PERL电池的研发在国内也展开了相应研究，北京太阳能研究所研制的平面高效单晶硅电池（2cm×2cm）转换效率达到19.79%，刻槽埋栅电极晶体硅电池（5cm×5cm）转换效率达到18.6%[8]。目前单晶硅太阳能电池工业规模生产的光电转换效率为18%左右。虽然单晶硅太阳能电池的光电转换效率很高，但是制作单晶硅太阳能电池成本也很高，制作过程中需要消耗大量的高纯硅材料，制备工艺复杂、电耗大，而且太阳能电池组件的平面利用率低。因此，20世纪80年代以来，欧美一些国家把目光投向了多晶硅太阳能电池的研制。图3-1为单晶硅电池制作工艺流程图。

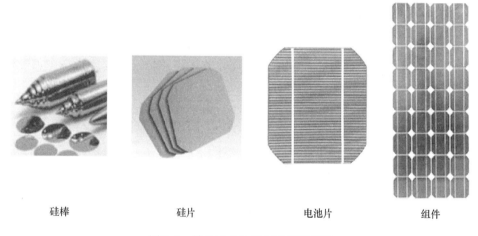

硅棒　　　　　　硅片　　　　　　电池片　　　　　　组件

图3-1　单晶硅电池制作工艺流程图

单晶硅太阳能电池转换效率为最高，技术也最为成熟。作为太阳能电池，单晶硅有很多特点：（1）作为原料的硅材料在地壳中含量丰富，对环境基本上没有影响；（2）单晶硅制备以及PN结的制备都有成熟的集成电路工艺做保证；（3）硅的密度低，材料轻，即使是50μm以下厚度的薄片也有很好的强度；（4）与多晶硅、非晶硅比较，转换效率高[6]；（5）电池工作稳定，已实际用于人造卫星等方面，并且可以保证20年以上的工作寿命[9]。

单晶硅太阳能电池在实验室里最高的转换效率为24.7%，规模生产时的效率为15%。在大规模应用和工业生产中仍占据主导地位，但由于单晶硅成本价格高，大幅度降低其成本很困难，以致它还不能被大量广泛和普遍地使用，单晶硅太阳能电池要想进一步发展普及，必须降低成本并提高转化效率。

由于单晶硅一般采用钢化玻璃以及防水树脂进行封装，因此其坚固耐用，使用寿命一般可达 15 年，最高可达 25 年。单晶硅太阳能电池的构造和生产工艺已定型，产品已广泛用于空间和地面。这种太阳能电池以高纯的单晶硅棒为原料[7]。为了节省硅材料，发展了多晶硅薄膜和非晶硅薄膜作为单晶硅太阳能电池的替代产品。

3.1.2　多晶硅太阳能电池

多晶硅材料是由单晶硅颗粒聚集而成的。多晶硅的主要优势是材料利用率高、能耗低、制备成本低，而且其晶体生长简便，易于大尺寸生长。其缺点是含有晶界、高密度的位错、微缺陷及相对较高的杂质浓度，其晶体质量低于单晶硅，这些缺陷和杂质的引入影响了多晶硅电池的效率，导致其转换效率要低于单晶硅电池的效率。多晶硅太阳能电池的光电转换效率的理论值为 20%，实际生产的转化效率为 12% ~ 14%。其工艺过程是选择电阻率为 100 ~ 300Ω·cm 的多晶块料或单晶硅头尾料，经破碎、腐蚀，用去离子水冲洗至中性，并烘干。然后用石英坩埚装好多晶硅料，加入适量硼硅，放入浇铸炉，在真空状态中加热熔化。最后注入石墨铸模中，待慢慢凝固冷却后，得到多晶硅锭。这样可以将多晶硅铸造成制作太阳能电池片所需要的形状，由于制作多晶硅太阳能电池工艺简单、节约电耗、成本低、可靠性高，因此多晶硅太阳能电池得到了广泛的应用[10]。图 3-2 为多晶硅电池制作工艺流程图。

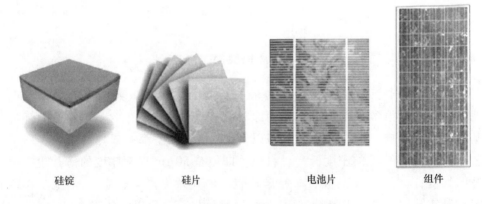

硅锭　　　　　　硅片　　　　　　电池片　　　　　　组件

图 3-2　多晶硅电池制作工艺流程图

多晶硅太阳能电池的制作工艺与单晶硅太阳能电池差不多，但是多晶硅太阳能电池的光电转换效率则要降低不少，实验室最高转换效率为 18%，工业规模生产的转换效率为 10%。从制作成本上来讲,多晶硅太阳能电池比单晶硅太阳能电池要便宜一些,材料制造简便,节约电耗,总的生产成本较低,因此将逐步取代单晶硅太阳能电池[10]。此外,多晶硅太阳能电池的使用寿命也要比单晶硅太阳能电池短。多晶硅太阳能电池的生产需要消耗大量的高纯硅材料,而制造这些材料工艺复杂,电耗很大,在太阳能电池生产总成本中已超 1/2。针对目前多晶硅电池大规模生产的特点,提高转换效率的主要创新点有以下几个方面:

(1) 高产出的各向同性表面腐蚀以形成绒面;

(2) 简单、低成本的选择性扩散工艺;

(3) 具有创新的、高产出的扩散和 PECVDSiN 淀积设备;

(4) 降低硅片的厚度;

(5) 背电极的电池结构和组件。

3.1.3 非晶硅薄膜太阳能电池

早在 20 世纪 70 年代初,Carlson 等人用辉光放电分解甲烷的方法实现了氢化非晶硅薄膜的沉积,正式开始了对非晶硅太阳能电池的研究。近年来,世界上许多家公司在生产相应的非晶硅薄膜太阳能电池产品。目前,制备非晶硅薄膜太阳能电池的方法主要有 PECVD 法、反应溅射法等;按照非晶硅薄膜的工艺过程又可分为单结非晶硅薄膜太阳能电池和叠层非晶硅薄膜太阳能电池。目前单结非晶硅薄膜太阳能电池的最高转化效率为 13.2%。日本中央研究院采用一系列新措施,制得的非晶硅电池的转换效率为 13.2%。国内关于非晶硅薄膜太阳能电池特别是叠层太阳能电池的研究并不多,南开大学的耿新华等采用工业用材料,以铝作为背电极制备出尺寸为 20cm × 20cm、转换效率为 8.28% 的 a-Si/a-Si 叠层太阳能电池。由于非晶硅太阳能电池具有成本低、质量轻等优点,目前已经在计算机、钟表等行业广泛应用,具有一定的发展潜力[11]。图 3-3 为非晶硅薄膜太阳能电池的制备流程。

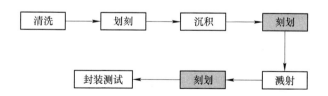

图 3-3 非晶硅薄膜太阳能电池的制备流程

非晶硅薄膜太阳能电池与单晶硅和多晶硅太阳电池的制作方法完全不同,工艺过程大大简化,硅材料消耗很少,电耗更低,成本低,质量轻,转换效率较高，便于大规模生产，它的主要优点是在弱光条件也能发电，有极大的潜力[9,10]。大力发展薄膜型太阳能电池不失为当前最为明智的选择，薄膜电池的厚度一般为 0.5 μm 至数微米，不到晶体硅太阳能电池的 1/100，大大降低了原材料的消耗，因而也降低了成本。其非晶硅太阳能电池的主要特点是：

（1）质量轻，比功率高。在不锈钢衬底和聚酯薄膜衬底上制备的非晶硅薄膜太阳能电池，质量轻、柔软，具有很高的比功率。在不锈钢衬底上的比功率可达 1000W/kg，在聚酯膜上的比功率最高可达 2000W/kg。而晶体硅的比功率一般仅为 40～100W/kg。由于衬底很薄，可以卷曲、裁剪，便于携带，这对于降低运输成本特别是对于空间应用十分有利。

（2）抗辐照性能好。由于晶体硅太阳能电池和砷化镓太阳能电池在受到宇宙射线粒子辐照时，少子寿命明显下降。如在 1MeV 电子辐射通量 $1 \times 10^{16} e/cm^2$ 时，其输出功率下降 60%，这对于空间应用来说是个严重问题。而非晶硅薄膜太阳能电池则表现出良好的抗辐射能力，因宇宙射线粒子的辐射不会（或很小）影响非晶硅太阳能电池中载流子的迁移率，但却能大大减少晶体硅太阳能电池和砷化镓太阳能电池中少子的扩散长度，使电池的内量子效率下降。在相同的粒子辐照通量下，非晶硅薄膜太阳能电池的抗辐射能力远大于单晶硅太阳能电池的 50 倍，具有良好的稳定性[10]。因此非晶硅薄膜太阳能电池具有更高的抗辐照能力。

（3）耐高温。单晶硅材料的能带宽度为 1.1eV，砷化镓的能带宽度为 1.35eV，而非晶硅材料的光学带隙大于 1.65eV，有相对较宽的带隙，所以非晶硅材料比单晶硅和砷化镓材料有更好的温度特性。在同样的工作温度下，非晶硅太阳能电池的饱和电流远小于单晶硅太阳能电池和砷化镓太阳能电池，而短路电流的温度系数却高于晶体硅电池的 1 倍，这十分有利于在较高温度下保持较高的开路电压和曲线因子。在盛夏，太阳能电池表面温度达到 60～70℃是常有的，良好的温度特性十分重要。

3.2　按材料不同分类的太阳能电池

3.2.1　多晶硅薄膜太阳能电池

从 20 世纪 70 年代人们就已经开始在廉价衬底上沉积多晶硅薄膜，通过对生长条件的不断摸索，现已经能够制备出性能较好的多晶硅薄膜太阳能电池。目前制备多晶硅薄膜太阳能电池大多数采用低压化学气相沉积法（LPCVD）、溅射沉积法、液相外延法（LPPE）。化学气相沉积主要是以 SiH_4、SiH_2Cl_2、$SiHCl_3$ 或 $SiCl_4$ 为反应气体，在一定的保护气氛下反应生成硅原子并沉积在加热的衬底上，衬底材料一般选用 Si、SiO$_2$、Si$_3$N$_4$ 等。研究发现，首先在衬底上沉积一层非晶硅层，经过退火使晶粒长大，然后在这层较大的晶粒上沉积一层较厚的多晶硅薄膜。该工艺中所采用的区熔再结晶技术是制备多晶硅薄膜中最重要的技术。多晶硅薄膜太阳能电池的制作技术和单晶硅太阳能电池相似，前者通过了再结晶技术制得的太阳能电池其转换效率明显提高。德国费莱堡太阳能研究所采用区熔再结晶技术在 FZSi 衬底上制得的多晶硅薄膜太阳能电池转换效率为 19%，日本三菱公司用该方法制备转换效率为 16.42% 的电池，美国 Astropower 公司采用 LPE 法制备的多晶硅薄膜太阳能电池，其转换效率达到 12.2%。北京太阳能研究所采用快速热化学气相沉积法（RTCVD）在重掺杂的单晶硅衬底上制备了多晶硅薄膜太阳能电池，效率达到 13.61%[12~14]。鉴于多晶硅薄膜太阳能电池可以沉积在廉价衬底上，且无效率衰减问题，因此与非晶硅薄膜太阳能电池相比，具有转换效率高、成本低廉等优点，所以具有很大市场发展潜力。

3.2.2 微晶硅太阳能电池

微晶硅（μc-Si）材料和电池的制备方法和非晶硅基本上是一样的，只是通过改变沉积参数来改变沉积材料的结构，因此工艺基本上兼容。目前国际上基本采用 VHF-PECVD 来获得微晶硅薄膜较高速率的沉积效果。微晶硅与非晶硅比，具有更好的结构有序性，用微晶硅薄膜制备的太阳能电池几乎没有衰退效应。另外，微晶硅材料结构的有序性使得载流子迁移率相对较高，也有利于电极对光生电子–空穴对的收集。因此说，微晶硅同时具备晶体硅的稳定性、高效性和非晶硅的低温制备特性等低成本优点。但是，微晶硅材料的缺点就是吸收系数比较低，需要比较厚的吸收层，而一般情况下微晶硅的沉积速率又比较慢，所以影响了生产效率。同时，微晶硅带隙较窄，不能充分利用太阳光谱，制作出来的单结微晶硅电池效率并不是特别高。

微晶硅具有单晶硅高稳定、非晶硅节省材料、低温大面积沉积的优点，而且可将光谱响应扩展到红外光（λ > 800nm），其提高效率的潜力很大，被国际公认为新一代硅基薄膜太阳能电池材料。

微晶硅太阳能电池的工作原理与 PN 太阳能电池一样，是基于 PN 结的光伏效应。由于微晶硅材料中的少数载流子扩散长度小于 1μm，掺杂层中的扩散长度可能更短，所以微晶硅电池采用 PN 结构是不可行的，因为这种结构的太阳能电池是利用扩散来收集光生载流子的。微晶硅电池采用了在 PN 层之间加入一本征层结构，本征层电场的存在有助于光生载流子的收集，此时光生载流子的收集依赖于电场作用下的漂移运动，从而克服了微晶硅扩散长度小带来的限制，大大提高了载流子的收集效率[15]。

3.2.3 HIT 太阳能电池

HIT 太阳能电池是一种利用晶体硅基板和非晶硅薄膜制成的混合型太阳能电池。采用 HIT 结构的硅太阳能电池，所谓 HIT 结构就是在 P 型氢化非晶硅和 N 型氢化非晶硅与 N 型硅衬底之间增加一层非掺杂（本征）氢化非晶硅薄膜，采取该工艺措施后，改变了 PN 结的性能。因而使转换效率达到 20.7%，开路电压达到 719mV，并且全部工艺可以在 200℃ 以下实现。图 3-4 为 HIT 太阳能电池的结构示意图[16]。

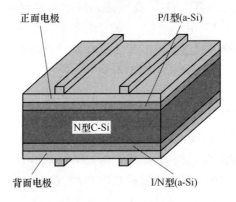

图 3-4　HIT 太阳能电池的结构示意图

3.2.4 有机聚合物太阳能电池

3.2.4.1 有机/聚合物太阳能电池原理

有机/聚合物太阳电池的基本原理是利用光入射到半导体的异质结或金属半导体界面附近产生的光生伏打效应（photovoltaic）。光生伏打效应是光激发产生的电子空穴对，激子被各种因素引起的静电势能分离而产生电动势的现象。当光子入射到光敏材料时，光敏材料被激发产生电子和空穴对，在太阳能电池内建电场的作用下分离和传输，然后被各自的电极收集。在电荷传输的过程中，电子向阴极移动，空穴向阳极移动，如果将器件的外部用导线连接起来，这样在器件的内部和外部就形成了电流。对于使用不同材料制备的太阳能电池，其电流产生过程是不同的。对于无机太阳能电池，对光电流产生的过程研究比较成熟，而有机半导体体系的光电流产生过程尚有很多值得商榷的地方，也是目前研究的热点内容之一。在光电流的产生原理方面，很多是借鉴了无机太阳能电池的理论（比如说其能带理论），但是也有很多其独特的方面，一般认为有机/聚合物太阳能电池的光电转换过程包括：光的吸收与激子的形成、激子的扩散和电荷分离、电荷的传输和收集[17]。对应的过程和损失机制如图 3-5 所示。几种典型的聚合物电池结构如图 3-6 所示。

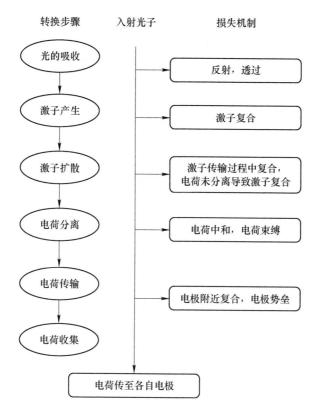

图 3-5 有机/聚合物太阳能电池的光电转换过程

3.2.4.2 原理及结构

太阳能电池的工作原理是基于 PN 结的光生伏打效应[18]。当 N 型半导体与 P 型半导体通过适当的方法组合到一起时，在两者的交界处就形成了 PN 结。由于两种材料载流子浓度存在差异，导致电子从 N 型半导体扩散到 P 型半导体中，空穴的扩散方向正好相反，当两者的费米能级平衡后，PN 结达到平衡，在结区形成内电场。而高分子太阳能电池因聚合物高分子的引用，在原理和结构上有一些特别之处。

A 原理

在聚合物高分子太阳能电池中，光电效应过程是在光敏层中产生的。共轭聚合物吸收光子以后并不直接产生可自由移动的电子和空穴，而产生具有正负偶极的激子。只有当这些激子被解离成可自由移动的载流子，并被相应的电极收集以后才能产生光伏效应。否则，由于激子所具有的高度可逆性，它们可通过发光、

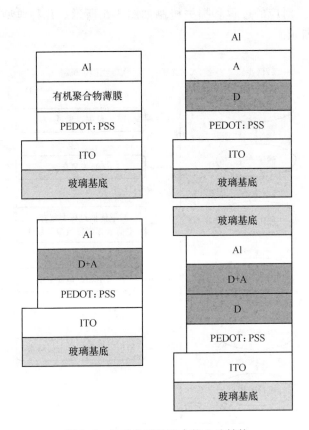

图 3-6 几种典型的聚合物电池结构

弛豫等方式重新回到基态，不产生光伏效应的电能。在没有外加电场的情况下，如何使光敏层产生的激子分离成自由载流子便成为聚合物太阳能电池正常工作的前提条件[4]。当光照到了电池的材料时，就会激发产生激子（电子空穴对），如果光从给体材料一侧入射，电子就顺着价带能量降低的方向，从给体的导带转移至受体的导带，同样当光照到了电池的受体材料时，空穴就顺着导带能量升高的方向，从 N 区的价带转移至 P 区的价带。当电子和空穴从激子中分离开以后，就成为自由电子和空穴，分别扩散至电极，从而产生光电流[19]。

B　结构

在聚合物太阳能电池中，我们通常将 P 型材料称为给体（D），把 N 型材料称为受体（A），电子给体/受体方式是实现有机光伏电池中激子分离的有效途径。因此，光敏层至少要使用两种功能材料（或组分），即电子给体（donor 或 D）与电子受体（acceptor 或 A）组成。目前 D 相材料主要使用共轭聚合物，如 PPV，聚噻吩和聚芴的衍生物，但它们的能带间隙较高。最近发展了低能带间隙的电子给体材料如噻吩、芴、吡嗪等的共聚物;而常用的 A 相材料主要是有机受体 C_{60} 及其衍生物,纳米 ZnO、CdSe 等无机受体材料以及含有氰基等吸电子基团的共轭聚合物受体材料。为了使激子过程得以顺利进行,要求所选用电子给体的最低空轨道(LUMO)能级比电子受体的 LUMO 能级稍高,这样在能量的驱动之下,电子由 D 相的 LUMO 转移到 A 相的 LUMO 上。一般情况下,D 相的 LUMO 能级比 A 相的 LUMO 能级高 0.3 ~ 0.4eV 时就能使激子有效地分离成自由载流子[20]。

3.2.4.3 影响因素

目前聚合物太阳能电池的效率还很低,如何提高它的转换效率是能否商业化和与传统无机光伏电池竞争的关键。当前限制聚合物电池转换效率的主要因素如下[21]:

(1)光敏层对太阳光谱的吸收程度。光敏层的响应范围和太阳光谱不匹配是当前限制聚合物电池能量转换效率的一个重要原因,光敏层对太阳光谱的吸收程度直接影响着光伏电池的转化效率。寻找光谱响应与太阳光相匹配的有机光敏材料就成为目前研究的一个热点和解决聚合物电池转化效率低的一个突破口。Thompson 等人合成了一种光响应谱与太阳最大辐照范围重叠得非常好的新型聚合物,但不幸运的是用其制成的光伏电池的效率也很低。李永舫研究组在拓展光敏材料的光响应范围的研究方面取得了可喜的进展,他们所开发的光敏材料对太阳光的吸收产生了较大的红移。曹镛研究组[22]开发的新型宽响应谱光敏材料的能量转换效率比较高,表现出了良好的应用前景。

(2)光敏层组分形貌的影响。溶剂的种类及其挥发速率可以改变光敏层的形貌,电荷的传输过程中,互穿网络的质量,如网络的分布是否充分、是否连续、间断的距离大小以及两相的大小都会影响电荷的传输,进而影响到整个器件的性能。为了解决高结晶性组分对薄膜形貌控制的障碍,研究人员仔细研究了一种新型四面体型具有无定形特性的电子受体材料,不但光生激子在其上能够得以完全分离,而且载流子的寿命达到数十微秒,表现出了在聚合物电池方面的良好应用前景[23]。

(3)材料的载流子迁移率。除了与太阳辐照光谱不匹配以外,目前限制聚合物太阳能电池效率的另一个重要因素就是现在光敏层所用材料的载流子迁移率为 $10 ~ 30cm^2/(V \cdot s)$,其中空穴的迁移率更低,与传统无机硅晶体中具有 $10^4 cm^2/(V \cdot s)$ 的迁移率相差甚远。较低的迁移率导致电荷在光敏层中复合的概率大大增加,导致转化效率下降。因此,开发具有高迁移率的新材料变得异常迫切。一般来说,材料的本征载流子迁移率取决于分子的有序程度以及 π - π 堆砌的长度。正如前文所说的那样,通过对制得的光伏薄膜进行退火处理,优化了体相异质结的微相分离状态,提高材料内部的有序程度后能够大幅度提高载流子的迁移率。在高载流子迁移率新材料的研发方面，最近 Drolet 等人开发了一种基于 2,7-咔唑乙烯的齐聚物，它的载流子迁移率达到了 $0.3 cm^2/(V \cdot s)$。Kim 等人通过在体相异质结光伏电池中掺杂费米能级介于 D 相的最高占有轨道（HOMO）和 LUMO 之间的高电导率纳米 Au 或 Ag 粒子，不但降低了器件的串联电阻而且提高了空穴的迁移率，使器件的效率提高了 50% ~ 70%。李永舫研究组通过在光敏层中掺杂较高空穴迁移率的有机小分子也大大地提高了原光伏器件的能量转换效率[24]。

（4）电极材料及界面的影响。研究表明，在金属阴极和光敏层之间插入一薄层的 LiF（约 0.6nm）以后，能够使光敏层和阴极之间形成更好的欧姆接触，有利于提高光伏器件的填充因子 FF 以及稳定开路电压，因此能提高器件的转换效率。但当插入过厚的 LiF 层时，由于 LiF 的电阻系数很高，器件的效率反而会急剧下降。而用 SiO_x 绝缘夹层代替 LiF 夹层进行研究时发现器件的效率不但没有提高反而降低了。在研究多种高偶极矩的碱金属盐对光伏电池性能的影响中，发现只有 Li 的化合物能够提高光伏电池的性能，而像 Cs 和 K 的化合物层的插入会严重降低器件的效率。因此，电极的材料及其界面状态也会影响电池的效率[25]。

聚合物太阳能电池虽然具有许多无机半导体太阳能电池所不可比拟的优点，但毕竟起步较晚，效率也较低，要想获得高效率、低成本的聚合物太阳能电池任重道远。以下几个方面将会是今后的研究重点及发展趋势。

首先，深入了解光伏作用原理，对是否能提高聚合物太阳能电池的能量转换效率至关重要。其次，增加光子的吸收效率以提高光电转换效率。一是运用能带隙控制工程来调节聚合物的吸收，以达到与太阳光谱的完全匹配。包括合成单键/双键键长较小更迭的共轭聚合物，选择离子化势能小的电子给体单体与电子亲和能大的电子受体单体共聚来改变共轭聚合物的能带等。二是增加光富集染料层，比如卟啉衍生物、联二吡啶金属配合物等。另外，光富集染料或者功能基可连接在共轭聚合物上，这样也可提高聚合物的光吸收。再次，研究器件活性层的形态。怎样能形成完美的互穿网络结构，形成双连续的载荷传输通道至关重要，探讨器件的最优构型及器件的后处理等也有着很大的意义；最后开发新型的电子受体型聚合物，该类聚合物必须满足好的溶解性及加工性、高的电子亲和能、链结构有序、高的载荷迁移率、分子呈平面构型及吸收要尽量覆盖可见光谱等条件。在共轭聚合物的主链上键合或侧链上接枝一些有强吸电子性能的单体和功能性的梯形聚合物也是合成新型聚合物受体的一个可尝试的方向。

3.2.5 染料敏化太阳能电池

染料敏化太阳能电池（dye-sensitized solar cell，DSC）主要是模仿光合作用原理，研制出来的一种新型太阳能电池，其主要优势是：原材料丰富、成本低、工艺技术相对简单，在大面积工业化生产中具有较大的优势，同时所有原材料和生产工艺都是无毒、无污染的，部分材料可以得到充分的回收，对保护人类环境具有重要的意义。但光电转换效率较低等问题阻碍了其广泛应用。光阳极的性质直接影响 DSC 光电转换的能力和效率，研究制备高效的光阳极是该领域迫切需要研究的重点问题[26]。

染料敏化纳米晶太阳能电池 DSCs（nano-crystallion dye-sensitized solar cells），主要由制备在导电玻璃或透明导电聚酯片上的纳米晶半导体薄膜、敏化剂分子、电解质和对电极组成，其中制备在导电玻璃或透明导电聚酯片上的纳米晶半导体薄膜构成光阳极。

完全不同于传统硅系结太阳能电池的装置，染料敏化太阳能电池的光吸收和电荷分离传输分别是由不同的物质完成的，光吸收是靠吸附在纳米半导体表面的染料来完成的，半导体仅起电荷分离和传输载体的作用，它的载流子不是由半导体产生而是由染料产生的。

DSC 电池的制作流程如图 3-7 所示，结构如图 3-8 所示。DSC 电池主要包括三部分：吸附了染料的多孔光阳极、电解质和对电极。染料吸收光子后发生电子跃迁，光生电子快速注入半导体的导带并经过集流体进入外电路而流向对电极。失去电子的染料分子成为正离子，被还原态的电解质还原再生。还原态的电解质本身被氧化，扩散到对电极，与外电路流入的电子复合，这样就完成了一个循环。在 DSC 电池中，光能被直接转换成了电能，而电池内部并没有发生化学变化。DSC 电池的工作原理类似于自然界的光合作用，而与传统硅电池的工作原理

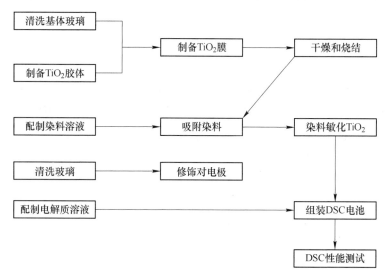

图 3-7 染料敏化太阳能电池制作工艺流程图

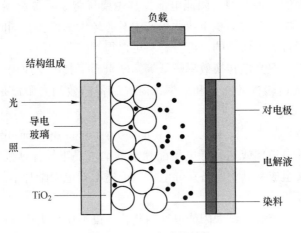

图 3-8　DSC 电池的结构

不同。它对光的吸收主要通过染料来实现，而电荷的分离传输则是通过动力学反应速率来控制。电荷在半导体中的运输由多数载流子完成，所以这种电池对材料纯度和制备工艺的要求并不十分苛刻，从而使得制作成本大幅下降。此外，由于染料的高吸光系数，只需几到十几个微米厚的半导体薄膜就可以满足对光的吸收，使 DSC 电池成为真正的薄膜电池。DSC 电池是光阳极、染料、电解质和对电极的有机结合体，缺一不可[24]。

　　事实上，自 20 世纪 60 年代起，科学家发现染料吸附在半导体上，在一定条件下能产生电流，这种现象成为光电化学电池的重要基础。20 世纪 70 年代到 90 年代，科学家们大量研究了各种染料敏化剂与半导体纳米晶光敏化作用，研究主要集中在平板电极上，这类电极只有表面吸附单层染料，光电转换效率小于 1%。

　　将高比表面积的纳米晶多孔 TiO_2 膜作半导体电极引入到染料敏化电极的研究当中，这种高比表面积的纳米晶多孔 TiO_2 组成了海绵式的多孔网状结构，使得它的总表面积远远大于其几何面积，可以增大约 1000 ~ 2000 倍，能有效地吸收阳光，使得染料敏化光电池的光电能量转换率有了很大提高，其光电能量转换率可达 7.1%，入射光子电流转换效率大于 80%[24]。

　　在产业化方面，染料敏化纳米晶太阳能电池研究取得了较大的进展。据报道，澳大利亚 STA 公司建立了世界上第一个面积为 $200m^2$ 染料敏化纳米晶太阳电池显示屋顶。欧盟 ECN 研究所在面积大于 $1cm^2$ 电池效率方面保持最高纪录：8.18%（$2.5cm^2$）、5.8%（$100cm^2$）。在美国马萨诸塞州 Konarka 公司，对以透明导电高分子等柔性薄膜等为衬底和电极的染料敏化纳米晶太阳能电池进行实用化和产业化研究，期望这种 2009 年太阳能电池主要应用于电子设备，如笔记本电脑。目前纳米晶体太阳能电池技术在海外已开始商品化，初期效率约为5%[27]。

染料敏化太阳能电池的发展历史显示，这种电池制作工艺简单，成本低廉（预计只有晶体硅太阳能电池成本的1/10～1/5），引起了各国科研工作者的极大关注，使人们看到了染料敏化太阳能电池的广大应用前景。

与传统的硅系太阳电池相比，染料敏化纳米晶太阳能电池有良好的优势：

（1）制备工艺简单，成本低。与硅系太阳能电池相比，染料敏化电池没有复杂的制备工序，也不需要昂贵的原材料，产业链不长，容易实现成本低的商业化应用。据估计 DSC 太阳能电池的制造成本只有硅系太阳能电池的1/10～1/5。

（2）对环境危害小。在硅电池制造中，所用的原料四氟化碳是有毒的且需要高温和高真空，同时这一过程中需要耗费很多的能源；而 DSC 电池所用的二氧化钛是无毒的，对环境没有危害，不存在回收问题。

（3）效率转换方面基本上不受温度影响，而传统晶体硅太阳能电池的性能随温度升高而下降。

（4）光的利用效率高，对光线的入射角度不敏感，可充分利用折射光和反射光。

DSC 太阳能电池虽然有光明的前景，但对它的研究仍在起步阶段，还有较多难以克服的缺陷使其不能被广泛应用。DSC 目前研究较有成果的是液态电解质电池，但这种电池存在一系列问题，如容易导致染料的脱附，容易挥发给密封性带来问题，含碘的液态电解质具有腐蚀性，且本身存在不可逆反应导致电池寿命缩短。解决这个问题的办法就是研制固态染料敏化电池，但目前这种固态电池仍处于研究阶段，光电转换效率很低。

3.2.6 量子点敏化太阳能电池

相比染料敏化太阳能电池，量子点敏化太阳能电池的优势主要体现在量子点的特殊性质上。量子点具有以下几种性质[24]：

（1）量子表面效应。量子表面效应是指量子点的比表面积随着其粒径减小而增大的效应。由于量子点的比表面积很大，表面原子数增多，使得表面原子配位不足，从而导致大量的不饱和键和悬挂键。这些不饱和键和悬挂键使表面原子表面能大，活性很高，极不稳定。表面效应不仅影响表面原子输运和结构的变化，也会影响其电子和光学性质。比如，量子点的表面效应使量子点具有高的吸光系数。

（2）量子限制效应。当量子点的尺寸大于激子玻尔半径时，不能形成激子，其电子能级呈现为无数间隔极小的能级组成的连续带状能级。当量子点的尺寸小于激子玻尔半径时，由于电子被限制在狭小的空间，其平均自由程缩得很短，易形成激子并产生激子吸收带。量子点的粒径越小，形成的激子越多，激子的吸收越强，此即为量子限域效应。

（3）量子尺寸效应。通过控制量子点的尺寸，可以方便地调节其能隙宽度和光吸收谱等电子状态的效应。当量子点尺寸小于激子玻尔半径或德布罗意波长时，电子能级由连续态分裂为离散态，即形成分立的能级。随着量子点尺寸的减小，能级间的间距会增大，量子点的光吸收谱出现蓝移现象。反之，能级间的间距会减小，光吸收谱将会出现红移。

（4）多激子激发效应。太阳光谱中可见光区的光子能量范围为 0.5 ~ 3.5eV，光子能量低于半导体带隙的则不被吸收，高于半导体带隙的将产生高能量的电子和空穴，被称为"热电子和热空穴"。由于电子 – 声子散射和声子逸出会消耗能量，这些电子和空穴将会在带端冷却，这是限制单结硅基光伏电池转换效率的主要因素。如果电子与空穴复合时，把能量通过碰撞转移给另一个电子或另一个空穴，造成该电子或空穴的跃迁，这个过程叫俄歇复合。其相反的过程为碰撞离子化，即高热电子空穴对由高能态回到低能态时，释放出来的能量可将另一对或多对电子空穴激发的过程。利用碰撞离子化效应，一个光子可以产生两个或多个电子 – 空穴对，因此也称为多激子激发效应。只有当碰撞离子化的速率大于热电子空穴的冷却速度和其他弛豫过程时，多激子激发效应才能产生。这在块材半导体中是做不到的，因为块材中电子空穴的冷却速度很快。研究表明，载流子冷却速度会受到量子效应的影响。当半导体量子点尺寸小于或相当于德布罗意波长时，载流子被限制在狭小的空间，其弛豫动力学将急剧改变，冷却速率也将会变慢。如此，碰撞离子化速率才能跟冷却速率竞争。事实上，量子点的多激子激发效应已经被证实。Nozik 等人认为，一个带隙无限堆积以完美匹配太阳光谱的量子点敏化太阳能电池，其最高理论电池效率可达到 66%，这就是量子点敏化太阳能电池的巨大潜力和吸引力。

3.2.6.1　量子点敏化太阳能电池的特点及工作原理

量子点敏化太阳能电池（quantum dot-sensitized solar cells，简称 QDSC）是采用无机半导体量子点取代有机染料分子作为敏化剂而制成的一种新型的敏化太阳能电池，其工作原理与 DSC 的原理类似，其原理如图 3-9 所示，无机半导体量子点敏化是一种有望成为取代有机染料分子而实现的高效光伏电池的途径。这是由于：（1）半导体量子点的固有偶极矩可以使电子 – 空穴快速分离。（2）量子点将载流子限制在其微小的体积，当半导体量子点吸收的光子能量大于其禁带宽度的 2 倍时，吸收单个高能光子，会产生多个激子，即多激子激发效应（multiple exciton generation，MEG），或者激子倍增效应。在传统晶硅太阳能电池中，高能光子高于半导体带隙的那部分能量将以热量（声子）的形式散失，这是限制传统电池理论效率的主要因素之一。即所谓的肖克利 – 奎伊瑟极限（Shockley-

Queisser limit，简称为 S-Q 极限）效率为 31%。如果利用量子点的激子倍增效应，在电池中实现了高能光子的外量子效率超过 100%。这将为提高太阳能电池效率开辟一条新的途径。（3）通过改变量子点的尺寸可以很容易地调剂半导体的带隙而增加光谱吸收范围，也可以使两种或两种以上的不同量子点实现量子点共敏化而增加光谱吸收范围。同时不同尺寸的量子点也可以在能隙中形成能带，以便吸收能量低于带隙值的光子。使用不同带隙的半导体量子点敏化，理论上可以达到对 AM1.5G 标准光谱全响应的可能，从而提高对太阳光的领用率和电池的转换效率[28]。

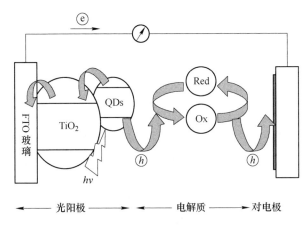

图 3-9 量子点敏化太阳能电池原理图

近几年，多种体系的 QDSCs 研究工作被纷纷展开，但其能量转换效率不高。目前 QDSCs 的研究主要集中在以下几个方面：

（1）构筑合理的 QDSC 捕光结构能使太阳光得到最大限度的捕获。在一个有效的 QDSC 捕光结构中，太阳光被吸收以后载流子能快速地得到分离并产生光生电子；电子也能快速、畅通无阻地到达基底产生外部电流。

（2）将能带匹配的量子点或各种尺寸的量子点进行组合，对半导体进行复合敏化。

（3）开发新型的量子点材料，由于各种量子点在电解液中的光化学稳定性不同，其电子的传输速度也会受影响。为了提高太阳光的利用率和加快半导体/敏化剂的界面电荷分离，研究者们开发了一些新型的量子点材料。

（4）采用合适的量子点负载方法，以加快载流子在量子点/纳米半导体界面的传输速度。

3.2.7 无机半导体纳米晶薄膜太阳能电池

能够作为无机半导体纳米晶薄膜电池的材料有很多，常见的二元合金有

Cu_2S、Cu_2O、$Cu\text{-}C$、$CdTe$、$CdSe$、GaP、$GaAs$、InP 和 ZnP 等，常见的三元合金有 $Cu\text{-}In\text{-}S$、$Cu\text{-}In\text{-}Se$、$Cu\text{-}Zn\text{-}S$、$Cd\text{-}Zn\text{-}Se$、$Cd\text{-}Mn\text{-}Te$、$Bi\text{-}Sb\text{-}S$、$Cu\text{-}Bi\text{-}S$、$Cu\text{-}Al\text{-}Te$、$Cu\text{-}Ga\text{-}Se$、$Ag\text{-}In\text{-}S$、$Pb\text{-}Ca\text{-}S$、$Ag\text{-}Ga\text{-}S$、$Ga\text{-}In\text{-}P$ 和 $Ga\text{-}In\text{-}Sb$，目前多元合金 $Cu\text{-}In\text{-}S\text{-}Se$、$Cu\text{-}In\text{-}Ga\text{-}S\text{-}Se$ 和 $Cu\text{-}Zn\text{-}Sn\text{-}S$ 太阳能电池的研究也比较广泛。在这么多的材料中，此处主要选择几种典型的材料进行介绍。

3.2.7.1 碲化镉太阳能电池

碲化镉是制造薄膜太阳能电池的一种非常重要的材料。碲化镉薄膜电池的设计简单，制作成本低，并且理论最高效率比硅电池的高。允许的最高理论转换效率在大气质量 AM1.5 条件下高达 27%[29]。此外，CdTe 电池在高温条件下的使用效果比硅电池更好，因此是应用前景较好的一种新型太阳能电池，已成为美国、德国、日本、意大利等国研发的主要对象。

早在 20 世纪 50 年代中期，Jenny 等人就对碲化镉单晶体电子能带特性进行了阐述；而后在 1959 年，Nobel 确定了 Cd_2Te 相平衡、缺陷和 CdTe 半导体性质之间的关系，这一关系后来又被其他的研究组进一步完善。基于 N 型 CdTe 单晶和多晶膜太阳能电池在 20 世纪 60 年代早期被制备出来，它们是用 CdTe 膜表面和铜酸盐溶液反应来形成 $CdTe/Cu_2Te$ 异质结。随后，在 20 世纪 60～70 年代，人们制成了基于 P 型 CdTe 单晶和蒸镀而成的 N 型 CdS 膜的光伏电池，用单晶 CdTe 制成的电池效率约为 10%，而制成的全多晶薄膜 CdTe/CdS 电池的效率则更高。在这段时期，Bonnet 在 1972 年也提出了 CdTe/CdS 电池一些需要解决的基本问题，如掺杂效率、突变结和缓变结、活性或非活性晶界以及低阻电极等。到 20 世纪 80 年代早期，人们已经用各种制备方法制成了转化效率接近或超过 10% 上层配置的 CdTe/CdS 电池。截止到 2004 年，上层配置型 CdTe 电池转化效率最高为 16.5%。玻璃是最常用的衬底材料，不过最近人们在努力研究发展基于聚酰亚胺（polyimide）和金属箔片的轻便型电池。基于玻璃衬底的 CdTe 电池效率一般在 10%～16%，转换率依赖于制备方法的多样性。而在金属和聚酰亚胺衬底上的 CdTe 轻便型电池效率分别已经达到 7.8% 和 11%。这种轻便型太阳能电池具有高的特定功率（specific power，单位为 W/kg），因而具有很多潜在的应用价值。目前，已获得相关太阳能电池的最高效率为 16.5%（$1cm^2$），电池模块效率达到 11%（$0.94m^2$）[30,31]。

碲化镉电池尽管在成本上有一定的优势，但是同时也面临着巨大的缺点。第一，在制备电池和使用过程中如果不幸发生火灾，有可能将电池中包含的毒性较大的 Cd 元素释放出来，将会造成环境危害。第二，Te 的价格较高，使 CdTe 的制造成本一直居高不下。

许多公司正深入研究 CdTe 薄膜太阳能电池，优化薄膜制备工艺，提高组件稳定性，防范 Cd 对环境和操作者健康的危害，以实现大规模生产，其中，美国

First Solar 公司是当仁不让的领跑者，另外还有德国 Antec Solar、美国 Solar Fields 和 AVA Tech 等公司。

3.2.7.2 砷化镓太阳能电池

作为Ⅲ-Ⅴ族化合物半导体材料的杰出代表，GaAs 具有许多优良的性质，对于 GaAs 太阳能电池的广泛研究使得其转换效率提高很快，现已超过了其他各种材料制备的太阳能电池的效率。GaAs 是一种典型的Ⅲ-Ⅴ族化合物半导体材料。它的晶格结构与硅相似，属于闪锌矿晶体结构，但是与硅材料不同的是，GaAs 属于直接带隙材料，而硅材料是间接带隙材料。GaAs 带隙宽度为 $E_g = 1.42\,eV$（300K），正好位于最佳太阳能电池材料所需要的能隙范围，所以具有很高的光电转换效率，是非常理想的太阳能电池材料，其主要特点具体如下[31]：

（1）GaAs 属于直接带隙材料，所以它的光吸收系数比较大。因此它的有源区只需要 $3 \sim 5\,\mu m$ 厚就可以吸收 95% 的太阳光谱中最强的部分，而对于有些材料需要上百微米的厚度才能充分吸收阳光。

（2）GaAs 太阳能电池的温度系数比较小，能在较高的温度下正常工作。众所周知温度升高会引起开路电压下降，短路电流也略有增加，从而导致电池效率下降。但是 GaAs 的带隙比较宽，要在较高的温度下才会产生明显的本征激发，因而它的开路电压减小较慢，效率降低较慢。

（3）GaAs 属于直接带隙材料，它的有效区很薄，因此成为空间能源装置的重要组成部分之一。随着技术的发展，聚光太阳能电池已获得较高的转换效率，在地面上的应用已成为现实可能。

和硅基太阳能电池相比，GaAs 太阳能电池具有更高的光电转换效率，单结 GaAs 太阳能电池的理论效率最高为 27%，而多结 GaAs 太阳能电池的最高效率可以达到 63%，都高于 Si 太阳能电池的最高理论效率 23%。而且 GaAs 材料太阳能电池的优势明显，在可见光范围内，GaAs 材料的光吸收系数远高于 Si 材料。同样吸收 95% 的太阳光，GaAs 太阳能电池只需 $5 \sim 10\,\mu m$ 的厚度，而 Si 太阳能电池则需大于 $150\,\mu m$。因此，GaAs 太阳能电池能制成薄膜结构，质量大幅度减小。此外，GaAs 具有良好的抗辐射性能、更好的耐高温性能，GaAs 还可制备成效率更高的多结叠层太阳能电池。

GaAs 太阳能电池的发展是从 20 世纪 50 年代开始的，至今已有 50 多年的历史[7]。1954 年世界上首次发现 GaAs 材料具有光伏效应。到目前为止 GaAs 电池已经从原来的 GaAs 基单结太阳能电池发展到 GaAs 基多结太阳能电池，现在也在探索研究 GaAs 基量子点电池。

砷化镓基多结太阳能电池是迄今为止最高效的太阳能电池。2011 年 4 月，三重异质结的太阳能电池其转换效率达到创纪录的 43.5%。该技术已成功使用在火星探测任务中，在 90 天的使用过程中运行良好。叠层太阳能电池是基于单片集成电路将磷化铟镓（GaInP）、砷化镓（GaAs）和锗（Ge）PN 结连接起来。由于该电池的产业化应用，导致原料的价格持续上升。2006 年 12 月至 2007 年 12 月，金属镓的成本从每公斤 350 美元左右上升到每公斤 680 美元。此外，锗金属价格也大幅上升，目前每公斤为 1000 ~ 1200 美元。荷兰 Radboud 大学 Nijmegen 在 2008 年 8 月用 4μm 厚的砷化镓单结薄膜太阳能电池获得了创纪录的 25.8% 的效率，可以从晶圆基底转移到玻璃或塑料薄膜。这种技术最大的创新是可以应用在玻璃或者塑料薄膜基底上[32]。

3.2.7.3　铜铟硫硒（CIS）太阳能电池

A　CIS 电池

CIS 系太阳能电池是目前光伏界公认的将来有望获得大规模应用的化合物薄膜电池。30 多年来众多的光伏研究者投身其中，在吸收层薄膜制备方法和技术、电池组件的工业化技术路线等方面都取得了巨大的成果。铜铟镓硫硒薄膜电池（CIS）材料吸收系数很高，不存在光致衰退问题，非常适合制备光电转换器件[33~35]。转换效率和多晶硅一样，商品电池组件的效率一般在 12%，同时具有价格低廉、稳定性好、可以大规模产业化生产等优点。随着工艺技术的进步，在不久的将来，会成为今后太阳能电池发展的重要方向之一。CIS 在 2010 年由于设备厂商的技术进展，电池转换效率已经可以稳定地高于 10%，因此许多薄膜太阳能模组厂商开始进行 CIS 薄膜太阳模组的投资。根据 PVinsights 的薄膜太阳能成本分析，CIS 的成本有望降低到每瓦 1.0 美金的水平，并随着转换效率的提升而进一步将成本降低到每瓦 0.8 美金以下，这样的成本改善将使得 CIS 的薄膜太阳能模组具有比较好的成本竞争力。

B　CIS 太阳能电池的优点[33]

（1）高吸收系数。CIS 是直接带隙半导体材料，光吸收系数高达 $10^5 \, cm^{-1}$，是目前已知太阳能电池吸收层材料中吸收系数最大的。

（2）性能稳定。CIS 制成的太阳能电池没有光致衰减效应（SWE），抗辐射能力强。西门子太阳能电池美国公司曾经对一块 CIS 电池组件进行室外测试，结果发现这块电池在使用的 7 年后仍保持原有性质。另有实验结果表明其使用寿命比单晶硅电池（一般为 40 年）要长很多，可达 100 年。

（3）带隙可调。$CuInSe_2$ 具有 1.04eV 的带隙宽度，小于 1.40eV 的太阳光最佳吸收带隙。可以通过将掺杂镓形成 $Cu(In_{1-x}Ga_x)Se_2$ 和掺入硫形成 $CuIn(Se_{1-x}S_x)_2$ 的方法，增加吸收层的带隙宽度从而提高 CIS 太阳能电池的光电转换效率。

（4）效率/成本比高。虽然 CIS 最高 19.9% 的实验室最高转化效率小于单晶硅 25% 的实验室最高转化效率，但是 CIS 量产电池器件 15% 的转化效率已经非常接近多晶硅太阳能电池组件的转化效率。而在生产成本方面，CIS 的最近成本已经降到了 0.99 美元/W，这个价格仅仅是晶体硅太阳能电池成本的 1/4。

（5）CIS 的 Na 效应。微量的 Na 能提高电池的转换效率和成品率，因此使用钠钙玻璃作为 CIS 的基板，除了成本低、线膨胀系数相近以外，还有 Na 掺杂的考虑因素。

C CIS 太阳能电池的结构

CIS 太阳能电池属于薄膜太阳能电池的一种，其典型结构为 Glass/Mo/CIS/CdS/ZnO/ITO/Al[34,35]，如图 3-10 所示。

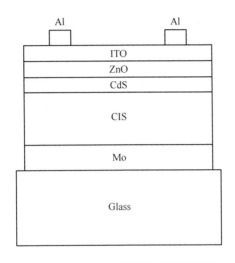

图 3-10 CIS 太阳能电池结构示意图

Glass：通常采用的是钠钙玻璃。钠钙玻璃中的钠离子会偏聚在 CIS 薄膜的表面，抑制晶界缺陷的产生，减少复合中心，有效地增加载流子寿命，从而提高电池的效率。另外，近几年对柔性衬底的研究也有所进展，德国的 Odersun 公司就采用铜或不锈钢等金属带为衬底制备 CIS 太阳能电池，这种技术的优点是可以采用卷对卷连续化生产，有效降低了成本，而且电池的组件面积几乎不受约束。

Mo：作为 CIS 太阳能电池的背底电极，W、Ti 等金属均曾经被使用过。经过长时间的探索，人们最终发现 Mo 作为正极材料有着很多优点。首先，Mo 薄膜的方块电阻较小，电学性质优越；另外，CISS 薄膜与 Mo 薄膜的附着力比其他金属都要好，能有效提高成品率；再者，在使用硒化工艺制备 CIS 太阳能电池时，Mo 的表面会和 Se 反应生成一层薄薄的 $MoSe_2$，与 CIS 薄膜形成欧姆接触，可以提高电池的电学性质。

CIS：作为 CIS 太阳能电池的吸收层，它是整个电池工艺的核心。除了 $CuInSe_2$ 和 $CuInS_2$ 以外，还有将镓掺入 $CuInSe_2$ 中形成的 $Cu(In_{1-x}Ga_x)Se_2$ 和将硫掺入 $CuInSe_2$ 中形成的 $CuIn(Se_{1-x}S_x)_2$，以及由 Cu、In、Ga、Se、S 五种元素组成的 $Cu(In_{1-x}Ga_x)(Se_{1-y}S_y)_2$。但是目前实现产业化的只有 $CuInS_2$ 和

$Cu(In_{1-x}Ga_x)Se_2$。制备 CIS 薄膜的方法也有很多,大致分为真空法和非真空法两类。

CdS：禁带宽度为 2.42eV，在电池中起到缓冲层的作用。缓冲层也叫过渡层，用来解决 CIS 太阳能电池中 ZnO 窗口层与 CIS 吸收层之间的晶格失配问题，目前世界上最高转换效率的 CIS 太阳能电池（19.9%）就用到了 CdS 缓冲层。但是 CdS 毒性较大，对人体有害，并且重金属离子 Cd^{2+} 也会污染环境，所以人们找到了一些可以替代 CdS 的无毒缓冲层材料，如 ZnS、ZnSe、ZnO 等，目前已取得了一些成果。

i-ZnO：作为电池内 P-N 结中的 N 型材料，一般使用本征氧化锌。

ITO：ITO 是掺 Sn 的 In_2O_3 的缩写，ITO 膜的优点是高透过率和优良的导电性能，而且容易在酸液中蚀刻出细微的图形，其中透光率最为优异，可达 90% 以上。上述 i-ZnO 和 ITO 两层合称为 CIS 太阳能电池的窗口层。

Al：负电极一般使用 Al，用真空蒸镀的方法将高纯度的 Al 蒸镀到电池表面，电极面积不宜过大，以免阻挡太阳光的射入影响电池的效率。

近年来，采用纳米晶溶液作为前驱物墨水制作 CIS 太阳能电池的工作也取得了很大的进展。纳米晶溶液法制备太阳能电池，首先要合成预定化学计量比和晶体结构的纳米晶，然后将其分散到溶液中，将这些溶液称为墨水或者浆料。这种可用于印刷的墨水基于一系列溶液技术，能够得到低廉的光吸收层。图 3-11 给出了该方法的制作工艺流程图，而图 3-12 给出了掺杂 Na 前后 CIS 薄膜的截面图[8]。太阳能电池纳米晶墨水法的优点是可以将纳米晶很好地分散到有机试剂

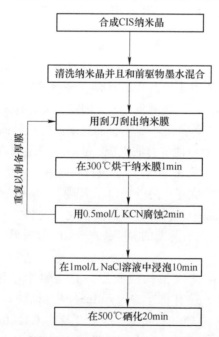

图 3-11　纳米晶浆料法制备 CIS 电池的基本制作工艺流程

中，并进行旋涂成膜。其缺点是有机长链会残留到表面或者内部，从而降低器件的效率。此外，对纳米晶合成条件要求也比较高。

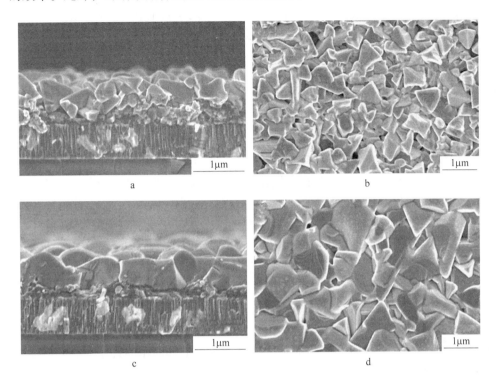

图 3-12 CIS 薄膜扫描电镜图片
a—未经过 NaCl 处理前的截面图；b—未经过 NaCl 处理前的表面图；
c—NaCl 处理后的截面图；d—NaCl 处理后的表面图

3.2.8 钙钛矿太阳能电池

3.2.8.1 钙钛矿及钙钛矿电池发展历程[36]

钙钛矿是指一类陶瓷氧化物，其分子通式为 ABO_3；此类氧化物最早被发现，是存在于钙钛矿石中的钛酸钙（$CaTiO_3$）化合物，因此而得名。由于此类化合物结构上有许多特性，在凝聚态物理方面应用及研究甚广，所以物理学家与化学家常以其分子公式中各化合物的比例（1∶1∶3）来简称之，因此又名"113 结构"，呈立方体晶形。在立方体晶体常具平行晶棱的条纹，系高温变体转变为低温变体时产生聚片双晶的结果。

组成为 ABO_3 的钙钛矿结构类型化合物，所属晶系主要有正交、立方、菱方、四方、单斜和三斜晶系。A 位离子通常是稀土或者碱土具有较大离子半径的金属元素，它与 12 个氧配位，形成最密立方堆积，主要起稳定钙钛矿结构的作用；B 位一般为离子半径较小的元素（一般为过渡金属元素，如 Mn、Co、Fe 等），它与 6 个氧配位，占据立方密堆积中的八面体中心，由于其价态的多变性使其通常成为决定钙钛矿结构类型材料很多性质的主要组成部分。

除晶体硅外，钙钛矿也可用来制作太阳能电池的替代材料。在 2009 年，使用钙钛矿制作的太阳能电池具备着 3.8% 的太阳能转化率。到了 2014 年，这一数字已经提升到了 19.3%。相比传统晶体硅电池超过 20% 的能效，科学家认为，这种材料的性能依然有提升的可能。

钙钛矿是由特定晶体结构所定义的一种材料类别，它们可以包含任意数量的元素，用在太阳能电池当中的一般是铅和锡。相比晶体硅，这些原材料要便宜得多，且能被喷涂在玻璃上，无须在清洁的房间当中精心组装。

与现有太阳能电池技术相比，钙钛矿材料及器件具有以下几方面的优点：

（1）综合性能优良的新型材料。钙钛矿材料能同时高效完成入射光的吸收、光生载流子的激发、输运、分离等多个过程。

（2）消光系数高且带隙宽度合适。能带宽度较佳，约为 1.5eV，具有极高的消光系数。

（3）优良的双极性载流子输运性质。此类钙钛矿材料能高效传输电子和空穴，其电子/空穴输运长度大于 $1\mu m$，载流子寿命远远长于其他太阳能电池。

（4）开路电压较高。钙钛矿太阳能电池目前的开路电压已达 1.3V，接近于 GaAs 电池，远高于其他电池，说明在全日光照射下的能量损耗很低，转换效率还有大幅提高的空间。

（5）结构简单。这种电池由透明电极、电子传输层、钙钛矿吸光层、空穴传输层、金属电极五部分构成，可做成 p-i-n 型平面结构，有利于规模生产。

（6）可制备高效柔性器件。可以采用辊－辊大面积制造工艺将电池制在塑料、织物等柔性基底上，作为可穿戴、移动式柔性电源。

钛矿太阳能电池是由染料敏化电池演化而来的。$CH_3NH_3PbX_3$ 材料吸收系数高达 10^5。通过调节钙钛矿材料的组成，可改变其带隙和电池的颜色，制备彩色电池。另外，钙钛矿太阳能电池还具有成本低、制备工艺简单，以及可制备柔性透明及叠层电池等一系列优点，而且其独特的缺陷特性，使钙钛矿晶体材料既可呈现 N 型半导体的性质，也可呈现 P 型半导体的性质，故而其应用更加多样化，而且 $CH_3NH_3PbX_3$ 具有廉价、可溶液制备的特点，便于采用不需要真空条件的卷对卷技术制备，这为钙钛矿太阳能电池的大规模、低成本制造提供可能。

2009 年，日本人 Kojima 等[37] 首次将有机、无机杂化的钙钛矿材料应用到量子点敏化太阳能电池中，制备出第一块钙钛矿太阳能电池，并实现了 3.8% 的效率。但是这种钙钛矿材料在液态电解质中很容易溶解，该电池仅仅存在了几分钟即宣告失败。随后，Guo 等[38] 于 2011 年将 $CH_3NH_3PbI_3$ 纳米晶粒改为 2～3nm，效率提高到 6.5%。但是由于仍然采用液态电解质，仅仅经过 10min，电池效率就衰减了 80%。为解决钙钛矿太阳能电池的稳定性问题，2012 年 Kim 等人[39]将一种固态的空穴传输材料（spiro OMe TAD）引入到钙钛矿太阳能电池中，制备出第一块全固态钙钛矿太阳能电池，电池效率达到 9.7%。即使未经封装，电池在经过 500h 后，效率衰减很小。空穴传输层（hole transport material，HTM）的使用，初步解决了液态电解质钙钛矿电池不稳定与难封装的问题。Eyer 等[40]证明钙钛矿不仅可作为光吸收层，还可作为电子传输层（electron transport material，ETM），所得电池效率为 10.9%。同年在 $CH_3NH_3PbI_3$ 直接沉积 Au 电极，形成 $CH_3NH_3PbI_3/TiO_2$ 异质结，所制得的电池效率为 7.3%。这说明钙钛矿材料除可用作光吸收层和电子传输层外，还可用作空穴传输层。钙钛矿太阳能电池自 2010 年开始迅猛发展。Liang 等更是通过掺 Y 修饰将转换效率提升到 7.4%[41]。

3.2.8.2 电池结构介绍

如图 3-13 所示，介孔结构的钙钛矿太阳能电池的基本结构为：FTO 导电玻璃基底、TiO_2 致密层、TiO_2/Al_2O_3 多孔支架层、钙钛矿吸收层、空穴传输层（HTM）、金属背电极。图 3-13 为做好的钙钛矿电池基本结构图与扫描电镜截面图[42]。

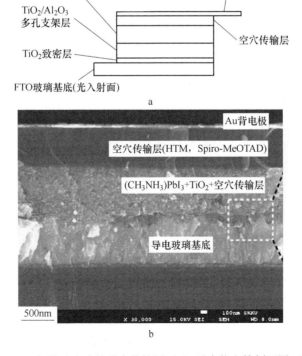

图 3-13　钙钛矿电池的基本结构图（a）及实物电镜剖面图（b）

钙钛矿作为吸收层，在电池中起着至关重要的作用。以 $CH_3NH_3PbI_3$ 为例，钙钛矿薄膜作为直接带隙半导体，禁带宽度为 1.55eV，电导率为 $10^{-3}S/m$，载流子迁移率为 $50cm^2/(V·s)$，吸收系数为 10^5，消光系数较高，几百纳米厚薄膜就可以充分吸收 800nm 以内的太阳光，对蓝光和绿光的吸收明显要强于硅电池。且钙钛矿晶体具有近乎完美的结晶度，极大地减小了载流子复合，增加了载流子扩散长度，可高达 1μm（掺 Cl），这些特性使得钙钛矿太阳能电池表现出优异的性能。在化合物 ABX_3 中，A 离子用于晶格内的电荷补偿，而且改变粒子的大小可影响材料的光学性质和禁带宽度。B 离子可影响半导体的禁带宽度，满足 $ASnX_3 < APbX_3$。采用 Sn^{2+} 代替 Pb^{2+}，不仅减小了重金属 Pb 造成的污染，利于钙钛矿太阳能电池的商业化生产，还将材料的吸收光谱拓展到了 1060nm。随 X 半径的增加，吸收光谱向长波段方向移动。研究还发现，$CH_3NH_3PbI_3$ 中掺 Cl，材料的载流子扩散长度由 100nm 增长到 1μm，进而使所制备钙钛矿电池的 V_{oc}，J_{sc} 和 FF 均有提升，电池性能得到明显改善。掺 Br 后，通过调节 Br 含量，这为制备基于钙钛矿电池为顶电池的叠层电池提供了很好的基础。

HTM 作为空穴传输层，必须满足以下条件：

（1）HOMO 能级要高于钙钛矿材料的价带最大值，以便于将空穴从钙钛矿层传输到金属电极；

（2）具有较高的电导率，这样可以减小串联电阻及提高 FF；

（3）HTM 层和钙钛矿层需紧密接触。

目前应用最广泛的 HTM 层材料 spiro-MeOTAD 是小分子结构，可与钙钛矿层保持良好的接触，能够更好地实现空穴的传输。另外 HTM 的选择可以影响电池的填充因子，实验上采用不同的材料（spiro-MeOTAD、PTAA、PCDTBT 等）作为空穴传输层，结果显示采用 spiro-MeOTAD 作为 HTM 层 PCE = 8%，FF = 58.8%；PTAA 作为 HTM，PCE = 12%，FF = 72.7%。即通过提高填充因子，电池效率得到了较大的提升。虽然钙钛矿材料相对便宜，但 spiro-MeOTAD 价格昂贵，而且空穴迁移率较低。

钙钛矿型太阳能电池出现的时间较短，所以对其研究并不是十分充足，尤其是材料的选择、钙钛矿的制备、电池的结构、工作机制等问题，目前亟待解决，如：

（1）钙钛矿材料遇水极易分解，低温下易升华，降低了电池的稳定性和使用寿命；

（2）钙钛矿材料对可见光有很好的吸收，但不能很好地吸收红外光和紫外光；

（3）高效空穴传输材料 spiro-MeOTAD 价格昂贵且不易制备，不利于电池成本的降低；

（4）电池的结构受钙钛矿材料沉积方法的影响很大，难以确定电池的最佳结构。

以上问题限制了电池成本的降低和光电转换效率的提高，是下一步研究的重点内容。

各种不同的太阳能电池因为制备方法不同，导致性能差异很大。但是对于能源需求来说，有三个重要的因素来评价和考量不同电池体系的优劣：光电转换效率、制备成本和环境保护因素。图 3-14 中给出了几种电池材料的转换效率，其中综合比较，虽然新型电池也在不断涌现，但是传统的硅电池有着自身稳定、转化效率高等特点，在市场中仍然占有最大的份额。

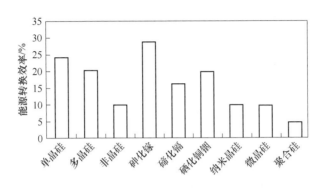

图 3-14　几种电池材料的转换效率

3.3　按电池结构分类的太阳能电池

3.3.1　同质结太阳能电池

由同一种半导体材料所形成的 PN 结称为同质结，用同质结构成的太阳能电池称为同质结太阳能电池。

3.3.2　异质结太阳能电池

由两种禁带宽度不同的半导体材料所形成的 PN 结称为异质结，用异质结构成的太阳能电池称为异质结太阳能电池。

3.3.3　肖特基结太阳能电池

利用金属－半导体界面上的肖特基势垒而构成的太阳能电池称为肖特基结太阳能电池，简称 MS 电池。目前已发展为金属－氧化物－半导体(MOS)、金属－绝缘体－半导体（MIS）太阳能电池等。

3.3.4　复合结太阳能电池

由两个或多个 PN 结形成的太阳能电池称为复合结太阳能电池，又可分为垂直多结太阳能电池和水平多结太阳能电池，如由一个 MIS 太阳能电池和一个 PN 结硅电池叠合可形成高效 MISNP 复合结硅太阳能电池，其效率已达 22%。复合结太阳能电池往往作成级联型，把宽禁带材料放在顶区，吸收阳光中的高能光子；用窄禁带材料吸收低能光子，使整个电池的光谱响应拓宽。目前研制的砷化铝镓 – 砷化镓 – 硅太阳能电池的效率已高达 31%。

3.4　新型太阳能电池

3.4.1　纳米晶太阳能电池

纳米 TiO_2 晶体化学能太阳能电池是新近发展的，优点在于它廉价的成本和简单的工艺及稳定的性能。其光电效率稳定在 10% 以上，制作成本仅为硅太阳能电池的 $1/5 \sim 1/10$。寿命能达到 5 年以上。纳米太阳能电池的研究也已成为光电化学领域研究的热点，在这一领域经过大量的研究，取得喜人的成就，但由于此类电池的研究和开发刚刚起步，估计不久的将来会逐步走上市场。此外，纳米晶太阳能电池仍存在一些问题，如染料敏化剂的制备成本较高，还有一个重要问题就是目前仍旧沿用液态电解质，由于电解液泄漏、电极腐蚀、电池寿命短等缺陷，以固态空穴传输材料代替液态电解质制备全固态纳米太阳能电池成为一个必然方向[2,42]。目前，虽然已有大量的研究制备出全固态电池，并取得了一定的成绩，但由于大部分光电转换率不很理想仍需进一步深入研究。

3.4.2　叠层太阳能电池

叠层电池使得电池的性能可以得到叠加。太阳能电池的薄层化使其可以做得更薄，因此器件的叠层也变得更为现实可行。叠层电池可以是同种器件的叠层，也可以是异类器件的叠层。每一个叠层单元，由于感光部分的光响应性能不同，可分别吸收利用不同波段的太阳光。经过叠层，太阳光可以在全波段上都受到较好的吸收；同时由于器件之间的耦合效应，整体的光能转换效率可以达到更高水平。例如，单个 Ⅲ – Ⅴ 族化合物薄膜电池光电转换效率在 10% ~20% 之间，经过叠层，能量转换效率亦可达到 30% 以上。在新概念电池方面，8.18% 的染料敏化太阳能电池经过与 13.9% 的 CIS 电池叠层，整体效率可达到 15.09%。叠层太阳能电池的设计难题在于要寻找两种晶格匹配良好的半导体晶体，其禁带宽度将引起高效率的能量转换。此外，在理想的情况下，电池导带的最上层应该有与底层价带大约相同的能量，这使得顶端半导体的电子被太阳光激发后能够很容易地从导带进入底部半导体晶格的孔。电子在价带上又被不同波长的太阳光激发。这样一来，两部分的电池一起工作，像两个串联的蓄电池，并且总功率与两个电池的功率总和相等。否则，当电子流过时就会因为由此产生的电阻造成功率损耗。另外就是实际应用中叠层电池的稳定性问题。

3.4.3 柔性太阳能电池

柔性太阳能电池板采用高晶硅材料制成，并用高强度、透光性能强的太阳能专用钢化玻璃以及高性能、耐紫外线辐射的专用密封材料层压制而成，有能抗冰雪、抗震、防压等多种优点，即使在温度剧变的恶劣条件下也能正常使用，所以柔性电池能用在平板类太阳能电池难以胜任的许多领域，例如太阳能汽车、飞机、飞艇、建筑、纺织品、帐篷、服装、头盔、玩具等特殊曲面上。从制备工艺上看，由于该种电池有望采用成卷生产技术，便于大面积连续生产，降低成本的潜力很大。另外，柔性电池可以进行卷曲折叠，从而方便携带。柔性电池通常采用柔韧的聚合物半导体作为感光组元组装器件，或者在其他新概念电池中采用导电的柔性有机基板电极。目前几乎各种类型的光伏器件都在不同程度上实现了柔性化，如聚合物有机半导体太阳能电池、无机半导体太阳能电池、非晶硅太阳能电池、染料敏化太阳能电池等。

参 考 文 献

[1] 张耀明. 中国太阳能光伏发电产业的现状与前景 [J]. 能源研究与利用，2007 (1)：1~6.

[2] 林红，李鑫，李建保. 太阳能电池发展的新概念和新方向 [J]. 稀有金属材料与工程，2009，38：722~724.

[3] 任斌，赖树明，陈卫，等. 有机太阳能电池研究进展 [J]. 材料导报，2006，20 (9)：124~128.

[4] 何杰，苏忠集，向丽，等. 聚合物太阳能电池研究进展 [J]. 高分子通报，2006，4：53~67.

[5] 赵文玉，林安中. 晶体硅太阳能电池及材料 [J]. 太阳能学报，1999 (特刊)：85~94.

[6] 张正华，李陵，叶楚平，等. 有机太阳能电池与塑料太阳电池 [M]. 北京：化学工业出版社，2006.

[7] Mitzi D B, Todorov T K, Gunawan O, et al. Towards Marketable Efficiency Solution Processed Kesterite and Chalcopyrite Photovoltaic Devices [J]. Conference Record of the 35th IEEE Photovoltaic Specialist Conference, 2010：640~645.

[8] Chan C P, Lam H, Surya C. Preparation of Cu_2ZnSnS_4 Films by Electrodeposition Using Ionic Liquids [J]. Sol. Energy. Mater. Sol. Cells, 2010, 94 (2)：207~211.

[9] Xiao S Q, Li Y L, Zhu D B, et al. Fullerene-based Molecular Triads with Expanded Absorptions in the Visible Region：Synthesis and Photovoltaic Properties [J]. J. Phys. Chem. B, 2004, 108：16677~16685.

[10] 赵雨. 太阳能电池技术及应用 [M]. 北京：中国铁道出版社，2013.

［11］于哲勋，李冬梅，秦达，等. 染料敏化太阳能电池的研究与发展现状［J］. 中国材料进展，2009，128（7 - 8）：8 ~ 15.

［12］Guo Q, Ford G M, Agrawal R, et al. Ink Formulation and Low-temperature Incorporation of Sodium to Yield 12% Efficient Cu（In, Ga）（S, Se）$_2$ Solar Cells from Sulfide Nanocrystal Inks［J］. Prog. Photovolt: Res. Appl. , 2012, 21（1）：64 ~ 71.

［13］Li L, Coates N, Moses D. Solution-processed Inorganic Solar Cell Based on in Situ Synthesis and Film Deposition of CuInS$_2$ Nanocrystals［J］. J. Am. Chem. Soc. , 2010, 132（1）：22 ~ 23.

［14］Weil B D, Connor S T, Cui Y. CuInS$_2$ Solar Cells by Air-stable Ink Rolling［J］. J. Am. Chem. Soc. , 2010, 132（19）：6642 ~ 6643.

［15］周翘宇，于洪利. 太阳能电池的种类及研究现状［J］. 中国科技成果，2010，4：30 ~ 32.

［16］沈文忠. 面向下一代光伏产业的硅太阳能电池研究新进展［J］. Chinese Journal of Nature, 2010, 32：134 ~ 142.

［17］张正华，李陵，叶楚平，等. 有机太阳能电池与塑料太阳电池［M］. 北京：化学工业出版社，2006.

［18］邓长生. 太阳能原理与应用［M］. 北京：化学工业出版社，2010.

［19］靳瑞敏. 太阳能电池原理与应用［M］. 北京：北京大学出版社，2011.

［20］刘高斌. 硫化镉薄膜的性质及应用研究［D］. 重庆：重庆大学，2003.

［21］邓雷磊. ZnO薄膜的制备及其特性研究［D］. 厦门：厦门大学，2007.

［22］Marykawa T. The Compressed Development of China's Photovoltaic Industry and the Rise of Suntech Power［J］. Journal of Water Resource & Protection, 2012, 5（5）：511 ~ 519.

［23］Li Ling, Zhou L, Zhang Y. Thermal Wave Superposition and Reflection Phenomena during Femtosecond Laser Interaction with Thin Gold Film［J］. Numerical Heat Transfer Part Applications, 2014, 65（12）：1139 ~ 1153.

［24］于哲勋，李冬梅，秦达，等. 染料敏化太阳能电池的研究与发展现状［J］. 中国材料进展，2009，128（7 - 8）：8 ~ 15.

［25］Yang C H, Qiao J, Li Y F, et al. Improvement of the Performance of Polymer C60 Photovoltaic Cells by Small-molecule doping［J］. Synth Met, 2003, 137：1521 ~ 1522.

［26］Refe P, Consumption C, Trade P. BP Statistical Review of World Energy June 2012［J］. Annex, 2012, 3（1）：1 ~ 48.

［27］Petroleum B. BP Statistical Review of World Energy June 2010［J］. Economic Policy, 2010, 4（6）：29.

［28］杨健茂，等. 量子点敏化太阳能电池研究进展［J］. 材料导报，2011，23：1 ~ 4.

［29］Lowe R A, Landis G A, Jenkins P. Response of Photovoltaic Cells to Pulsed Laser Illumination［J］. IEEE Transactions on Electron Devices, 1995, 42（4）：744 ~ 751.

［30］Jain R K. Calculated Performance of Indium Phosphide Solar Cells Under Monochromatic Illumination［J］. IEEE Transactions on Electron Devices, 1993, 40（10）：1893 ~ 1895.

［31］Li Ling, Zhou L, Zhang Y. Thermal Wave Superposition and Reflection Phenomena during

Femtosecond Laser Interaction with Thin Gold Film [J]. Numerical Heat Transfer Part Applications, 2014, 65 (12): 1139~1153.

[32] Schomaker M, Heinermann D, Kalies S, et al. Characterization of Nanoparticle Mediated Laser Transfection by Femtosecond Laser Pulses for Applications in Molecular Medicine [J]. Journal of Nanobiotechnology, 2015, 13 (1): 1~15.

[33] Krunks M, Mere A, Katerski A, et al. Characterization of Sprayed CuInS$_2$ Films Annealed in Hydrogen Sulphide Atmosphere [J]. Thin Solid Films, 2006, 511 (512): 434~438.

[34] Sasikala G, Thilakan P, Subramanian C. Modification in the Chemical Bath Deposition Apparatus, Growth and Characterization of CdS Semiconducting Thin Flms for Photovoltaic Applications [J]. Solar Energy Materials & Solar Cells, 2000, 62 (3): 275~293.

[35] Goto F, Ichimura M, Arai E. A New Technique of Compound Semiconductor Deposition from an Aqueous Solution by Photochemical Reactions [J]. Jpn. J. Appl. Phys., 1997, 36: 1146~1149.

[36] 缪缪. 我国太阳能电池产业的发展研究 [M]. 徐州: 中国矿业大学出版社, 2011.

[37] Kojima A, Teshima K, Shirai Y, et al. Organometal Halide Perovskites as Visible-light Sensitizers for Photovoltaic Cells [J]. J. Am. Chem. Soc., 2009, 131: 6050~6051.

[38] Guo Q, Ford G M, Agrawal R, et al. Ink Formulation and Low-temperature Incorporation of Sodium to Yield 12% Efficient Cu (In, Ga)(S, Se)$_2$ Solar Cells from Sulfide Nanocrystal Inks [J]. Prog. Photovolt: Res. Appl., 2012, 21 (1): 64~71.

[39] Kim H S, Lee C R, Im J H, et al. Lead Iodide Provskite Sensitized All-solid-state Submicron Thin Film Mesoscopic Solar Cell with Efficiency Exceeding 9% [J]. Scientific Report, 2012, 2: 591~598.

[40] Eyer A, Haas F, Kieliba T, et al. Crystalline Silicon Thin Film (CSiTF) Solar Cells on SSP and on Ceramic Substrates [J]. Journal of Crystal Growth, 2001, 225 (2-4): 340~347.

[41] Liang Y Y, Xu Z, Xia J B, et al. For the Bright Future - Bulk Heterojunction Polymer Solar Cells With Power Conversion Efficiency of 7.4%. [J]. Advanced Materials, 2010, 22 (20): E135~E138.

[42] 季秉厚, 王万录. 多晶薄膜与薄膜太阳能电池 [J]. 太阳能学报, 2009 (特刊): 102~114.

4 固体激光器

世界上第一台激光器——红宝石激光器（固体激光器）于 1960 年 7 月诞生了，距今已有整整五十年了。在这五十年时间里固体激光的发展与应用研究有了极大的飞跃，并且对人类社会产生了巨大的影响。

固体激光器从其诞生开始至今，一直是备受关注的。其输出能量大，峰值功率高，结构紧凑牢固耐用，因此在各方面都得到了广泛的用途，其价值不言而喻。正是由于这些突出的特点，其在工业、国防、医疗、科研等方面得到了广泛的应用，给我们的现实生活带了许多便利。

未来的固体激光器将朝着以下几个方向发展[1]：

（1）高功率及高能量；

（2）超短脉冲激光；

（3）高便携性；

（4）低成本，高质量。

现在，激光应用已经遍及光学、医学、原子能、天文、地理、海洋等领域，它标志着新技术革命的发展。诚然，如果将激光发展的历史与电子学及航空发展的历史相比，你不得不意识到现在还是激光发展的早期阶段，更令人激动的美好前景将要来到。

4.1 固体激光器的基本组成及工作原理

固体激光器一般由激光工作物质、激励源、聚光腔、谐振腔反射镜和电源等部分构成，固体激光器的基本结构如图 4-1 所示[2]。这类激光器所采用的固体工作物质，是把具有能产生受激发射作用的金属离子掺入晶体而制成的。在固体中能产生受激发射作用的金属离子主要有三类：（1）过渡金属离子（如 Cr^{3+}）；（2）大多数镧系金属离子（如 Nd^{3+}、Sm^{2+}、Dy^{2+} 等）；（3）锕系金属离子（如 U^{3+}）。这些掺杂到固体基质中的金属离子的主要特点是：具有比较宽的有效吸收光谱带，比较高的荧光效率，比较长的荧光寿命和比较窄的荧光谱线，因而易于产生粒子数反转和受激发射。用做晶体类基质的人工晶体主要有：刚玉（$NaAlSi_2O_6$）、钇铝石榴石（$Y_3Al_5O_{12}$）、钨酸钙（$CaWO_4$）、氟化钙（CaF_2）等，以及铝酸钇（$YAlO_3$）、铍酸镧（$La_2Be_2O_5$）等。用做玻璃类基质的主要是优质硅酸盐光学玻璃，例如常用的钡冕玻璃和钙冕玻璃。与晶体基质相比，玻璃基质的主要特点是制备方便和易于获得大尺寸优质材料。对于晶体和玻璃基质的主要要求是：易于掺入起激活作用的发光金属离子，具有良好的光谱特性、光学透射率特性和高度的光学（折射率）均匀性，具有适于长期激光运转的物理和化学特性（如热学特性、抗劣化特性、化学稳定性等）。晶体激光器以红宝石（$Al_2O_3:Cr^{3+}$）和掺钕钇铝石榴石（简写为 $YAG:Nd^{3+}$）为典型代表。玻璃激光器则是以钕玻璃激光器为典型代表。

固体激光器的基本结构如图4-1所示。固体激光器主要由工作物质、泵浦系统、聚光系统、光学谐振腔及冷却与滤光系统等五个部分组成[4]。在固体激光器中，由泵浦系统辐射的光能，经过聚焦腔，使在固体工作物质中的激活粒子能够有效地吸收光能，让工作物质中形成粒子数反转，通过谐振腔，从而输出激光。在固体激光器中，由泵浦系统辐射的光能，经过聚焦腔，使在固体工作物质中的激活粒子能够有效地吸收光能，让工作物质中形成粒子数反转，通过谐振腔，从而输出激光[2~4]。

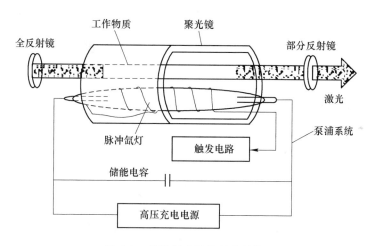

图4-1 固体激光器的基本结构

4.1.1 工作物质

工作物质为激光器的核心，是由激活粒子（都为金属）和基质两部分组成，激活粒子的能级结构决定了激光的光谱特性和荧光寿命等激光特性，基质主要取决于工作物质的理化性质。根据激活粒子的能级结构形式，可分为三能级系统（例如红宝石激光器）与四能级系统（例如 Er:YAG 激光器）。工作物质的形状目前常用的主要有四种：圆柱形（目前使用最多）、平板形、圆盘形及管状[5]。

4.1.2 泵浦系统

泵浦源能够提供能量使工作物质中上下能级间的粒子数翻转，目前主要采用光泵浦。泵浦光源需要满足两个基本条件：有很高的发光效率和辐射光的光谱特性应与工作物质的吸收光谱相匹配。

常用的泵浦源主要有惰性气体放电灯、太阳能及二极管激光器。其中惰性气体放电灯是当前最常用的，太阳能泵浦常用在小功率器件（尤其在航天工作中的小激光器可用太阳能作为永久能源），二极管（LD）泵浦是目前固体激光器的发展方向，它集合众多优点于一身，已成为当前发展最快的激光器之一。

LD 泵浦的方式可以分为两类：（1）横向，同轴入射的端面泵浦（图 4-2a）；（2）纵向，垂直入射的侧面泵浦（图 4-2b）。

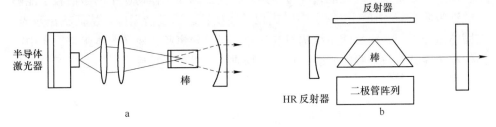

图 4-2　LD 泵浦方式结构示意

a—端泵浦方式；b—侧泵浦方式

LD 泵浦的固体激光器有很多优点，寿命长、频率稳定性好、热光畸变小等，当然最突出的优点是泵浦效率高，因为泵浦光波长与激光介质吸收谱严格匹配。

4.1.3　聚光系统

聚光腔的作用有两个[6]：一个是将泵浦源与工作物质有效地耦合；另一个是决定激光物质上泵浦光密度的分布，从而影响到输出光束的均匀性、发散度和光学畸变。工作物质和泵浦源都安装在聚光腔内，因此聚光腔的优劣直接影响泵浦的效率及工作性能。椭圆柱聚光腔如图 4-3 所示，是目前小型固体激光器最常采用的。

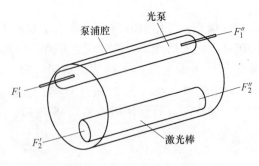

图 4-3　椭圆柱聚光腔

4.1.4 光学谐振腔

光学谐振腔由全反射镜和部分反射镜组成，是固体激光器的重要组成部分。作用是调节激光输出功率、激光震荡模式、激光输出角度等有关激光输出重要参数的器件，同时谐振腔具有对激光放大及输出方向选择的功能。它主要由两个相向放置的球面镜或平面镜组成，其中一个端面是全反射膜片，另一个端面是具有一定投射率的部分反射膜片，为谐振腔的几种基本结构，如图4-4所示，主要让光在谐振腔内往复循环反射，同时使光的传播方向具有方向性。谐振腔膜片是通过在玻璃基片上镀多层介质膜得到的，每层介质膜的膜后都为特定激光波长的1/4，同时介质膜层数越多，玻璃反射率越高。通常全反射膜片的介质膜为17～21层，同时具有较好的光学特性和均匀性。光学谐振腔除了提供光学正反馈维持激光持续振荡以形成受激发射，还对振荡光束的方向和频率进行限制，以保证输出激光的高单色性和高定向性。最简单常用的固体激光器的光学谐振腔是由相向放置的两平面镜（或球面镜）构成。

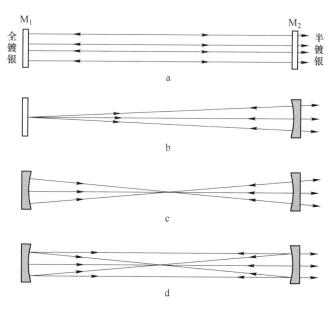

图4-4 谐振腔的四种基本模式

a—平行平面；b—半球面；c—球面；d—共焦

4.1.5 冷却与滤光系统

冷却与滤光系统是激光器必不可少的辅助装置。固体激光器工作过程中在聚光腔内会有较严重的热耗散，泵浦光源将电能转化为辐射能和热能，辐射能一部分在工作物质中传输，另一部分被聚光腔内金属表面吸收，而吸收的辐射能最终也会部分转化成热能散布在聚光腔内，激光工作频率越大，激光腔内热耗散越严重。在较高的热负载条件下，泵浦灯的寿命会大幅度缩短，作为工作物质的晶体由于热效应的原因发生折射率和膨胀系数改变，影响光束输出质量，若晶体接受过大的热能甚至会破裂。主要是对激光工作物质、泵浦系统和聚光腔进行冷却，以保证激光器的正常使用及器材的保护。冷却方法有液体冷却、气体冷却和传导冷却，但目前使用最广泛的是液体冷却方法。要获得高单色性的激光束，滤光系统起了很大的作用。滤光系统能够将大部分的泵浦光和其他一些干扰光过滤，使得输出的激光单色性非常好。

4.2　固体激光器的应用

固体激光器在军事、加工、医疗和科学研究领域有广泛的用途。它常用于测距、跟踪、制导、打孔、切割和焊接、半导体材料退火、电子器件微加工、大气检测、光谱研究、外科和眼科手术、等离子体诊断、脉冲全息照相以及激光核聚变等方面[1]。

4.2.1　军事国防

在激光器军事应用的过程中，固体激光器可算是后起之秀。直到20世纪90年代，由于激光技术的发展，固体激光器才在各种军事应用领域崭露头角，并成为绝对的主角。

4.2.1.1　常规的固体激光武器

激光测距仪是部队中使用最普遍的激光系统，它们被装备在主战坦克、火炮和步兵战车上等。装备之后，可以大大地提高攻击命中率。相比传统的光学瞄准装备，命中率提高数倍。目前，服役的激光测距仪大多数是 $1.06\mu m$ 的掺钕钇铝石榴石（3Nd:YAG）激光测距仪。但由于长期使用该固体激光器容易让人眼膜损坏，目前正在转向对人眼安全的 $1.54\mu m$ 掺铒（Er）的磷酸玻璃激光器。当然，还有一些被大量使用的常规激光武器，例如激光目标指示器（LD泵浦的固体激光器）、激光雷达等。

4.2.1.2　激光导弹防御系统

激光导弹防御或称激光反导的基本特征是：用由光速的高能激光去摧毁声速运行的导弹或其他飞行固体。可以说这方面是LD泵浦的固体激光器的天下，因为它有一些突出的优点。目前在陆军中采用的陆基小型激光反导系统、空军采用的机载激光反导系统和海军采用的舰载激光反导系统中都是使用LD泵浦的固体激光器。

4.2.1.3　未来的激光武器

未来的固体激光武器主要的方向是超高功率和高便携性。高能激光器是未来战斗系统的重要组成部分，将在反监视、主动保护、防空和清除暴露地雷等方面做出贡献。高便携性将使单兵作战的能力极大地提高，充分发挥每一个兵的作用，当然目前这个想法还是仅仅处于理论阶段。目前各国的激光武器都朝着这两个目标发展，当然实现这两个目标还需很漫长的等待。

4.2.2 医疗美容

固体激光器在医疗与美容方面的应用也是非常广泛的，但是在这方面可以说激光器"一家独大"。激光器是医学中用得较多的固体激光器，它的转换率高，输出功率大，单根晶体工作时输出功率可达 100W，比气体激光止血及凝固效果好，故在医学上常用来做手术刀，广泛应用于普外科、耳鼻喉科、泌尿科和骨科及整形科经皮椎间盘手术等，切割血管丰富的组织，大大减少出血。激光脉冲能量大，不易被水和血红蛋白吸收，故穿透组织较深。激光器采用倍频技术可输出 532nm 的绿色激光，即倍频激光，光斑直径为 2~6mm，能量密度为 5~12J/cm²。虽然血管中的氧合血红蛋白对波长为 532nm 的光的吸收次于 585nm 的光，但可选择 532nm 波长激光适当脉宽对血管性病变组织进行治疗。由于其穿透较浅，因而一般仅限于对较浅的血管性病变进行治疗。另外，倍频激光也可广泛应用于胃出血、血管瘤的治疗及显微外科手术，对于由红的染料颗粒所引起的文身、文唇等人为的皮肤色素变异亦具有一定的治疗效果。黑色素细胞对 532nm 的激光的吸收较强，加之皮肤组织对该波长的散射较强，照射在皮肤上的 532nm 激光能量被局限在皮肤表皮层，采用调 Q 技术后，可对表浅型黑色素细胞增生，如咖啡斑、老年斑、雀斑等达到较好的治疗效果。

4.3 固体激光器的分类

目前激光器的种类很多。按工作物质的性质分类，大体可以分为气体激光器、固体激光器、液体激光器；按工作方式区分，又可分为连续型激光器和脉冲型激光器等。其中每一类激光器又包含了许多不同类型的激光器。按激光器的能量输出又可以分为大功率激光器和小功率激光器[4]。大功率激光器的输出功率可达到兆瓦量级，而小功率激光器的输出功率仅为几个毫瓦。如前所述的 He-Ne 激光器属于小功率、连续型、原子气体激光器。红宝石激光器属于大功率脉冲型固体材料激光器。对科研应用来说，固体激光器（如 Nd:YAG 和 Nd:YLG）技术目前已较为成熟。转键式激光器，今后将进一步提高可靠性和稳定性，采用这种结构设计可增加二次谐波的转换效率，且使用新材料（如 LBO）可获得更多的波长。脉冲固体 Nd:YAG 激光器运用三次和四次谐波技术，将会扩大其应用领域，并可用做染料激光器的泵浦源。另外还有掺钛、铥、铒的 YAG 及 YSGG 大功率固体激光器。图 4-5 为固体激光器的分类[6,7]。

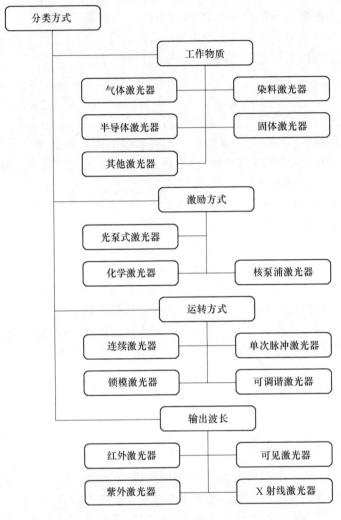

图 4-5   固体激光器的分类

4.3.1   可调谐近红外固体激光器

1988 年，Petricev 等发现 4 价铬（Cr 可掺合到 4 配价的 Mg_2SiO_4 四方晶格中，$Cr:Mg_2SiO_4$ 称之为镁橄榄石）。镁橄榄石通常被 Nd:YAG 激光器泵浦，并且可调谐在 1130 ~ 1367nm 之间，以锁模方式输出几瓦的功率。Cr:YAG 也是不主动 Q 开关含钕激光器的良好介质。Cr:LiSAF 在 1988 年由 Livemor 实验室研制成功，主要用于超短脉冲的发生和放大，具有在 780 ~ 990nm 可调谐的优点，并有较好的热力学性质，为材料处理、组织消融、化学和生物过程的快速研究提供了重要的手段。Cr:LiSAF 也可通过腔内倍频蓝光输出和 Q 开关用于遥感水蒸气的检测。

可调谐激光器（tunable laser）是指在一定范围内可以连续改变激光输出波长的激光器。这种激光器的用途广泛，可用于光谱学、光化学、医学、生物学、集成光学、污染监测等领域。激光波长调谐的原理大致有三种。大多数可调谐激光器都使用具有宽的荧光谱线的工作物质。构成激光器的谐振腔只在很窄的波长范围内才有很低的损耗。因此，第一种是通过某些元件（如光栅）改变谐振腔低损耗区所对应的波长来改变激光的波长。第二种是通过改变某些外界参数（如磁场、温度等）使激光跃迁的能级移动。第三种是利用非线性效应实现波长的变换和调谐（非线性光学、受激喇曼散射、光二倍频、光参量振荡）。属于第一种调谐方式的典型激光器有染料激光器、金绿宝石激光器、色心激光器、可调谐高压气体激光器和可调谐准分子激光器等。

世界上第一台激光器，螺旋式氙灯泵浦的红宝石激光器问世后不久，脉冲可调谐染料激光器于 1966 年，由 F. P. Sehsfer 等人首先研制成功，4 年后才由 O. G. Peterson 等人报道了第一台连续波染料激光运转，当时作为唯一的连续可调谐激光材料，染料激光得到了充分的发展，至 20 世纪 80 年代形成一个高潮。

20 世纪 80 年代中，由于新型可调谐固体激光材料掺钛宝石（Ti:Sapphire，Ti:Al$_2$O$_3$）的问世，吸引很多染料激光研究者包括研制染料激光器的公司转向到掺钛宝石激光的研究和生产中。染料激光的市场主要集中在激光医疗和科学研究两个领域，其市场需求及销售额远低于固体激光器（不仅仅可调谐固体激光器），仅为后者的 1/20 左右，而且呈下降趋势。相反，固体激光，特别是半导体激光泵浦的全固体化激光器，不仅市场广阔，几乎遍及所有激光应用领域，市场需求量及销售额大，而且呈大幅度上涨趋势。

1975～1978 年我国先后研制出 Nd:YAG 激光器和闪光灯泵浦的脉冲式可调谐染料激光器。1981 年研制成功连续波可调谐环形染料激光器，并形成系列化产品，其最新换代产品也是微机控制的自动扫描环形染料激光器，我国的超短脉冲染料激光技术（21fs）居世界领先水平。

1993 年，V. Petircevic 等人报道了据说是世界上第一台被普遍认为是成功的激光运转，当时尚未采用半导体激光泵浦。1994 年度实现半导体激光泵浦掺全固体激光运转。

4.3.1.1　染料激光器

用 Nd:YAG 激光经过倍频之后产生的 532nm 激光作为泵浦源去激励染料。在振荡器部分，条纹间距为 d 的衍射光栅和输出镜构成谐振腔。这时，只有波长满足 $2d\cos\theta = m\lambda$，$m = 0$，1，2，…的光束才具有低的损耗，能形成激光振荡。因此，旋转光栅（改变 θ 角），就能改变输出激光的波长。在谐振腔内还插入一个放在压力室中的标准具。变压力室中的气压，可使标准具中气体的折射率随之而变，从而获得输出波长的精细调谐。还有一级放大以增加输出激光的功率。

一般染料激光器的结构简单、价格低廉，输出功率和转换效率都比较高。环形染料激光器的结构比较复杂，但性能优越，可以输出稳定的单纵模激光。染料激光的调谐范围为 $0.3 \sim 1.2 \mu m$，是应用最多的一种可调谐激光器。

4.3.1.2 金绿宝石激光器

金绿宝石激光器是一种固体可调谐的激光器。发射激光的波长取决于哪个振动能级是激光跃迁的终端。振动能级带与激光的可调谐范围相对应。金绿宝石激光器的阈值低，效率高，输出功率高，可在室温下工作，调谐范围为 $700 \sim 800nm$。

4.3.1.3 色心激光器

色心是晶体中正负离子缺位引起的缺陷。已获得激光工作的色心主要有 FA（Ⅱ）、FB(Ⅱ) 等，属四能级工作，由于晶格振动的影响而有很宽的荧光线宽。色心激光器调谐范围宽 （$0.6 \sim 3.65 \mu m$）、线宽窄，但大都只能在低温下工作。

4.3.2 可调谐紫外 Ce^{3+} 激光器

Ce:LiSAF 由于其特有性质，其基本的激光物理性质类似于染料激光器。可被侧面泵浦和端面泵浦，波长在 $280 \sim 320nm$ 之间，可调谐平均功率大于 $100mW$。

4.3.3 可调谐中红外 Cr^{2+} 激光器

室温条件下，可调谐中红外固体激光器由于工作波长较长和频带较宽，导致了非辐射延迟的增加（将泵浦光转变为热，而不是激光辐射）。Cr^{2+}:ZnSe 激光器首先获得了室温下的可调谐中红外激光发射，并未受到非辐射延迟的影响。这种资料的吸收和发射光谱显示可用 1800nm 二极管泵浦提供 $2200 \sim 3000nm$ 之间的可调谐发射波长。

4.3.4 镱激光器

由于 Yb:YAG 晶体具有非常低的热载荷（大约是 Nd:YAG 晶体的1/3）用 943nm 的 InGaA 二极管端面泵浦就可得到大于 150W 功率。另外掺镱的氟磷酸锶（$Sr_5(PO_4)_3F$），Yb:S-FAP 用 900nm 激光二极管泵浦可以产生 1047nm 激光，输出功率50W，Q 开关能量为 47mJ 的脉冲。

4.3.5 掺钛蓝宝石激光器

掺钛蓝宝石激光器是以 $TiAl_2O_3$ 晶体为激光介质的激光器（简称 Ti:S 激光器）具有调谐范围宽 （$670 \sim 1200nm$）、输出功率大、转换效率高、运转方式多样等特点。

钛蓝宝石激光器（简称钛宝石激光器）是一种新型的固体可调谐激光器，除了具有结构简单、运转方便、性能稳定、寿命长、室温运转等一般固体激光器所具有的特点外，其最突出的特点是调谐范围宽，可输出 $660 \sim 1200nm$ 的连续可调谐激光，辅之以倍频技术，波长范围可以扩展到 $330 \sim 600nm$[3]，相当于多组染料所覆盖的激光波段的总和。但是可调谐钛宝石激光器的腔外倍频目前存在一个问题，就是针对在调谐范围内的某一特定波长，转动倍频晶体以改变入射角，实现角度相位匹配，当激光器调谐到另一波长时，又要适时地转动倍频晶体以改变入射角，实现角度相位匹配，当激光器调谐到另一波长时，又要适时地转动倍频晶体以重新满足角度相位匹配。

掺钛蓝宝石自锁模激光器是目前人们最感兴趣也最具有实用价值和理论意义的研究课题。自锁模相对其他锁模方法可以得到很窄的锁模脉冲，因为其他锁模方法如主动锁模需要腔中加入各种锁模元件，这无疑会限制激光器的光谱宽度，从而限制了其输出脉冲宽度。另外，一旦自锁模脉冲序列得以维持，其噪声远远低于其他锁模激光器，具有更好的稳定性。人们对掺钛蓝宝石激光器自锁模的机理和启动方法进行了大量的研究工作，但至今尚无统一的解释。掺钛蓝宝石激光器自锁模属于被动锁模。从时域角度看，任何带有被动性质的锁模激光器腔内都存在这样的元件，它们首先从噪声中选取强度较大的脉冲作为脉冲序列的种子，然后利用其锁模器件的非线性效应使脉冲的前后沿的增益小于1，而使脉冲中部的增益大于1，脉冲在腔内往返过程中，不断被整形放大，脉冲宽度被压缩，直到稳定锁模。

由于掺钛蓝宝石增益介质的线性放大及腔内自振幅调制作用，当在腔内经过若干次往返振荡后，形成了波形，脉宽得到了初始压缩，在此期间，计算表明自相位调制对脉冲形成的影响微不足道。主要原因是脉冲不强，自相位调制太弱。自锁模的第二阶段。由于脉冲的峰值功率较大，光脉冲通过增益介质时产生了较强的自相位调制效应及正群速度色散，必须用负色散来补偿。比较了有负色散补偿和无负色散补偿时对脉宽压缩的影响，从中可以看出，有负色散补偿的脉冲更窄一些，可见在此阶段，自相位调制及正群速度色散已经阻碍了脉冲的窄化过程。

掺钛蓝宝石激光器中自锁模的关键是在引入外界启动机制的情况下，增益介质克尔效应引起自振幅调制、自相位调制和腔内的群速度色散。这些参数的作用及相互制约与平衡，才能达到稳定的锁模运转。另外，由于增益介质的非线性效应引起的自振幅调制，等于在激光腔内加上一个弱周期振荡的增益调制，调制参数的变化可以使光场强度经过倍周期分叉进入混沌过程，同时光场具有周期或非周期脉冲时间结构。从数值计算中得知，当初始脉冲涨落比较弱时（如光强为

1)，脉宽压缩速度极其缓慢，这说明只有启动时产生较强的扰动，从而使被选中的涨落脉冲足够强才能使脉宽压缩速度增大，形成极窄的锁模脉冲，否则，激光器难以进入锁模状态。

4.4 高功率灯泵浦固体激光器的研究

随着激光器的发展，它在工业、军事等多领域的应用越来越广，因此高效率的激光器成为人们研究的热点。高功率固体激光器具有高功率输出、波长短、金属吸收率高的优点，易于光纤传输，不但提高了系统的灵活性，同时与工业机器人匹配可组装成在线柔性制造系统实现柔性加工。高功率灯泵浦固体激光器的主要结构有活性介质（晶体棒）、输出镜、后镜、泵浦灯、泵浦光、冷却水、反射镜、受激发射、激光束，如图 4-6 所示。为了提高泵浦效率，使泵浦灯发出的光能有效地汇聚，并均匀地照射在工作物质上，可在激光棒和泵浦灯外加一个聚光腔。聚光腔给泵浦光源和工作物质之间提供良好耦合，合理设计聚光腔是决定固体激光器工作性能的重要条件之一。使用最多的聚光腔是一种内表面具有高反射椭圆柱体的激光棒，两条泵浦灯分别平行配置在椭圆柱激光棒的两侧。固体激光器普遍采用光激励方式将处于基态的粒子抽运到激发态，以形成集局数反转状态[8]。

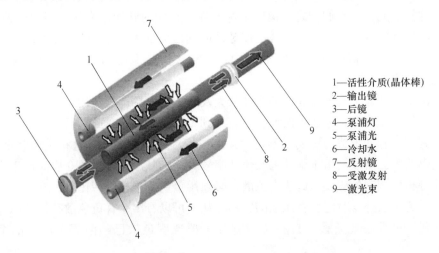

1—活性介质(晶体棒)
2—输出镜
3—后镜
4—泵浦灯
5—泵浦光
6—冷却水
7—反射镜
8—受激发射
9—激光束

图 4-6   高功率灯泵浦固体激光器的主要结构

目前固体激光器有多种激发方式，其中最为多见的是二极管泵浦，半导体泵浦以及灯泵浦，灯泵浦激光器是目前工业应用中被证明最可靠、最实用的激光器，且与二极管泵浦激光器、光纤激光器等相比价格较低。但高功率灯泵浦固体激光器存在着一些问题，在工业应用中，要求在保证光束质量的条件下，高功率激光输出。对于灯泵浦的激光器由于泵浦灯发射的光谱较宽，泵浦光非吸收光谱区的能量转换为热；荧光过程的量子效率小于1，部分光子能量散失到基质晶格中转换为热，在激光棒内引起的强烈的热透镜效应，会导致输出光束质量的降低，严重时会造成输出功率的降低。提高激光器输出效率和光束质量，都归结为激光器总体效率，由于泵浦灯的光谱和效率、聚光腔的效率、激光晶体的效率不够高以及谐振腔结构等因素，因而使激光器的电光转换效率不高，只有3%，并且使输出功率受到限制，单枪输出功率只有400W左右。想要得到一种高效的大功率灯泵浦固体激光器需要改变其现有的谐振腔结构，并且解决激光介质的热效应问题。

在众多高功率灯泵浦固体激光器中，Nd:YAG激光器是用闪光灯泵浦脉冲氙灯作为激励源的一种灯泵浦固体激光器，它是公认的激光性能最好、应用最广泛的激光晶体。它采用多根晶体棒实现高功率输出，通常采用标准激光模块，每个激光模块包括激光晶体棒、聚光腔、泵浦源、滤器件等，激光晶体棒和泵浦源采用冷却液进行冷却。高平均功率、高脉冲能量的脉冲激光器，通常采用闪光灯进行泵浦，这是由于闪光灯泵浦可以提供大的单脉冲能量、高峰值功率，且成本较低，因而是目前大能量脉冲固体激光器的常用泵浦源。Nd:YAG晶体是四能级系统，其终端能级比基能级高$2111cm^{-1}$，易于达到阈值条件，在室温下就可以实现$1.06\mu m$的激光振荡。激光晶体的掺杂浓度是影响激光器性能的重要因素。较高掺杂浓度可以提高对泵浦光的吸收，增加反转粒子数，进而提高激光器的输出功率和效率。但另一方面，高掺杂浓度会缩短荧光寿命、展宽线宽，在晶体中引起应变，导致光学质量变差，甚至出现浓度猝灭现象。因而，合适的掺杂浓度是获得高效率激光输出的关键，常用的Nd:YAG晶体，钕离子的质量分数掺杂浓度通常在0.6%~1.5%范围内。实际应用中，通常根据激光器的工作方式、输出功率、光束质量等多方面因素来决定Nd:YAG晶体棒的几何尺寸和掺杂浓度。一般细长的晶体棒比短粗的晶体棒有更高的单程增益，更低的输出阈值，可以获得有更好的输出功率和光束质量。晶体棒的侧面通常进行毛化处理，以提高泵浦的均匀性、避免寄生振荡。激光棒的两个通光端面，对光洁度的要求高，通常表面镀增透膜以避免端面的反射损耗和内部反射形成自激振荡。为了提高激光器的效率，降低阈值，通常晶体棒的直径稍大于泵浦灯内径，同时晶体棒的长度也比灯的极间距离稍长[9,10]。

对于闪光灯泵浦的固体激光器，泵浦光在空间4π立体角内发射，需要使用聚光腔将泵浦光传输到激光工作物质，提高泵浦光转换效率和泵浦均匀性。聚光腔很大程度上决定了激光工作物质上泵浦能量密度的分布，从而影响晶体棒的光学热畸变，以及激光器输出光束的均匀性、发散角和效率。因而，聚光腔必须进行合理的优化设计，其性能直接影响激光器的能量转换效率、输出功率和激光光束质量。

聚光腔的结构和材料种类繁多，常见的几何结构有：双椭圆聚光腔、紧包型聚光腔、紧耦合聚光腔等。图 4-7 所示为上述三种常见的聚光腔。

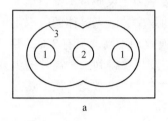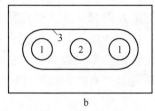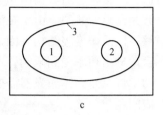

图 4-7　聚光腔的结构
a—双椭圆聚光腔；b—紧包型聚光腔；c—紧耦合聚光腔；
1—泵浦灯；2—激光晶体棒；3—聚光腔的反射面

4.4.1　光学谐振腔的研究

光学谐振腔是激光器的重要组成部分，腔的作用在于提供光学正反馈，以便在腔内建立和维持激光振荡，其形式与结构参数直接影响激光器的功率输出，光束发散角、光束质量、激光模式、光斑大小和谐振频率。对固体激光器，由于光泵浦引起的热效应改变了谐振腔的结构，为此需要研究含热稳定镜谐振腔的动态工作特性和输出光束的参数。合理选择谐振腔的结构参数是固体激光器技术中的重要问题。

4.4.1.1　简单的两镜光学谐振腔

A　稳定性条件

考虑如图 4-8 所示简单的腔内没有增益介质的两镜腔，两反射镜的曲率半径分别为 R_1、R_2，腔长为 L。以反射镜 M_1 为参考，入射到反射镜 M_1 上的光线在腔内往返一周的光束变换矩阵为：

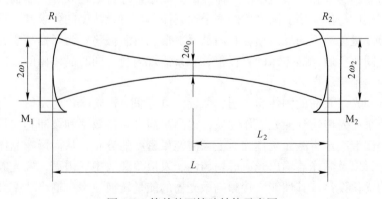

图 4-8　简单的两镜腔结构示意图

$$\mathbf{M} = \begin{bmatrix} A & B \\ C & D \end{bmatrix} = \begin{bmatrix} 1 & L \\ 0 & 1 \end{bmatrix} \times \begin{bmatrix} 1 & 0 \\ -\dfrac{2}{R_2} & 1 \end{bmatrix} \times \begin{bmatrix} 1 & L \\ 0 & 1 \end{bmatrix} \times \begin{bmatrix} 1 & 0 \\ -\dfrac{2}{R_1} & 1 \end{bmatrix} \tag{4-1}$$

将式（4-1）展开后得到：

$$A = -\left[\frac{2L}{R_1} - \left(1 - \frac{2L}{R_1}\right)\left(1 - \frac{2L}{R_2}\right)\right] \qquad B = 2L\left(1 - \frac{L}{R_2}\right)$$

$$C = -\left[\frac{2}{R_1} + \frac{2}{R_2}\left(1 - \frac{2L}{R_1}\right)\right] \qquad D = 1 - \frac{2L}{R_2} \tag{4-2}$$

采用稳定谐振腔的激光器所发出的激光，将以高斯光束的形式在空间传输，设腔内基模高斯光束在反射镜 M_1 处的复参数为 q_1，则根据 q 参数定义有

$$\frac{1}{q_1} = \frac{1}{R_1} - i\frac{\lambda}{\pi\omega_1^2} \tag{4-3}$$

式中，R_1'，ω_1 分别为反射镜 M_1 处的基模高斯光束的等相位面曲率半径与光斑半径。稳定腔的高斯光束在谐振腔内为自再现模，即经过多次往返以后，腔内光场的分布趋于稳定，其分布不再受衍射的影响，光波在腔内往返一周后能够"再现"出发时的场分布，这种稳定场经过一次往返后，仅仅是镜面上各点的光场振幅按同样比例衰减，各点相位发生同样的滞后。利用 ABCD 定律，其自再现条件为

$$q_1 = \frac{Aq_1 + B}{Cq_1 + D} \tag{4-4}$$

由式（4-4）可以求得

$$\frac{1}{q_1} = \frac{D - A}{2B} \pm i\frac{\sqrt{4 - (A + D)^2}}{2B} \tag{4-5}$$

比较式（4-3）和式（4-5），可得到基模高斯光束在反射镜 M_1 处的等相位面曲率半径与光斑半径：

$$R_1 = \frac{2B}{D - A} \tag{4-6}$$

$$\omega^2 = \frac{\lambda}{\pi} \times \frac{2|B|}{\sqrt{4 - (A + D)^2}} \tag{4-7}$$

对于稳定腔，其在反射镜 M_1 上的基模高斯光束半径为有限值，即式（4-7）有解，需

$$4 - (A + D)^2 > 0 \tag{4-8}$$

这就是简单的两镜腔的稳定条件。光线在满足此条件的两镜腔内经过多次往返而不会逸出腔外，因此稳定腔的几何损耗较小。引入谐振腔的 g 参数计算公式如下：

$$g_1 = 1 - \frac{L}{R_1} \qquad g_2 = 1 - \frac{L}{R_2} \tag{4-9}$$

则式（4-2）为

$$A = 4g_1g_2 - 1 - 2g_2 \qquad\qquad B = 2Lg_2$$

$$C = \frac{2}{L}(2g_1g_2 - g_1 - g_2) \qquad D = 2g_2 - 1$$

$$(4\text{-}10)$$

两镜腔的稳定性条件为

$$0 < g_1g_2 < 1 \tag{4-11}$$

满足条件 $g_1g_2 = 0$ 或 $g_1g_2 = 1$ 的腔为临界腔，当 $g_1g_2 > 1$ 或 $g_1g_2 < 1$ 时谐振腔为非稳腔。以 g_1g_2 为坐标轴，则可画出谐振腔的稳区图，如图 4-9 所示。任何一个简单两镜腔（g_1，g_2）唯一地对应稳区图上一个点。

图 4-9 中双曲线为 $g_1g_2 = 1$，双曲线与两坐标轴之间所围阴影区域为稳定区，任意一个谐振腔（g_1g_2）只要位于稳定区内，都是稳定腔，否则是非稳腔或临界腔。

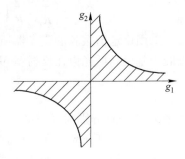

图 4-9   两镜腔的稳区图

B   稳定腔基模高斯光束的参数

把式（4-10）代入式（4-6）、式（4-7）中，即可求得

$$R_1' = R_1 \tag{4-12}$$

$$w_1^2 = \frac{\lambda L}{\pi}\left[\frac{g_2}{g_1(1 - g_1g_2)}\right]^{\frac{1}{2}} \tag{4-13}$$

同样，可以得到在反射镜 M_2 处基模光束的等相位面曲率半径和光斑半径：

$$R_2' = R_2 \tag{4-14}$$

$$w_2^2 = \frac{\lambda L}{\pi}\left[\frac{g_1}{g_2(1 - g_1g_2)}\right]^{\frac{1}{2}} \tag{4-15}$$

式（4-12）和式（4-14）表明，基模光束在反射镜处的等相位面曲率半径与反射镜的曲率半径相等，即基模高斯光束入射到反射镜后可沿入射方向原路返回。

若采用 g 参数来计算腔内基模高斯光束的参数，其表达式较复杂，为此引入谐振腔 P 参数，令

$$P_1 = L\left[\frac{g_2}{g_1(1 - g_1g_2)}\right]^{\frac{1}{2}} \qquad P_2 = L\left[\frac{g_1}{g_2(1 - g_1g_2)}\right]^{\frac{1}{2}} \tag{4-16}$$

把式（4-16）代入式（4-13）、式（4-15），基模高斯光束在两反射镜处的光斑半径可简化为

$$w_1^2 = \frac{\lambda}{\pi}p_1 \qquad w_2^2 = \frac{\lambda}{\pi}p_2 \tag{4-17}$$

知道了基模高斯光束在反射镜处的等相位面曲率半径和光斑半径，以反射镜 M 为参考平面，可以得到腔内基模高斯光束的腰斑半径：

$$w_0^2 = \frac{\lambda}{\pi} \times \frac{p_2 R_2^2}{P_2^2 + R_2^2}$$
(4-18)

以及腰斑距反射镜 M_2 的位置：

$$L_2 = \frac{p_2^2 R_2}{P_2^2 + R_2^2}$$
(4-19)

若不考虑激光束通过输出镜界面发生的折射，则光束的远场发散角为

$$\theta_0^2 = \frac{\lambda^2}{\pi^2 w_0^2} = \frac{\lambda}{\pi} \times \frac{P_2^2 + R_2^2}{p_2 R_2^2}$$
(4-20)

对简单的两镜腔，其从两个反射镜输出激光的发散角是一致的，其腔内基模高斯光束的特性参数是不变的，仅由 R_1，R_2 和腔长 L 决定。

4.4.1.2 双棒串接的谐振腔稳定性的研究

单棒的 Nd:YAG 激光器受热效应的影响，泵浦功率不能无限增加，目前单棒系统的最大输出功率为 800W，要获得千瓦级以上的固体激光输出，可采用多棒串接的方法。对于多棒串接的 Nd:YAG 激光器，其腔内有多个增益介质，热效应导致棒的屈光度随着泵浦功率的变化而改变，从而使谐振腔参数改变，导致激光输出功率不稳定，其稳定性随屈光度的变化要比单棒系统复杂[11]。

图 4-10 为两根 Nd:YAG 棒串接球面谐振腔的结构示意图，M_1 和 M_2 为谐振腔两反射镜面，其曲率半径分别为 R_1 和 R_2，YAG 棒的长度为 L。H_1 和 H_2 为 YAG 棒的两个主面，其到棒端面的距离为 h。由几何光学可知，厚透镜的主面 H_1 和 H_2 到棒端面的距离为 $h = l/2n$，d_1 和 d_2 分别为厚透镜主面到谐振腔两反射镜面的距离，d_m 为两根 YAG 棒主面之间的距离。假设两根 Nd:YAG 棒的热效应相等，即 $D_1 = D_2 = D = 1/f$，从 M_1 到 M_2 腔内介质的单程传输矩阵（不包括 M_1 和 M_2）为

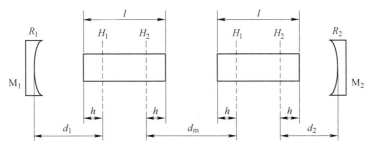

图 4-10 双棒串接的谐振腔结构图

$$M = \begin{bmatrix} a_0 & b_0 \\ c_0 & d_0 \end{bmatrix} = \begin{bmatrix} 1 & d_2 \\ 1 & 1 \end{bmatrix} \begin{bmatrix} 1 & 0 \\ -D & 1 \end{bmatrix} \begin{bmatrix} 1 & d_m \\ 0 & 1 \end{bmatrix} \begin{bmatrix} 1 & 0 \\ -D & 1 \end{bmatrix} \begin{bmatrix} 1 & d_1 \\ 0 & 1 \end{bmatrix} \quad (4-21)$$

将矩阵展开得到

$$
\begin{aligned}
a_0 &= -d_2 D + (1 - d_2 D)(1 - d_m D) \\
b_0 &= d_1(1 - d_2 D) + d_2(1 - d_1 D) + d_m(1 - d_1 D)(1 - d_2 D) \\
c_0 &= -(2D - d_m D^2) \\
d_0 &= -d_1 D + (1 - d_1 D)(1 - d_m D)
\end{aligned}
\quad (4-22)
$$

则谐振腔的 G 参数为

$$G_1 = a_0 - \frac{b_0}{R_1}$$

$$= 1 - \frac{d_1 + d_2 + d_m}{R_1} + d_m d_2 \left(1 - \frac{d_1}{R_1}\right) D^2 - \left[\left(1 - \frac{d_1}{R_1}\right)(2d_2 + d_m) - \frac{d_2 d_m}{R_1}\right] D \quad (4-23)$$

$$G_2 = d_0 - \frac{b_0}{R_2}$$

$$= 1 - \frac{d_1 + d_2 + d_m}{R_2} + d_m d_1 \left(1 - \frac{d_2}{R_2}\right) D^2 - \left[\left(1 - \frac{d_2}{R_2}\right)(2d_1 + d_m) - \frac{d_1 d_m}{R_2}\right] D \quad (4-24)$$

从以上两式可以看出，与单棒系统的谐振腔不同，G_1 和 G_2 与屈光度 D 的平方项有关，当采用非对称结构的谐振腔，即 $d_1 \neq d_2$ 或 $R_1 \neq R_2$ 时，此时 $G_1 \neq G_2$，图 4-11 和图 4-12 分别给出两个非对称结构谐振腔（双倍距和六倍距，即 $d_1 : d_2 = 2$ 和 $d_1 : d_2 = 6$）的 G 参数动态工作曲线。从图可以看出，随着泵浦功率的增加，谐振腔工作点在 G 参数图上是以 A 点为起点的一条抛物线，A 点对应着 $D = 0$，亦即泵浦功率 $P = 0$ 时的 G 参数值，A 点坐标为

$$G_{A1} = 1 - \frac{d_1 + d_2 + d_m}{R_1} \quad (4-25)$$

$$G_{A2} = 1 - \frac{d_1 + d_2 + d_m}{R_2} \quad (4-26)$$

A 点可以位于稳区内，也可以位于稳区外，与 d_1、d_2、d_m 及 R_1、R_2 的取值有关。抛物线与坐标轴 $G_1 = 0$、$G_2 = 0$ 及双曲线 $G_1 G_2 = 1$ 的交点的屈光度值决定双棒串接的谐振腔的稳区和非稳区范围，抛物线与坐标轴 $G_1 = 0$、$G_2 = 0$ 及双曲线 $G_1 G_2 = 1$ 的交点个数与谐振腔参数选择有关，如图 4-11 所示有 8 个交点，而图 4-12 中有 6 个交点，其稳区和非稳区数要比单棒系统多。由于谐振腔工作点经过几段稳区和非稳区，当谐振腔运行在稳区范围内时，输出功率随泵浦功率的增加而增加；当谐振腔运行在非稳区内时，损耗急剧增加，此时增加泵浦功率反而会导致激光输出功率下降，严重的输出功率下降为零。因此输出功率随泵浦功

率的增加会出现起伏，激光器工作状态不稳定。

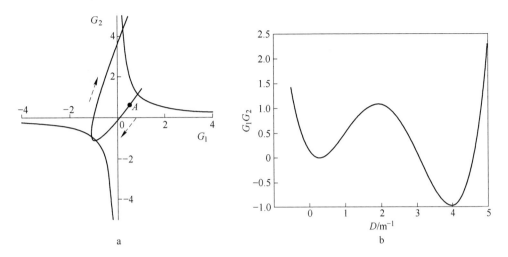

图 4-11　双棒不对称谐振腔（双倍距）的稳定特性

（$R_1 = R_2 = 3$m，$d_1 = 0.6$m，$d_2 = 0.3$m，$d_m = 1$m）

a—$G_1 - G_2$ 稳区图；b—$G_1 G_2$ 乘积与 D 的关系图

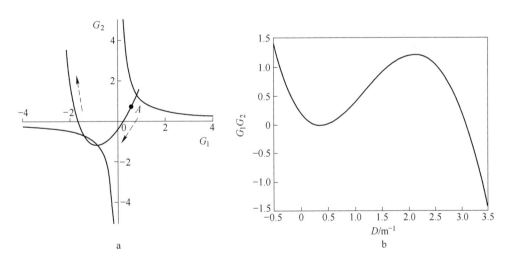

图 4-12　双棒不对称谐振腔（六倍距）的稳定特性

（$R_1 = R_2 = 3$m，$d_1 = 0.6$m，$d_2 = 0.1$m，$d_m = 1$m）

a—$G_1 - G_2$ 稳区图；b—$G_1 G_2$ 乘积与 D 的关系图

（1）对称结构的谐振腔，设 $R_1 = R_2 = R$，$d_1 = d_2 = d$，$d_m = kd$，代入式（4-22）得

$$a_0 = -dD + (1 - dD)(1 - kdD)$$

$$b_0 = d(1 - dD) + d(1 - dD) + kd(1 - dD)^2$$

$$c_0 = -(2D - kdD^2)$$ 　　　　(4-27)

$$d_0 = -dD + (1 - dD)(1 - kdD)$$

$$G = G_1 = G_2 = 1 - \frac{2d + kd}{R} + k\left(1 - \frac{d}{R}\right)d^2D^2 - \left(2 + k - \frac{2d}{R} - \frac{2kd}{R}\right)dD \quad (4-28)$$

此时谐振腔的动态工作曲线是一条经过原点的直线，如图 4-13 所示，以 A 点为起点（$D = 0$），随着泵浦功率的增加，动态工作点依次经过原点、B 点（-1，-1）后进入非稳区，到达 C 点后折返，再依次经过 B 点进入稳区，最后通过 D 点（1，1）进入非稳区后不再折返，其与双曲线 $G_1G_2 = 1$ 的两交点 B 和 D 决定了谐振腔的稳区范围，由图看出，采用对称结构的谐振腔，激光运行过程中其动态工作曲线经过两段稳区和两段非稳区，比非对称结构的谐振腔稳定性要好。A 点的 G 参数为

$$G_{A1} = G_{A2} = 1 - \frac{2d + kd}{R} \quad (4-29)$$

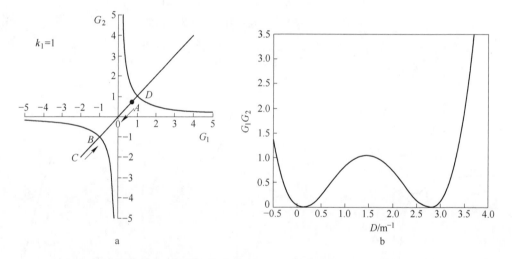

图 4-13　双棒对称结构的谐振腔

（$R_1 = R_2 = 3\text{m}$，$d_1 = 0.6\text{m}$，$d_2 = 0.6\text{m}$，$d_m = 1.2\text{m}$）

a—$G_1 - G_2$ 稳区图；b—G_1G_2 乘积与 D 的关系图

令 $G = 1$，$G = -1$，$G = 0$，即可求出 D，B，O 各点的屈光度：

$$D: G = 1 \Rightarrow dD_D = \begin{bmatrix} -\dfrac{d}{R - d} \\ \dfrac{k + 2}{k} \end{bmatrix} \quad (4-30)$$

$$B：G = -1 \Rightarrow dD_B = \left[\begin{array}{c} 1 \\ -\dfrac{2d-2R+kd}{k(R-d)} \end{array} \right] \tag{4-31}$$

$$O：G = 0 \Rightarrow dD_O = \frac{1}{2(Rk-dk)} \left(Rk - 2d + 2R - 2dk \pm \sqrt{R^2k + 4d^2 - 8dR + 4k^2} \right) \tag{4-32}$$

由式（4-30）、式（4-31）可以得到两个稳区 DB 段和 BD 段的稳区范围是相同的，其大小为

$$\Delta D_{DB} = \Delta D_{BD} = \frac{1}{d} - \frac{1}{d-R} \tag{4-33}$$

稳区范围仅由 d 和 R 决定。

令 $G' = 0$，可求得折返点 C 点的屈光度值：

$$dD_C = \frac{1}{k} - \frac{1}{2} - \frac{d}{2(R-d)} \tag{4-34}$$

把实际腔型的 R，d，k 值代入式（4-30）～式（4-34），就可以算出各个临界点的临界屈光度并得到稳区和非稳区范围。

（2）平行平面腔，即 $R_1 = R_2 = \infty$，则式（4-23）和式（4-24）变为

$$G_1 = a_0 = -d_2D + (1 - d_2D)(1 - d_mD) \tag{4-35}$$

$$G_2 = d_0 = -d_1D + (1 - d_1D)(1 - d_mD) \tag{4-36}$$

当 $D = 0$ 时，有 $G_1 = G_2 = 1$，即起点 A 坐标为（1，1）。为进一步分析，以 d_1 为参考值，令 $d_2 = k_1d_1$，$d_m = k_2d_1$，代入式（4-35）、式（4-36）得

$$G_1 = k_1k_2\left(d_1D - \frac{2k_1+k_2}{2k_1k_2} \right)^2 - \frac{4k_1^2 + k_2^2}{4k_1k_2} \tag{4-37}$$

$$G_2 = k_2\left(d_1D - \frac{2+k_2}{2k_2} \right)^2 - \frac{4+k_2^2}{4k_2} \tag{4-38}$$

当 $d_1 \neq d_2$ 时，即 $k_1 \neq 1$，G_1 与 G_2 不相等，其动态工作曲线和非对称的球面腔相似，也是随着泵浦功率的增加，其动态工作点经过几段稳区和几段非稳区，如图 4-14 所示。

（3）如图 4-15 所示，若采用对称结构的平行平面谐振腔时，即 $d_1 = d_2 = d$ 时，$k_1 = 1$，由式（4-37）、式（4-38）得

$$G_1 = G_2 = k_2\left(dD - \frac{2+k_2}{2k_2} \right)^2 - \frac{4+k_2^2}{4k_2} \tag{4-39}$$

此时谐振腔动态工作点是以 A（1，1）为起点的过原点并在 C 点折返的一条直线。如图 4-16 所示，其中 AB 段和 BA 段是稳区，BC 段、AD 段是非稳区。

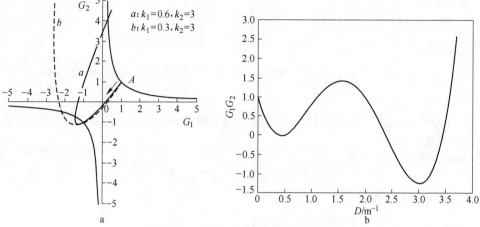

图 4-14　双棒非对称结构平行平面腔

$(d_1 = 0.6\text{m},\ d_2 = 0.36\text{m},\ d_\text{m} = 1.8\text{m})$

a—G_1-G_2 稳区图；b—$G_1 G_2$ 乘积与 D 的关系图

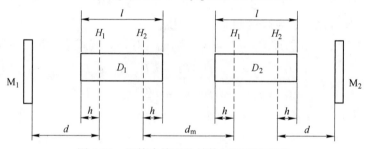

图 4-15　双棒串接对称结构的平行平面腔

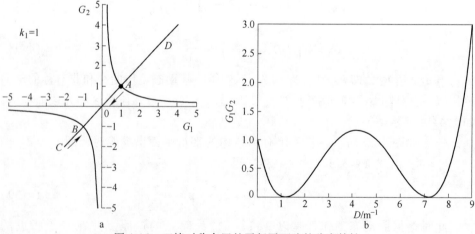

图 4-16　双棒对称布置的平行平面腔的稳定特性

$(d_1 = 0.2\text{m},\ d_2 = 0.2\text{m},\ d_\text{m} = 0.6\text{m})$

a—G_1-G_2 稳区图；b—$G_1 G_2$ 乘积与 D 的关系图

A，O，B，C各点的临界屈光度为

$$A: G_1 = G_2 = 1 \Rightarrow dD_A = \begin{bmatrix} 0 \\ \dfrac{2+k_2}{k_2} \end{bmatrix} \tag{4-40}$$

$$O: G_1 = G_2 = 0 \Rightarrow dD_O = \frac{2+k_2 \pm \sqrt{4+k_2}}{2k_2} \tag{4-41}$$

$$B: G_1 = G_2 = -1 \Rightarrow dD_B = \begin{bmatrix} 1 \\ \dfrac{2}{k_2} \end{bmatrix} \tag{4-42}$$

$$C: G_1 = G_2 = -\frac{4+k_2^2}{4 \cdot k_2} \Rightarrow dD_C = \frac{2+k_2}{2k_2} \tag{4-43}$$

由式（4-40）、式（4-41）求得双棒对称布置的谐振腔的稳区 AB 段和 BA 段的大小：

$$\Delta D_{AB} = \Delta D_{BA} = \frac{1}{d} \tag{4-44}$$

从式（4-44）可知，谐振腔的稳区大小与棒主面到反射镜的距离 d 成反比，即 d 越长，稳区范围越窄。把不同的 k_2 值代入式（4-40）~式（4-43），即可求出各临界点的屈光度的大小，表 4-1 给出了部分计算结果。

表 4-1 对称平行平面腔的临界屈光度 D 值和稳区范围

k_2	A	O	B	C	稳区范围
1	0 $\dfrac{3}{d}$	$\dfrac{3 \pm \sqrt{5}}{2d}$	$\dfrac{1}{d}$ $\dfrac{2}{d}$	$\dfrac{3}{2d}$	$\left(0 \to \dfrac{1}{d}\right)$ $\left(\dfrac{2}{d} \to \dfrac{3}{d}\right)$
2	0 $\dfrac{2}{d}$	$\dfrac{2 \pm \sqrt{2}}{2d}$	$\dfrac{1}{d}$	$\dfrac{1}{d}$	$\left(0 \to \dfrac{2}{d}\right)$
3	0 $\dfrac{5}{3d}$	$\dfrac{5 \pm \sqrt{7}}{6d}$	$\dfrac{1}{d}$ $\dfrac{2}{3d}$	$\dfrac{5}{6d}$	$\left(0 \to \dfrac{1}{d}\right)$ $\left(\dfrac{2}{3d} \to \dfrac{5}{3d}\right)$

C 点 G 参数值与 k_2 有关：

$$G_C = -\frac{4+k_2^2}{4k_2} = -\frac{(k_2-2)^2}{4k_2} - 1 \leqslant -1 \tag{4-45}$$

当 $k_2 = 2$ 时，即两棒主面之间的距离是棒主面到反射镜距离的 2 倍（$d_m = 2d$）时，G_C 有最大值 -1，此时临界屈光度：

$$D = 1/d \tag{4-46}$$

即在 $k_2 = 2$ 时，C 点与 B 点重合，工作点在 B 点处折返。这表明当屈光度从 0 增加到 $2/d$ 时，谐振腔除通过临界点 $O(0,0)$、$B(-1,-1)$ 外，始终工作在稳区内，这与表 4-1 的计算结果相吻合。只有当屈光度大于 $2/d$ 时，谐振腔才处于非稳区，因而在较宽的泵浦功率范围内激光器都能稳定工作，如图 4-17 所示。

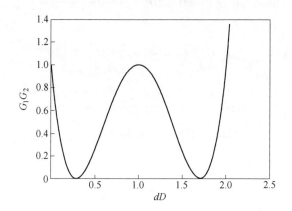

图 4-17　双棒对称布置且 $d_m = 2d$ 的平行平面腔的稳定特性

（只有当 $dD > 2$ 时，$G_1 G_2 > 1$，即谐振腔处在非稳状态）

（4）若所选用的两根 Nd∶YAG 棒的热效应不一致，即在相同泵浦功率时屈光度不相等，设 $D_1 = D$，$D_2 = \alpha D (\alpha \neq 1)$，只考虑平行平面腔且 $k_1 = 1$，$k_2 = 2$ 时的这种情况，光束的单程传输矩阵为

$$M = \begin{bmatrix} a_0 & b_0 \\ c_0 & d_0 \end{bmatrix} = \begin{bmatrix} 1 & d \\ 1 & 1 \end{bmatrix} \begin{bmatrix} 1 & 0 \\ -\alpha D & 1 \end{bmatrix} \begin{bmatrix} 1 & 2d \\ 0 & 1 \end{bmatrix} \begin{bmatrix} 1 & 0 \\ -D & 1 \end{bmatrix} \begin{bmatrix} 1 & d \\ 0 & 1 \end{bmatrix} \tag{4-47}$$

展开得到

$$\begin{aligned} a_0 &= 1 - (3 + \alpha) dD + 2ad^2 D^2 \\ b_0 &= (4 - 3\alpha dD - 3dD + 2\alpha d^2 D^2) \\ c_0 &= D(-\alpha + 2\alpha dD - 1) \\ d_0 &= 1 - (1 + \alpha) dD + 2\alpha d^2 D^2 \end{aligned} \tag{4-48}$$

G 参数为

$$G_1 = a_0 = 1 - (3 + \alpha) dD + 2\alpha d^2 D^2 \tag{4-49}$$

$$G_2 = d_0 = 1 - (1 + 3\alpha) dD + 2\alpha d^2 D^2 \tag{4-50}$$

图 4-18 给出了 $\alpha = 0.7$ 时的一个谐振腔的动态工作曲线，从图可看出，动态工作曲线为一条抛物线，经过多段稳定区和多段非稳区，这导致谐振腔的稳区范围变窄，输出功率会随着泵浦功率的增加出现起伏，因此应尽量选用热效应相同的 Nd∶YAG 棒，或对两支棒的泵浦功率进行调整，使两支棒的热焦距相同。

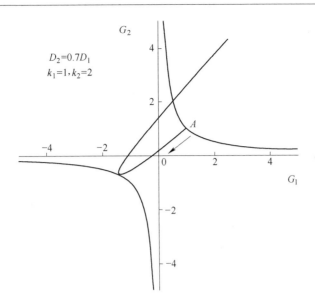

图 4-18 热效应不相等时的平行平面谐振腔的动态工作曲线

4.4.2 激光介质热效应的研究

激光介质吸收的泵浦光能量有一部分转化为热能沉积在介质内，为了激光器稳定运转，又要求对其及时散热，使得介质内部产生了温度梯度，导致了热透镜效应、热致双折射和介质形变。如果热管理不当，不仅会引起输出激光的光束质量下降，还会损坏激光介质，制约泵浦功率密度的提高，进而影响输出激光能量的提高。虽然近些年的研究已经初步解决了热效应的相关问题，但随着功率的大幅提高，激光介质热效应问题仍然是影响其向高功率、高光束质量发展的一个重要因素，因此也一直是国内外研究的热点。固体激光器无论是采用何种泵浦方式，注入的泵浦光能量除了大部分转化为激光输出，其余部分主要转化为介质的热耗，热耗产生的主要原因有以下几点：激光介质的泵浦能带与激光上能级之间的能量差以热的形式散逸到介质中；激光下能级与基态之间的能量差转化为热；泵浦光的光谱中除大部分与激光介质泵浦能带相匹配的光能作为有用的泵浦能量外，其他波段的光能有部分被基质材料吸收转化为热。为了减轻介质的热效应，通常采用各种方式对激光介质进行散热，同时对光学畸变进行补偿[12]。

4.2.2.1 激光介质 Nd:YAG

激光介质的研制是激光技术领域重要的研究内容，它的发展可以推动固体激光器跨越式的进步。20 世纪 70 年代研制成功的 Nd:YAG 是综合性能优秀、目前应用最为广泛的激光介质。它的化学式为：$Nd:Y_3Al_5O_{12}$，即掺钕钇铝石榴石，是作为基质材料的钇铝石榴石 $Y_3Al_5O_{12}$ 中的 Y^{3+} 离子被 Nd^{3+} 取代而形成的。

Nd:YAG 的性能参数如表 4-2 所示，表中列出了几种掺 Nd 激光材料的参数作为对比[13]。

表 4-2 几种掺 Nd 激光材料的性能参数

项　　目	Nd:YAG	Nd:YVO$_4$	Nd:YLF	Nd:GGG
密度/kg·m^{-3}	4560	4220	3990	7090
比热容/J·(kg·℃)$^{-1}$	590	800	790	380
热导率(室温)/W·(m·℃)$^{-1}$	10.5	5.23	6	6.43
折射率（室温）	1.82	2.813	$n_0 = 1.45$ $n_e = 1.47$	1.94
荧光寿命/μs	230	90	480	250
受激发射截面/m^2	6.5×10^{-23}	20.1×10^{-23}	1.8×10^{-23} （π） 1.2×10^{-23} （σ）	2.2×10^{-23}

4.4.2.2　激光介质散热方式的理论研究

为了使激光器稳定运转，需要及时、有效地带走激光介质中产生的热量，同时减小介质的热致畸变，可采用气体、液体、热管、微通道等方式对介质散热。介质的温度分布受到泵浦源和散热效果的共同影响，当泵浦源参数选定后，介质温度分布由散热条件决定，进一步分析激光介质散热方式对其温度分布和热致畸变的影响[14]。

A　介质散热方式的比较

a　金属热沉加水流循环系统散热法

Nd:YAG 晶体温度分布如图 4-19 所示。若其他条件不变，当仅改变冷却水的温度，即模拟中改变热沉上下表面的温度分别为 10℃ 和 15℃，则晶体端面径向和中心轴线温度如图 4-19a、b 所示，当冷却水流温度降低时，晶体温度呈整体性下降，此时热导率随之增大，晶体的热传导过程更为顺畅。

改变金属热沉的材料对晶体温度影响不明显，当选择铝热沉时，若其体积与铜热沉相同，晶体端面径向和中心轴向温度分布如图 4-20a、b 所示。铝的热导率 237W/(m·℃)，由于都是金属热沉，导热性良好且远优于晶体，热沉表面以及内部温度比较接近，选择何种材料作为热沉用于夹持晶体可以根据实验室的情况而定，铝或者无氧铜都是比较常用的热沉材料。

b　晶体侧表面水流散热法

该结构通过水流对晶体侧面进行散热，首先需要对水流进行分析，研究流体的流动问题需区分流动是层流还是紊流，采用雷诺数 Re 来衡量：

$$Re = \frac{\rho u_{av} D}{\mu} \tag{4-51}$$

式中，ρ 为流体密度；u_{av} 为平均流速即流量与横截面积之比；D 为管道的内径；

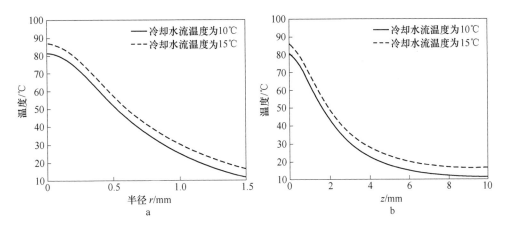

图 4-19 水流温度对晶体温度分布的影响

a—端面径向温度；b—中心轴线温度

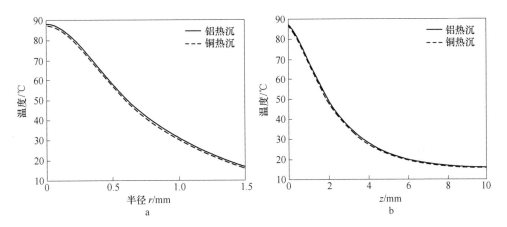

图 4-20 热沉材料对晶体温度分布的影响

a—端面径向温度；b—中心轴线温度

μ 为黏度。雷诺数 Re 小于 2300 时为层流，大于 4000 时为紊流，介于 2300 和 4000 为临界状态。水的密度为 $1000kg/m^3$，黏度为 $9.754 \times 10^{-4}kg/(m \cdot s)$，若水管的内径为 4mm，水的流速约为 1.2m/s，计算得到雷诺数 Re 约为 4921。根据 Petukhov 和 Popov 得到的圆管内紊流换热问题的分析解，努塞尔数 Nu 为

$$Nu = \frac{(f_{fr}/8) \times Re \times Pr}{1.07 + 12.7 \sqrt{f_{fr}/8}(Pr^{2/3} - 1)} \tag{4-52}$$

式中，Pr 为普朗特数，该值与温度有关，不同温度下水的普朗特数如图 4-21 所示，水温为 15℃ 时，Pr 约为 8.5，摩擦因子 f_{fr} 由 Filonenko 方程计算：

$$f_{\mathrm{fr}} = \frac{1}{[1.82\lg(Re) - 1.64]^2} \tag{4-53}$$

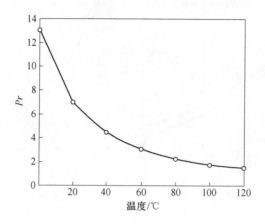

图 4-21　不同温度下水的普朗特数

根据以上结果可以计算液固之间对流换热系数为如式（4-54）所示，其中 k_{w} 为水的热导率，大约为 $0.6\mathrm{W}/(\mathrm{m} \cdot \mathrm{℃})$。

$$h = \frac{k_{\mathrm{w}} \times Nu}{D} \tag{4-54}$$

当水流对晶体侧面的对流换热系数为 $8000\mathrm{W}/(\mathrm{m}^2 \cdot \mathrm{℃})$ 时，晶体温度分布如图 4-22 所示，晶体端面中心与边缘温差约为 52.7℃，当改变冷却水流的速度即改变对流换热系数，晶体端面径向和中心轴向的温度如图 4-23a，b 所示，水流速度的提高使晶体温度呈整体下降，但是对径向温度梯度影响不明显。

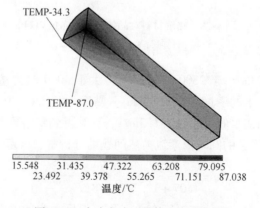

图 4-22　水冷方式下晶体温度分布图

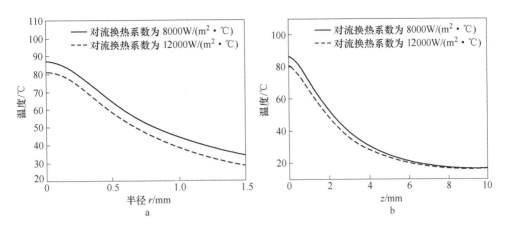

图 4-23 改变对流换热系数对晶体温度的影响

a—端面径向；b—中心轴向

B 散热方式对介质热致畸变的影响

在上文计算得到分别采用"金属热沉加水流循环系统散热法"和"晶体侧表面水流散热法"时，晶体温度分布的基础上，晶体不同径向位置热透镜的焦距如图 4-24 所示。可见，不论采用何种散热方式，由于晶体内温度分布的不均匀，温度梯度导致的热透镜效应总是存在的，而且晶体不同径向位置对光的热聚焦能力不同，晶体的热透镜不能采用理想透镜等效；将两种散热方式进行比较，侧面水冷散热方式下不同径向位置的热透镜焦距较长，焦距差较大。

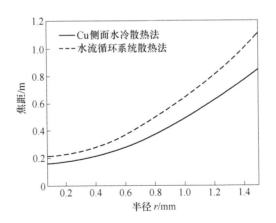

图 4-24 晶体热透镜焦距分布

4.4.2.3 激光介质热效应时变过程的研究

脉冲泵浦 Nd:YAG 激光器中，特别是在短脉冲、长周期泵浦状态下存在着热效应时变过程。它指的是在单个泵浦脉冲中，晶体热效应随时间而改变的过程，以及在周期泵浦过程中，晶体热耗周期性变化，导致晶体中各空间位置的温度也呈周期性波动，进而引起谐振腔随时间不断改变。在光脉冲产生的过程中，任一时刻，振荡光是由谐振腔结构决定的，而晶体的热效应直接影响谐振腔结构。热效应具有时变特性，那么谐振腔亦存在着随时间改变的问题，它在脉冲形成和消失过程中影响着振荡光的特性。

由于脉冲泵浦源和冷却系统的共同作用，晶体温度存在升降变化，即热脉冲。热脉冲的上升沿主要取决于晶体的热耗，例如：泵浦光的功率、在晶体内的平均光束半径、晶体对泵浦光的吸收系数、注入的泵浦光能量中热转化效率等。热脉冲的下降沿主要取决于冷却系统和晶体的热学性质，例如：散热系统的选择、晶体的几何尺寸、晶体材料的热学性质等。

通过解析法和有限单元法（FEM）两种方法分别求解热传导方程，研究脉冲端面泵浦固体激光器中，泵浦脉冲作用期和间隔期晶体热效应时变过程及其影响因素，以及周期过程对晶体径向温度分布和光程差的影响。铜热沉夹持 Nd:YAG 激光晶体，热沉上下表面与通水热沉紧密接触，通过水流传导散热，由于铜和通水热沉导热性都较好，可以假设铜热沉上下表面与水流温度相同。

在单脉冲过程中，热效应的前沿主要由泵浦脉冲上升沿决定，其温度的变化与泵浦光的空间分布、晶体的掺杂浓度、比热容和密度均有关系。温度的下降过程受到晶体热物性参数（如密度、比热容和热导率）、晶体的半径以及散热条件的影响。周期性泵浦的过程中，晶体温度最终会达到随时间呈周期性变化的状态，且重复频率等于脉冲工作的重频。若仅改变泵浦的重频，当重频越高时，泵浦的间隔期越短，占空比越大，晶体内的热注入就越大，温升越明显。由于泵浦源的作用，晶体升温迅速，温度的上升沿较陡；而散热阶段只有水流通过金属热沉对晶体侧面进行传导散热，晶体的热导率较低，下降沿较缓。周期泵浦的过程中，晶体中心与边缘的温差随时间波动，热致光程差也会随时间做周期性改变，与温度的时变趋势相似。

针对传统激光器实现高功率、高光束质量激光面临的最大障碍之一的热管理技术，还衍生出多种新型结构的激光器而且均取得了显著进展，使得目前全固态激光器领域呈现百花齐放的现象[14]。

A　圆棒激光器

圆棒激光器是目前发展最成熟，应用最广泛的固体激光器构造。其中圆棒增益介质主要有 Nd:YAG 和 Yb:YAG，按抽运方式不同可分为端面抽运和侧面抽运两种方式。端面抽运是指抽运光从晶体棒的端面入射，激光沿晶体棒长度方向振荡的抽运方式，采用这种抽运方式能使抽运光和振荡光较好地模式匹配，有利于获得高效率近衍射极限激光输出。因此，采用端面抽运结构的高功率全固态激光器转换效率比较高，能获得较好的光束质量输出。然而，端面抽送受到谐振腔基模体积的约束，即要实现抽运光和基模空间较好的匹配，需要抽运光入射在激光介质的端面面积较小，这样不仅限制了注入抽运光功率，同时还在激光介质内产生较大的局部温度梯度和复杂的热光效应，影响了光束质量。由于温度的变化导致晶体棒内的热应力必须小于晶体自身碎裂应力，以及端面镀制的抽运光和振荡光的双色膜的抗激光损伤阈值一般较低等因素，限制了注入的抽运光功率，因此很难获得千瓦级高平均功率输出，目前获得的高功率端面抽运的全固态激光器输出功率多在百瓦级。

尽管高功率固体激光器大多采用侧面抽运，但是端面抽运带来的高光束质量及高效率等优势，一直是科学家们不断追求的目标，为了获得高功率输出，科学家们提出了许多极富创造力的新思想和新方案[2]。侧面抽运又称为横向抽运，是指将 LD 阵列发出的抽运光从晶体棒的侧面注入到晶体棒中，激光沿晶体棒长度方向振荡的抽运方式。侧面抽运方式结构简单、性能稳定、成本低，采用单个激光模块就能很容易输出百瓦级甚至千瓦级。然而，在侧面抽运结构中，晶体棒中的增益分布很难与谐振腔本征基模很好地匹配，而且由于晶体棒中心的温度比表面高得多，导致较严重的热透镜效应和热退偏，降低了输出激光的光束质量。而且，抽运光要经过隔离冷却液的管道和冷却液才能到到达晶体棒，其中冷却管道的内外表面和晶体棒表面对抽运光的反射，冷却液对抽运光的吸收都会影响抽运效率，因此侧面抽运的光－光转换效率普遍比端面抽运要低，一般为40%左右。不过由于侧面抽运很容易将高功率泵光注入到晶体棒中，因此较容易获得高功率输出，而且通过改进设计，也能获得100W以上的近衍射极限的基模输出。

圆棒激光器工作时，主要有 3 个因素限制了激光器的 T 模输出功率：（1）热应力引起双折射，使圆棒成为一个非单一焦距的透镜。在通常腔长下，最大模半径约为 1.1mm，与棒的尺寸无关，因而限制了最大的模输出功率。（2）非均匀抽运在棒内引起光学畸变，随着抽运功率增加，这种热畸变造成的衍射损耗比增益增加更快。（3）棒的破裂应力限制了它所能承受的抽运强度，最终限制了输出激光功率。因此，要获得高平均功率、高效率、高光束质量的激光输出，首要条件是要保证抽运的均匀性，同时还要保持高抽运效率。这涉及抽运结构、强度、工作介质的掺杂浓度以及浓度分布等。其次是设法消除或补偿热致双折射，但迄今还没有找到完全补偿的方法。用非球面透镜可以部分补偿热畸变，特别是针对某一固定的抽运功率；由于光效正比于腔内增益与损耗之比，因此采用高增益、低畸变的工作方式将有利于提高输出平均功率。

B　板条激光器

板条激光器是激光工作物质为板条形状的固体激光器。普通固体激光器激光工作物质的几何形状为圆棒状，温度梯度的方向与光传播方向垂直，在热负荷条件下运转时，将产生严重的热透镜效应和热光畸变效应，严重影响了激光器的输出功率和光束质量。在板条激光器中，温度梯度发生在板条厚度方向上，板条宽度方向上的两侧面被热绝缘，而光在厚度方向的抽运面上发生内全反射，呈锯齿形的光路在两泵浦面之间传播，光传播方向近似与温度梯度方向平行，利用激光介质的对称性和锯齿形光路消除热效应，从而减小激光束的热透镜效应和光学畸变效应，一次得以输出更高的输出功率和更好的光束质量的激光。目前单根板条激光器连续输出功率已超过1000W，脉冲输出能量超过100J。其发展方向是用大功率半导体列阵激光器侧向面泵浦，以获得更高的效率和更好的光束质量。板条激光晶体由于具有三组对称面，因此有面抽运、边抽运和端面抽运三种抽运方式。面抽运由于抽运面积较大，因而相应抽运功率密度较低，增益介质内增益分布较均匀，热梯度较小，不足之处是冷却面与抽运面重合，冷却介质容易污染抽运面，降低抽运效率。边抽运具有抽运效率高，抽运面与冷却面相分离，有利于保持系统长期工作稳定性等优点，但是却有着较为严重的热光效应，而且抽运面较小，难以注入高功率抽运光。端面抽运板条与端面抽运圆棒类似，将抽运光从晶体的端面入射，由于板条激光器的端面面积通常更小而且为矩形，这对其耦合是一项具有挑战性的工作。此外，还可将板条切割成其他形状，采用更灵巧的方式来抽运。板条激光器的厚度或宽度与抽运吸收长度相匹配，一般通过锯齿形光路以补偿厚度方向上的热畸变。宽度方向尺寸根据激光输出功要求设计，并采用边缘绝热技术控制该方向的热流，减小温度梯度，从而实现高光束质量激光输出。但板条侧效应、端效应会影响光束质量并且要求的调节精度较高。尽管如此，这种激光器在高功率抽运下，由于板条固体激光器工作介质宽、厚度比较大，仍然存在一定的热透镜效应，在板条宽度的光束质量较差。在有限宽度和长度的板条中，边缘效应和端面效应都会产生畸变；高功率抽运下，板条仍然存在热透镜效应和退偏；在薄板条中，放大自发辐射效应也严重影响着激光效率和光束质量；非轴对称的板条不可避免会产生像散，使光束在两个垂直方有不同的光斑大小、光腰位置和波面曲率。为此，在板条构型、谐振腔设计、冷却结构、激光材料介质上做了许多的创新。

值得注意的是，虽然板条具有较好的热特性，但如果不解决抽运的均匀性，仍然不可能获得良好的效果。还需特别注意的是，即使抽运均匀，若介质中增益分布不均匀，高功率固体激光器工作时仍然会造成波前畸变。因此，在抽运耦合及分布的均匀性、增益介质的动态光学均匀性、传导冷却和微通道热沉的理论分析与数值模、热管理、有源腔模场等还需要进一步的研究。

C　薄片激光器

薄片激光器由多个模块组成的，其中每个模块由两个平行放置的增益介质薄片构成，以一定距离间隔放置，在每个模块内部都有冷却结构，抽运光束由模块的两侧以平行或成一定角度入射到薄片介质的表面。在左边介质薄片的右侧面和邮编薄片的左侧面分别附着两个金刚石热沉，在两个金刚石热沉之间构成一个冷却液体通道，以便于对热沉进行冷却。薄片激光器的结构特点是激光介质具有大的口径和厚度比，采用面抽运、面冷却，通过精密光学系统设计使光纤耦合输出的抽运光在晶体薄片中多次通过，增加对其吸收。这种结构的热梯度分布方向与激光束传播方向相同，避免了热透镜效应引起的不利影响，而且，薄的晶体明显降低了 Yb:YAG 的重吸收损耗，从而提高了转换效率。因此，薄片激光十分适合高亮度、高平均功率发展的需要。其不足之处在于：光学设计非常复杂，元器件多，不利于系统的稳定性；高功率抽运时要求在很小的面积内将千瓦级的热量带走，其散热系统设计十分困难。薄片激光器通过设计可实现端面多通抽运、侧面抽运以及混合抽运。端面抽运的结构，将薄片增益介质采用某种方式焊接在微通道冷却的热沉上，这个过程应设法避免薄片介质在焊接过程中引入的应力。薄片增益介质的后端面作为腔镜镀抽运光和激光的高反膜，前端面镀两者的增透膜，输出镜一般采用球面镜。抽运光以一定的角度入射在增益介质上，两处通过增益介质后，出射的剩余抽运光再次被反射回增益介质，如此反复，抽运光多次通过薄片介质最后达到很高的吸收值，整个过程要求抽运尽量均匀化。薄片激光器的原理就是将增益介质加工成很薄的薄片状，其中一个表面制备对泵浦光和激光的高反膜，然后将该面焊接到水冷系统上，该平面还充当激光器的一个腔镜。在纵向平顶泵浦光作用下，该结构可以产生垂直于晶体表面均匀的热流，因而梯度方向与输出光束方向一致，可以有效克服热透镜效应。该结构的设计重点就是要保证在一定吸收率的前提下，有效减少晶体两端温差。目前，千瓦级薄片激光器已经形成产品，与商用棒状激光器相比，其光束质量至少要好 3 倍，而且薄片激光器的光束质量还在不断提升，结合热容量工作模式，可能发展成为新一代高功率固体激光器。

D 光纤激光器

光纤激光器是近年来激光领域关注的热点之一，也是目前实现高平均功率、高光束质量激光的重要手段之一。光纤激光器是指用掺稀土元素玻璃光纤作为增益介质的激光器，光纤激光器可在光纤放大器的基础上开发出来，在泵浦光的作用下光纤内极易形成高功率密度，造成激光工作物质的激光能级"粒子数反转"，当适当加入正反馈回路构成谐振腔便可形成激光振荡输出。

双包层光纤是一种具有特殊结构的光纤，它由纤芯、内包层和外包层组成，比常规的光纤增加了一个内包层。其中，纤芯一般掺有稀土离子，如 Nd^{3+}，Yb^{3+} 或 Er^{3+} 等，其直径在微米至几十微米量级，是单模激光的传输波导；内包层包绕在纤芯的外围，是抽运光的传输波导，其直径和数值孔都比较大，多为 $100\mu m$ 左右，因此与传统光纤激光器需要将抽运光耦合到纤芯相比，双包层光纤激光器只需要将抽运光耦合到双包层中即可,其耦合效率很高。抽运光在内包层传输时,以全反射方式反复穿越纤芯,被纤芯内的稀土离子吸收,从而产生单模激光,并具有很高的转换效率,如掺镱光纤的光-光转换效率可达80%以上。近年来,随着双包层光纤制造技术、高功率 LD 抽运源技术以及先进的光束整形技术等的迅速发展,高功率光纤激光器技术也在日新月异,其关键技术包括包层抽运技术、谐振腔技术和调制技术等都获得了重大突破。包层抽运技术主要有端面抽运和侧面抽运两种方式。端面抽运又可以分为透镜直接耦合、光纤端面熔接耦合和多个小功率 LD 端面耦合等方式,它具有结构简单的优点,但存在输出功率有限,不容易扩展的缺点,目前实现千瓦级的高功率激光输出大都采用端面抽运或双端抽运的结构;侧面抽运主要有 V 形槽法、狭缝法、角度磨抛法、二元衍射光栅嵌入镜法、熔接法、分布式包层和集中抽运等方式,功率容易扩展,但工艺非常复杂,目前国际上采用侧面抽运能实现高功率输出的还不多,处于研究状态。

双包层光纤激光器的谐振腔主要有两种方式:一是利用双色镜作为腔镜,与传统的固体激光器类似,实现起来比较容易,但无法实现全光封装,可靠性稍差,且不利于光纤激光器的实用化和产品化;另一种方式是采用光纤光栅作为谐振腔镜,光纤光栅具有非常好的波长选择特性,损耗低,并且可以和光纤熔接在一起,使抽运光耦合变得比较容易而且效率很高,整体的可靠性提高很多,易于实现全光结构,利于实用化和产品化。目前两种方式均被采用,但高功率的光纤激光器对光纤光栅的工艺要求很高,国内目前尚难以实现。

原则上说,任何一类激光器单路输出功率总是有限的。为提高激光器的输出功率,必须采用功率合成。对于高功率的光纤激光器,功率合成显得最为迫切。根据应用需要,功率合成可以是相干或非相干的。非相干功率合成已有比较成熟和长期的应用了。它可以是空间、时间或光谱上的叠加。例如激光聚变研究,已采用了几十、上百路的空间叠加合成。多路脉冲激光可以从时间上叠加成同一光路的重复频率更高的激光。但相干功率合成在有的应用场合更是迫切需要的。高功率光纤的相干合成还没有实质性的突破,为了发展成武器级的应用,光纤激光器的相干合成技术已成为研究热点。但目前仅有中小功率范围的研究结果,而且相干合成后系统的复杂性大为增加。其中一个重要原因是光纤是一个对物理量极其敏感的元件,在高平均功率下控制其波面远比块状介质的难。因此,高功率新相干合成技术的理论、实验都有待突破。如果高功率光纤激光器相干合成技术能进入实用,将构成新一代超高平均功率激光器,特别是建成"相控阵"激光器,其意义将是不可估量的。随着双包层光纤技术、高功率抽运源技术和抽运技术的发展,单根光纤激光器的连续输出功率很快从百瓦量级发展到千瓦量级。

4.5　Nd:YAG 激光器

随着科学技术及材料制备方法的不断更新，大批的激光材料得到发展，并应用于国防、制造业及医疗等领域（图 4-25）。其中红宝石激光器的出现，就是一个显著的证明。随后，由于半导体激光器的成功制备，对固体激光器的广泛应用，起到了主导作用。原因是采用与激光增益介质吸收带重合的单色半导体激光器做泵浦源，能够提高能量利用效率，为输出高功率的激光提供了有效途径[15]。

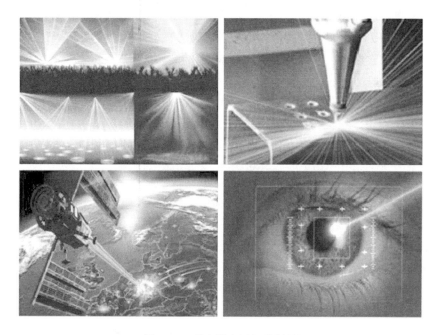

图 4-25　激光器应用相关领域

激光材料由基质材料和掺杂离子两部分组成。通常的基质材料主要有玻璃和单晶，现在又出现了一种新的激光基质材料——透明陶瓷。目前所知的掺杂离子主要以稀土离子为主，有 Ce^{3+}、Pr^{3+}、Nd^{3+}、Sm^{3+}、Eu^{3+}、Tm^{3+}、HO^{3+}、Yb^{3+}、Er^{3+} 等。由于 YAG 单晶制备复杂，价格昂贵且玻璃的物化性能不及陶瓷优异，从而限制它们的快速发展和广泛应用。因此，人们开始考虑研发新的激光材料（如多晶陶瓷）来克服这些缺点。经过科学家的不懈努力，制备出高光学质量的 Nd:YAG 陶瓷，并实现激光输出，从而为透明陶瓷成为激光材料打下了坚实的基础。

激光工作物质是由一系列原子所组成的，并在晶体生长期间，在晶体阵列中人为地掺入杂质原子。这种激光器的特点是体积小、结构稳定、易于维护、输出功率大，且适用于调 Q 法产生高功率脉冲、用锁模法产生超短脉冲，典型的例子有红宝石激光器，Nd:YAG（掺钕的钇铝石榴石激光器），钛蓝宝石激光器等。世界上第一台激光器就是红宝石激光器，但现在 Nd:YAG 应用更广泛。Nd:YAG 的激活介质是 YAG（$Y_3Al_5O_{12}$）和以杂质形式出现的稀土金属离子 Nd^{3+}。该种激光器可以脉冲工作，也可以连续工作，产生的跃迁中以 $1.06\mu m$ 的激光为最强。这类激光最大的优点是受激辐射跃迁概率大，泵浦阈值低，容易实现连续发射。以往通常用高强度 Xe 闪光灯泵浦，脉冲串维持可达 0.5ms，平均功率为 20kW，但转换效率低，仅 0.1% 左右；近几年向二极管激光器泵浦的全固态小型化方向发展，转换效率可达 10%。由于 Nd:YAG 属四能级系统，量子效率高，受激辐射面积大，所以它的阈值比红宝石和钕玻璃低得多。又由于 Nd:YAG 晶体具有优良的热学性能，因此非常适合制成连续和重频器件。它是目前在室温下能够连续工作的唯一固体工作物质，在中小功率脉冲器件中，目前应用 Nd:YAG 的量远远超过其他工作物质。同其他固体激光器一样，YAG 激光器基本组成部分是激光工作物质、泵浦源和谐振腔。不过由于晶体中所掺杂的激活离子种类不同，泵浦源及泵浦方式不同，所采用的谐振腔的结构不同，以及采用的其他功能性结构器件不同，YAG 激光器又可分为多种，例如按输出波形可分为连续波 YAG 激光器、重频 YAG 激光器和脉冲激光器等；按工作波长分为 $1.06\mu m$ YAG 激光器、倍频 YAG 激光器、拉曼频移 YAG 激光器（$\lambda = 1.54\mu m$）和可调谐 YAG 激光器（如色心激光器）等；按掺杂不同可分为 Nd:YAG 激光器，掺 Ho、Tm、Er 等的 YAG 激光器；以晶体的形状不同分为棒形和板条形 YAG 激光器；根据输出功率（能量）不同，可分为高功率和中小功率 YAG 激光器等。形形色色的 YAG 激光器，成为固体激光器中最重要的一个分支。

技术难点：尽管以 YAG 晶体为基质的 YAG 激光器从问世迄今已经 20 多年，技术和工艺都比较成熟并得到广泛应用，但随着相关技术的进步，YAG 激光器的研究工作仍旧方兴未艾，依然是目前激光器研究的热点。为了提高 YAG 激光器的效率、输出功率和光束质量，扩展其频谱范围，人们在激光材料、结构和泵浦源及泵浦方式等技术和工艺方面继续开展研究和改进工作，要解决的关键技术主要有：

（1）寻求新的激光材料。通过在 YAG 基质中掺杂 Er、Ho、Tm 等激活离子将 Nd:YAG 的激光波长扩展至 $2\mu m$ 左右，使大气传输性能得到改善，并提高激光对人眼损伤阈值，通过掺杂 Yb 激活离子，提高工作效率等。

（2）寻求新的激光器结构。采用板条状晶体，实现面泵浦和面散热，以提高转换效率，改善光束质量。降低加工成本，简化结构，解决散热问题仍然是努力的方向。

（3）寻求新的泵浦源和泵浦方式。用二极管激光器取代灯泵浦，是 YAG 激光器技术的一项重大突破，使激光器性能得到显著改善，但是二极管泵浦技术比较复杂，成本比较高，泵浦源自身的散热等问题，仍然需进一步解决。

4.5.1　Nd:YAG 晶体结构、物理性能和激光特性[16]

4.5.1.1　晶 体 结 构

YAG 是钇铝石榴石（yttrium aluminum garnet）的英文缩写，其化学式为 $Y_3Al_5O_{12}$，属于立方晶系，空间群为 O_h^{10}-la3d，晶格常数为 1.2002nm。每个晶胞包含 8 个 $Y_3Al_5O_{12}$ 分子，共有 24 个 Y^{3+} 离子、40 个 Al^{3+} 离子和 96 个 O^{2-} 离子。Y^{3+} 离子处于 8 个 O^{2-} 离子配位的十二面体格位，而 Al^{3+} 离子存在两种格位，40% 的格位（Al_{Octa}）处于 6 个 O^{2-} 离子配位的八面体格位，60% 的格位（Al_{Tetr}）处于 4 个 O^{2-} 离子配位的四面体格位。根据 YAG 的特征参数，可以绘制 YAG 的晶体结构，如图 4-26 所示。在 YAG 的晶体结构中，一个突出的特点是有较大范围的阳离子取代，其中具有八配位十二面体的 Y^{3+} 最易被性质相似的稀土离子所取代，实现 YAG 晶体的掺杂。稀土离子与 Y^{3+} 离子有相似的离子半径，容易进入 YAG 的晶格，从而取代 Y^{3+} 的位置，实现稀土掺杂。

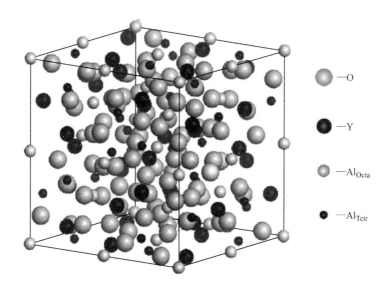

　　　—O

　　　—Y

　　　—Al_{Octa}

　　　—Al_{Tctr}

图 4-26　YAG 晶体结构

作为一种新型的激光材料，Nd:YAG 透明陶瓷除了具有与晶体和玻璃相媲美的性能外，在制备工艺上，也有自己的独特优势。

同单晶相比，透明陶瓷具有以下优势：

（1）Nd:YAG 陶瓷在光学性能方面可与单晶相媲美，在热学性能及力学性能方面，优于单晶。

（2）陶瓷成型工艺简单，易于制备大尺寸陶瓷素坯；而大尺寸单晶的制备技术难度大，在某些特殊领域难以发挥作用。

（3）陶瓷制备仅需几天，生产成本低。而单晶生长除了需要铂金或铱为坩埚，生长期也需要数十天，导致生产成本高。

（4）陶瓷可以实现稀土离子掺杂浓度可控分布，且光学均匀性好。而单晶掺杂稀土离子受到分凝系数的影响，不易实现高浓度掺杂或浓度梯度掺杂。

（5）可以实现激光陶瓷的结构和功能复合设计。例如，将 Nd:YAG 和 Cr:YAG 透明陶瓷复合在一起构成被动调 Q 开关；也可以设计浓度梯状掺杂的 Nd:YAG 透明陶瓷，降低激光服役条件下的热效应。这些都是陶瓷相比于晶体的优势。

同钕玻璃相比，有以下优势：室温下，Nd:YAG 透明陶瓷热导率约为 10W/（m·K），远大于钕玻璃的热导率。YAG 陶瓷具有高的熔点，1970℃，有利于热量的散发，提高材料的光束质量；能承受高的辐射功率；发射激光单色性好。表 4-3 所示为 Nd:YAG 物理特性。

表 4-3　Nd:YAG 物理特性

化 学 式	$Nd^{3+}:Y_3Al_5O_{12}$
熔点/℃	1970
硬度	1215
密度/$g \cdot cm^{-3}$	4.56
断裂应力/$kg \cdot cm^{-3}$	13～26
弹性模量/$kg \cdot cm^{-2}$	30
线膨胀系数/℃	8.2×10^{-6}
线宽/nm	0.45
受激发射截面面积/cm^2	$(2.7～8.8) \times 10^{-19}$
弛豫时间/ns	30
辐射寿命/μs	550
自发辐射荧光寿命/μs	230
1.06μm 光子能量/J	1.86×10^{-19}
折射率	1.82
散射损耗/cm^{-1}	0.002
Nd 质量分数/%	0.725
Nd 原子数分数/%	1.0
Nd 原子数/cm^{-3}	1.38×10^{20}

4.5.1.2　物理特性

纯 $Y_3Al_5O_{12}$ 是无色的，在 Nd:YAG 中，Nd^{3+} 的含量一般约为 1%。由于钕和

钇元素的化合价都是 3 价，因此 Y^{3+} 被 Nd^{3+} 代替后不需要补偿电荷。从 Nd:YAG 晶体的物理和光学特性，我们可以分析得出 Nd:YAG 激光晶体具有以下几种优良特性：

（1）导热性良好，可以实现连续运转或以较高重复频率运转；

（2）热导性和热震动特性良好；

（3）机械强度好；

（4）原材料特性适合各种不同模式。

纯的 YAG 透明陶瓷和晶体是无色、光学各向同性的晶体，它们都是立方结构。图 4-27 为 YAG 透明陶瓷简化能级图。YAG 透明陶瓷与晶体最主要的差别体现在制备工艺上，由于两者激活离子相同，所以具有相同的光学特性。从图中可以看出，Nd:YAG 陶瓷为四能级系统，1064nm 的激光输出波长开始于 $^4F_{3/2}$ 能量的 Y_3 分量，终止于 $^4I_{11/2}$ 能级的 Y_3 分量。上激光能级 60% 的离子落到 $^4I_{11/2}$ 多重态的荧光。总之，Nd:YAG 陶瓷固体激光器在激光泵浦条件下能量提取效率高，泵浦阈值低，非常适合实现高功率、高效率激光输出。

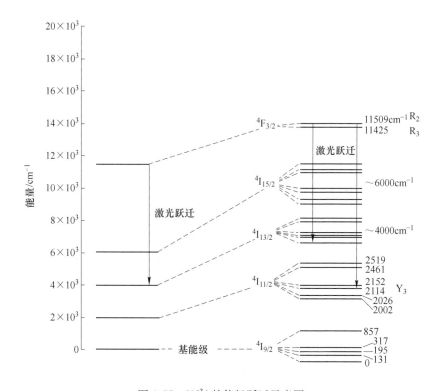

图 4-27 Nd^{3+} 的能级跃迁示意图

综上所述，Nd:YAG 透明陶瓷作为激光增益介质有如下优势：

（1）立方结构，易于实现透明；

（2）光学、物理化学性能优良，在1064nm处具有高达85%的光学透过率；

（3）易于稀土离子掺杂；

（4）具有四能级系统，从而降低激光阈值和提高输出光能量，荧光寿命较长，激光激发后在材料内不产生色心。

4.5.1.3　激光特性

随着陶瓷制备技术的高速发展，Nd:YAG透明陶瓷作为固体激光材料，自出现以来，在工业、医疗、国防等领域得到了广泛的应用。

采用固相反应法、化学共沉淀法以及溶胶－凝胶法在不同烧结温度下合成了Nd:YAG粉体，进而使用Nd:YAG粉体制备陶瓷样品，通过对比陶瓷样品的显微形貌及测量其透过率值，选择固相反应法制备Nd:YAG透明陶瓷。通过对Y_2O_3粉体进行预处理、改进素坯成型方式及改变烧结制度，制备厚尺寸Nd:YAG激光陶瓷。使用冷等静压成型的素坯相对密度为51.6%，高于双向轴压的素坯相对密度。以素坯成型为基础，设计模具，实现了Nd^{3+}浓度的梯度掺杂。由于粉体颗粒尺寸、烧结活性、比表面积不同，使用不同处理方式的Y_2O_3粉体合成YAG相的温度不同。从化学沉淀法处理到1200℃热处理，合成YAG相的温度依次提高50℃。采用不同处理方法的Y_2O_3粉体，使用冷等静压法制备的素坯在1730℃烧结30h，得到的陶瓷样品显微结构差异明显。以1200℃热处理2h的Y_2O_3粉体为原料，得到的样品晶粒尺寸均匀，大小约为15μm，气孔含量少，在1064nm处透过率为78.46%。对1200℃热处理2h的Y_2O_3粉体为原料制备的样品，通过改变烧结制度，得到升温速率为1℃/min，保温时间为30h烧结成的陶瓷样品。显微结构中晶粒内部的气孔基本排除完全，在1064nm和400nm处的透过率分别为83.59%，80.82%，达到了作为激光材料透明度的要求。

选用平行平面谐振腔，端面泵浦的方式，成功实现了Nd:YAG透明陶瓷1064nm的激光输出，其中泵浦阈值为1.15W，最大输出功率为1.54W，相应的光－光转换效率为18.4%，斜效率为21.3%。同时采用导热仪来测量不同透过率及不同晶粒尺寸的陶瓷样品的热扩散系数、比热值，并计算出陶瓷样品的热导率。得到陶瓷样品的热导率随着气孔率的增大（即透过率减小）而减小，并随着晶粒尺寸的增大（即晶界密度的减小）而增大，为制备高热导率的陶瓷样品提供参数指标。

Nd:YAG透明陶瓷作为激光增益介质的可能性：20世纪60年代开始，材料学家提出当等轴、高纯陶瓷达到理论密度时，就具备了与单晶相同的光学性质，这为透明陶瓷成为激光增益介质提供了理论上的依据。理想的陶瓷激光增益介质组分均匀且具有高的热导率，在激光输出波长范围内有高的透过率（低的光学损耗）。陶瓷中的气孔、杂质相、晶界相和晶格缺陷等作为散射源直接影响了其透明度，为制备透明陶瓷加大了难度。但随着透明陶瓷制备技术的发展，特别是使用高纯、高烧结活性的原始粉体，加上先进的真空烧结技术使制备低光学散射损耗的透明陶瓷成为可能。

4.5.2 Nd:YAG 激光棒

激光英文称为 laser（雷射），其全称为 light amplification by stimulated emission of radiation。Nd:YAG 为其英文简化名称，来自（neodymium doped yttrium aluminium garnet；Nd:$Y_3Al_5O_{12}$），中文称之为钇铝石榴石晶体。钇铝石榴石晶体为其激活物质，体晶体内 Nd 原子含量为 0.6% ~ 1.1%，属固体激光，可激发脉冲激光或连续式激光，发射的激光为红外线波长 1.064μm。Nd:YAG 激活物质晶体使用的泵浦灯管主要为氪气（krypton）或氙气（xenon）灯管，泵浦灯的发射光谱是一个宽带连续谱，但仅少数固定的光谱峰被 Nd 离子吸收，所以泵浦灯仅利用了很小部分的光谱能量，大部分没被吸收的光谱能量转换成热能，所以能量的使用率偏低。Nd:YAG 吸收的光谱区域为 0.730 ~ 0.760μm 与 0.790 ~ 0.820μm，光谱能被吸收后，会导致原子由低能级向高能级跃迁，部分跃迁到高能级的原子又会跃迁到低能级并释放出相同频率单色光谱，但所释放的光谱并无固定方向与相位，所以尚无法形成激光[17,18]。

Nd:YAG 激光器系统构造如图 4-28 所示。图中，

1 为可见激光束反射镜，供调整可见激光束方向，进入 YAG 激光轴心；

2 为激光能量检测仪器，检测 YAG 激光束能量；

3 为光学谐振腔 100% 反射镜座；

4 为光纤维焦距调整用基座（备用）；

5 为激光光学谐振腔，内有 Nd:YAG 晶体棒、泵浦灯管和镀金反射腔；

6 为时间分歧镜片，移动镜片将激光束送出；

7 为能量分歧镜片，将激光束分歧；

8 为金属激光反射挡片，安全设备；

9 为激光束分歧快门开关；

10 为光学聚焦镜输入供连接光纤维；

11 为激光能量衰减镜片，供调整与平衡各分歧输出能量；

12 为光学谐振腔主快门开关；

13 为可见激光产生器，红色激光供调整使用；

14 为仪器座定位片（仅供迁移时安装）。

在这里，以二级能级结构为基础来说明激光器的工作原理（图 4-29），图中 E_1 和 E_2 分别表示二级能级结构中的基态与激发态，这里有两个不同的过程，分别为吸收过程与发射过程。在吸收过程中，粒子吸收能量 $h\nu_{21}$ 从基态被激发到激

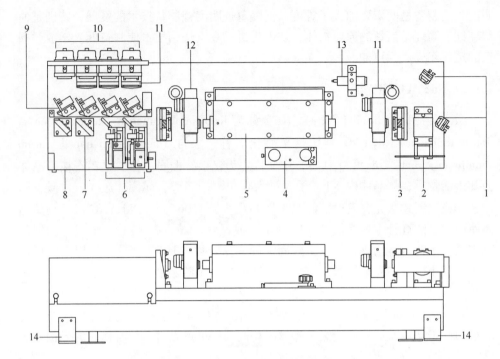

图 4-28　Nd:YAG 激光器结构图示

发态，即从能级 E_1 跃迁至能级 E_2，但是激发态是不稳定的，有自发向低能级跃迁的趋势，因此在发射过程中，粒子自激发态向基态跃迁，同时发射能量为 $h\nu_{21}$ 光子。

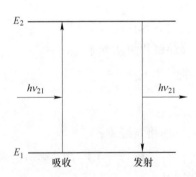

图 4-29　光子的发射和吸收过程

对于处于热平衡状态下的原子体系，根据统计力学的基本原理，它遵守玻耳兹曼分布规律，因此当温度为 T 时，占据 E_1、E_2 能级的相关原子数比可以用以下式子描述：

$$\frac{N_2}{N_1} = \exp\left(-\frac{h\nu_{21}}{kT}\right) = \exp\left(-\frac{E_2 - E_1}{kT}\right) \tag{4-55}$$

式中，N_1，N_2 分别为处于能级 E_1、E_2 的粒子数。在光频区，$E_1 - E_2 = h\gamma_{21} \gg kT$。由于 N_2/N_1 远小于 1，说明 E_2 能级上的粒子数几乎为零，如图 4-30a 所示。根据指数函数的特征，当其他条件不变，温度 T 不断升高时，可以使 N_1、N_2 两者更接近，但不可能发生 $N_2/N_1 > 1$。假定存在这样一种暂时的状态，E_2 能级上的粒子数多于 E_1 能级上的粒子数，即 $N_2/N_1 > 1$，称为粒子数反转，如图 4-30b 所示。

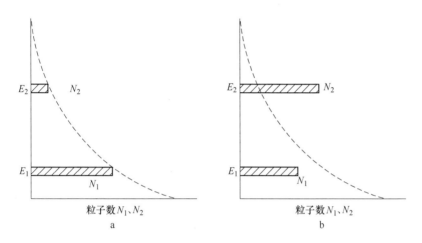

图 4-30　不同状态下两个能级上的粒子数

激光的泵浦过程是通过外界向增益物质供给能量，增益物质吸收相应频率的量，发生粒子跃迁，达到粒子数的反转。外界提供给激光物质的总能量为

$$E = \Delta N h\nu \tag{4-56}$$

式中，ΔN 为有外加能量时上能级跃迁到下能级粒子总数。这期间，激光物质通过吸收外界能量，在二能级结构中持续向上能级补充粒子。由于单位时间内二能级相互跃迁概率相等，处于两个能级上的粒子数总是相近而难以实现粒子数反转。因此不论入射光强有多大，都难以实现光的放大。在实际情况下，通常用三能级或四能级简图理解固体激光材料是如何获得激光作用所需的粒子数反转的。图 4-31 就是具有三、四能级结构的激光介质泵浦前后的能级分布图。

对于三能级激光系统，最初材料内所有的原子都处在 E_0 能级上，通过某些频率激励，能级 E_0 上的原子吸收辐射跃迁到宽带能级 E_2。接着能级 E_2 上绝大多数的原子又快速地无辐射跃迁到能级 E_1 上。最后，能级 E_1 发射出一个光子返回到能级 E_0，就会产生激光。为了实现粒子数反转，在三能级系统中，必须存在这样的关系：$\tau_{10} \gg \tau_{21}$。其中，τ_{10} 为粒子在能级 E_1 上的寿命，τ_{21} 为粒子从 E_2 能级跃迁到 E_1 能级的弛豫时间。

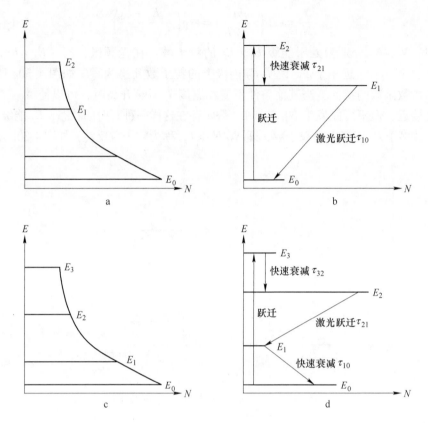

图 4-31　三、四能级结构泵浦过程示意图

a—三能级结构泵浦前；b—三能级结构泵浦后；
c—四能级结构泵浦前；d—四能级结构泵浦后

对于四能级激光系统，激光的产生发生在两个中间能级上，即粒子从能级 E_2 跃迁到能级 E_1。粒子在 E_3 能级和 E_1 能级上的寿命都很短，而在 E_2 能级上的寿命相对较长，这就为在 E_2 能级与 E_1 能级之间实现粒子数反转提供了可能。

4.5.3　Nd:YAG 激光器的理论分析

调 Q 技术是一种将激光能量采用某种方式压缩到极窄的脉冲中发射的技术。调 Q 激光的脉冲的峰值功率与压缩前相比可以提高几个数量级，可以说调 Q 激光技术的出现和发展是激光发展史上的一个重大突破。它可用于激光测距、雷达、高速摄影、激光加工等领域[19~21]。

4.5.3.1　调 Q 基本原理

普通脉冲激光器的振荡方式为弛豫振荡，此时激光输出的脉冲是由许多振幅、脉宽和间隔随机变化的尖峰脉冲组成的，脉冲波形是不平滑的。激光器谐振

腔的 Q 是个常数，在泵浦光的泵浦下，反转粒子数增大，当工作物质中上能级的反转粒子束超过了阈值时就会产生激光振荡，发射激光。随着激光的发射，上能级粒子数迅速减少，反转粒子数降低，当反转粒子数小于激光阈值时，激光器停止振荡。此时，由于泵浦光的存在，工作物质的上能级粒子数会重新积累，超过阈值时第二个激光脉冲产生，此过程不断重复，直到泵浦停止。

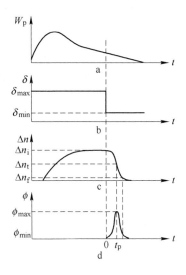

图 4-32　调 Q 脉冲建立过程

实际应用中，可以通过使用调 Q 技术改变激光器的阈值来实现上能级大量粒子的积累。当积累到最大值时突然使腔的损耗减小，激光振荡迅速建立，上能级反转粒子数被迅速消耗，于是获得峰值功率很高的巨脉冲。调 Q 脉冲建立过程中各个参量随时间的变化情况如图 4-32 所示。

通过以上分析可见，改变激光器的阈值是提高上能级粒子数积累的有效方法。激光器的振荡阈值条件可表示为

$$\Delta n = \frac{g}{A_{21}} \times \frac{1}{\tau_c} \tag{4-57}$$

而

$$\tau_c = \frac{Q}{2\pi\nu} \tag{4-58}$$

所以

$$\Delta n_{th} = \frac{g}{A_{21}} \times \frac{2\pi\nu}{Q} \tag{4-59}$$

式中，g 为模式数；A_{21} 为自发辐射概率；τ_c 为光子在腔内的寿命；Q 为品质因数，它的定义为

$$Q = 2\pi V_0 (\text{腔内存储的能量/每秒损耗的能量}) \tag{4-60}$$

式中，V_0 为激光的中心频率。设 W 为腔内存储的能量，δ 为腔内单程传播后能量损耗率，δW 为腔内单程传播能量损耗，nL 为谐振腔光学腔长，则光在腔单程传播所需的时间为 nL/c，光在腔内每秒损耗的能量为 $\delta W/nLc$。这样，Q 可表示为

$$Q = 2\pi V_0 \frac{W}{\delta Wc/nL} = \frac{2\pi nL}{\delta \lambda_0} \tag{4-61}$$

式中，λ_0 为真空中激光中心波长。根据式（4-60）和式（4-61），对于特定的光波，当谐振腔的腔长一定时，Q 与谐振腔的损耗成反比，即损耗越大，Q 越低，阈值越高，激光器不易起振；损耗越小，Q 就越高，阈值越低，激光器易于起振。可见，通过改变谐振腔的 Q 来改变激光器的阈值是可行的。

4.5.3.2　声调Q基本原理

声光调Q器件主要由驱动电源、电－声换能器、声光介质和吸声材料四部分组成。超声波通过声光介质时，光弹性效应会使介质的疏密结构发生变化。此时，介质就相当于光学相位光栅。其周期等于声波波长。当有光束入射到此光栅上时，光束会被衍射。

如果选择合适的参量使光束衍射出腔外，就可以产生能量损耗，通过调节该参量，可以控制能量损耗的大小，当能量损耗达到某一值时就可以改变该谐振腔的Q。压电换能器的作用是将电能转化成超声波，并射入声光介质，这时激光器的Q很低，不能形成激光振荡。当切断换能器的驱动电压后，激光器就发射出调Q脉冲[15]。

目前，大功率声光调Q激光器中的声光介质一般选用熔融石英。因为，熔融石英的光学质量好，抗损伤阈值高，品质因数小，对1064nm光波的通光性好。

4.5.3.3　电光调Q基本原理

电光调Q是利用晶体的电光效应实现对谐振腔Q的控制的技术。当外电场作用到利用晶体的电光效应设计的光闸上时会出现双折射现象。最初，光束与这些轴呈45°平面偏振，入射到调Q晶体上后会分成两个正交分量，两分量具有相同的光路但它们的速度是不同的。因此，电光效应使得两分量之间产生相位差。这两个分量通过介质后又合成一束光。当晶体未加电压时，晶体为单轴晶体，线偏光通过晶体无双反射现象，偏振方向不变，随后线偏光通过一个$\lambda/4$波片，由全返镜反射后再次通过$\lambda/4$波片，此时输出光束还是线偏振的，但是其偏振面较初始线偏振光旋转了90°。在泵浦期间，电光晶体上施加的电压会引起线偏振光$\pi/2$相位差，偏振面旋转45°，线偏振光变成圆偏振光。经过全反镜反射后，再次通过电光晶体，又经历一次$\lambda/2$延迟，圆偏振光变为线偏光，但是与其初始方向相比旋转了90°，所以不能通过偏振片。此时电光晶体相当于一个"开关"，开关处于关闭状态，故Q很低，不能形成激光振荡，在不断泵浦下，工作物质的反转粒子数将不断积累并且达到最大，若瞬间除去电光晶体上的电压，则偏振光的振动方向不再被旋转而能通过偏振片，相当于"开关"迅速打开，Q猛增，形成激光振荡，从而产生雪崩式的激光发射，输出一个巨脉冲。

参 考 文 献

[1]　耿爱丛. 固体激光器及其应用 [M]. 北京：国防工业出版社，2014.

[2]　戴特力. 半导体二极管泵浦固体激光器 [M]. 成都：四川大学出版社，1993.

[3]　金光勇，王慧. 半导体泵浦固体激光器技术 [M]. 北京：北京希望电子出版社，2008.

[4] 赵长明. 现代激光技术及应用丛书 太阳光泵浦激光器 [M]. 北京：国防工业出版社，2016.

[5] 程勇. 固体激光相干合成技术 [M]. 北京：科学出版社，2016.

[6] [德] 舍费尔（Schafer F P）. 染料激光器 [M]. 北京：科学出版社，1987.

[7] 冷长庚. 固体激光 [M]. 北京：科学出版社，1981.

[8] [美] 希茨. 激光技术导论 [M]. 第 4 版. 北京：国防工业出版社，2015.

[9] 李岩. 808nm、905nm 高功率半导体激光器结构设计及外延生长 [D]. 北京：北京工业大学，2016.

[10] 姜梦华. 3000W 灯泵浦脉冲 Nd:YAG 固体激光器技术研究 [D]. 北京：北京工业大学，2012.

[11] 刘在洲. LD 端面泵浦 Nd:YAG 激光器及固体激光位移传感技术研究 [D]. 西安：西安理工大学，2004.

[12] 高俊超. 固体激光介质热效应的理论研究 [D]. 武汉：华中科技大学，2004.

[13] 温姣娟. 激光介质热效应的理论分析 [D]. 上海：东华大学，2008.

[14] 董粉丽. LD 泵浦的棒状和薄片状激光介质热效应研究 [D]. 哈尔滨：哈尔滨工业大学，2009.

[15] 王宝华. 大功率声光调 Q Nd:YAG 激光器 [D]. 北京：北京工业大学，2008.

[16] 蒋翾. LD 泵浦 Nd:YAG 微片激光器研究 [D]. 长春：长春理工大学，2017.

[17] 白凤周，李粉玉. 提高 Nd:YAG 激光晶体成品率 [J]. 激光与红外，1992，3：33～35.

[18] 撒昱，张贵忠，等. 长脉冲泵浦的 Nd:YAG 激光棒中热效应的测量 [J]. 光电子·激光，2010，2：256～260.

[19] 王迪. Nd^{3+} 掺杂浓度对 LD 泵浦 Nd:YAG 脉冲激光器输出特性影响的研究 [D]. 长春：长春理工大学，2011.

[20] 黄涛. 大功率半导体侧面泵浦固体激光器 TEM00 模输出 [D]. 杭州：浙江大学，2013.

[21] 赵鸿. 二极管侧面泵浦倍频固体激光技术研究 [D]. 西安：中国科学院西安光学精密机械研究所，2001.

5 利用固体激光器制备太阳能电池的理论分析及应用

提高太阳能电池的光电转换效率和降低生产成本一直是太阳能电池领域的研究热点，提高晶体硅太阳能电池光电转换效率的一个重要方法就是采用选择性发射极结构。选择性发射极结构的特点是在电极栅线下形成高掺杂、深扩散区，在发射极区域形成低掺杂、浅扩散区。

实现晶体硅太阳能电池选择性发射极结构的制备方法分为两种：双步扩散法和单步扩散法。双步扩散法是第一步热扩散形成浅掺杂区域，第二步热扩散形成局部重掺杂区域，从而形成选择性发射极结构；单步扩散法是在第一次热扩散中形成浅扩散区域，然后通过其他工艺形成局部重掺杂区域，从而形成选择性发射极结构。单步扩散法制备选择性发射极工艺热耗少，并且可以避免二次高温处理对硅片带来的热冲击损害[1,2]。

激光掺杂是单步扩散法制备选择性发射极结构的一种工艺。工艺流程简单、可控，可实现区域性重掺杂，对晶硅太阳能电池光电转换效率提升效果明显，因此成为制造选择性发射极结构的重要工艺方法之一。国内外一些光伏研究机构和企业对激光掺杂制备选择性发射极技术有着浓厚的兴趣，围绕着提高单晶硅太阳能电池的光电转换效率、掺杂工艺可靠性和降低工艺成本进行了大量的研究。目前晶体硅太阳能电池转换效率的世界纪录是新南威尔士大学马丁格林实验组研制的发射极钝化及背面局部扩散小尺寸规格的晶体硅太阳电池，该电池的转换效率达到25%。此后新南威尔士大学又提出了单面激光掺杂和双面激光掺杂的技术方法，双面激光掺杂太阳能电池将在背面采用高掺杂点接触电极和高效钝化层设计，通过提高开路电压，P型单晶硅和P型多晶硅双面激光掺杂的效率将有望达到21%和19%。2010年，新南威尔士大学报道单面激光掺杂选择性发射极的电池效率达到18.7%。2008年，德国夫琅禾费太阳能系统研究所报道了采用湿法化学激光掺杂法制备的选择性发射极电池效率超过20%。同年德国斯图加特大学报道了直接在磷硅玻璃上进行激光掺杂，将磷硅玻璃层中的含磷介质扩散到太阳能电池的发射极中，并获得了最高达到0.4%的绝对转换效率的提高。2009年，法国Paviet-Salomon B研究组研究了激光功率、方阻以及饱和电流密度之间的关系。在国内，北京电工所王文静研究组通过理论计算和实验研究了晶硅太阳能电池用532nm倍频ND-YAG激光掺杂的方阻，并分析了激光能量与方阻的关系。中山大学沈辉、梁宗存研究组等进行了激光掺杂工艺以及激光烧结背电极的研究，提出了湿法激光掺杂背表面场及背面点接触电极工艺。中国科学院宁波材料技术与工程研究所万青研究组提出了一种交叉自对准工艺，采用普通丝网印刷设备研制了高效率的晶体硅太阳能电池。此外，北京交通大学、云南师范大学等众多研究机构都进行了太阳能电池选择性发射极及相关工艺的研究。

5.1 激光器制备电池的理论分析

5.1.1 激光产生的理论基础

5.1.1.1 激光产生的条件

激光产生的条件具体如下：

（1）工作物质在能源激励下实现粒子数反转。

（2）由自发辐射产生的少数沿腔轴方向传播的光子在工作物质中引起受激辐射。

（3）光学谐振腔使受激辐射的光子在腔内往返振荡，不断得到放大。

（4）满足阈值条件下形成激光。

激光是由受激吸收、受激辐射、自发发射三部分同时进行而产生的。在热平衡时，各能级上粒子能态分布遵循玻耳兹曼函数：

$$\frac{n_2}{n_1} = \exp \frac{-(E_2 - E_1)}{KT} \tag{5-1}$$

玻耳兹曼方程是经典粒子牛顿力学运动模型，和能态跃迁的量子力学模型相糅合的产物。如果忽略所有的相干效应，经过一定的简化，可以从量子输运模型中推导出玻耳兹曼方程。玻耳兹曼方程是对于载流子的导电、导热等输运过程的分析，简单的方法就是采用所谓粒子平均运动的模型来处理，这样可以得到载流子的各种输运参量，但是因为忽略了许多因素，故结果不太精确。

该方程的求解很复杂，通常采用近似方法，常用的一种近似方法就是弛豫时间近似。玻耳兹曼方程是一个高维的方程，三维波矢空间（k），三维实空间（r），再加上一维时间（t），难于求解，常用蒙特卡罗方法来模拟。随着半导体器件进入纳米尺度，量子效应对器件性能的影响越来越重要，载流子的输运进入了量子输运的领域，这同时体现在空间和时间两个方面。一方面，位于费米能级的电子的德布罗意波长与器件的尺寸相比拟，电子的波动性更加明显；另一方面，电子在沟道中的输运时间动量和能量的弛豫时间相当，使得描述载流子散射的费米黄金定则的适用性受到局限。因此，对纳米尺度半导体器件，玻耳兹曼方程的适用性受到局限，载流子输运需要建立在量子力学理论框架上。

对于式（5-1），n_1 是低能级 E_1 上的粒子数密度；n_2 是高能级 E_2 的粒子数密度。当外来光子 $h\nu$ 满足 $h\nu = E_2 - E_1$ 时，高能级的粒子会像低能级发生跃迁，

粒子受激跃迁概率可表示为

$$W_{12} = B_{12}\rho_\nu \tag{5-2}$$

式中，W_{12} 为粒子受激跃迁概率；B_{12} 为受激吸收跃迁爱因斯坦系数。则单位时间内从 E_1 跃迁到 E_2 受激吸收粒子数可表示为

$$\left(\frac{\mathrm{d}n_{12}}{\mathrm{d}t}\right)_{\mathrm{st}} = n_1 B_{12}\rho_\nu \tag{5-3}$$

通过运用经典统计理论，结合能量量子化假设，采用麦克斯韦方程组为基础的电场和磁场的经典描述，求解了粒子数均匀分布情况下爱因斯坦 A 系数和 B 系数。通过这种方法求得的爱因斯坦 A 系数和 B 系数，与用高等量子力学在薛定谔、海森堡、相互作用 3 个表象中利用费米黄金规则得出的结果是一样的，并对此进行了验证。这个系数对于任意的两个特定的能级是定值。对于式（5-3），$(\mathrm{d}n_{12})_{\mathrm{st}}$ 是粒子受激吸引的由下级跃迁到上级的粒子数；ρ_ν 是频率为 ν 的外来光的能量密度。受激辐射与受激吸收同时进行，受激辐射爱因斯坦系数为

$$B_{21} = \frac{c^3}{8\pi h\nu^3} A_{21} \tag{5-4}$$

式中，A_{21} 为粒子能够产生自发跃迁的概率；B_{21} 为受激辐射爱因斯坦系数。粒子受激辐射概率为：

$$W_{21} = B_{21}\rho_\nu \tag{5-5}$$

5.1.1.2 受激辐射效应

由于场效应的作用，处于高能态的粒子受到感应而跃迁到低能态，同时发生光的辐射，这种辐射称为受激辐射。这种辐射又感应其他高能态的粒子发生同样的辐射，即产生受激辐射效应（stimulated radiation effects）。受激辐射的特点是辐射光和感应它的光子同方向、同位相、同频率并且同偏振面。

由于入射光子的感应或激励，导致原子从低能级跃迁到高能级去，这个过程称为受激跃迁或感应跃迁。当入射光子与自发跃迁频率相同时，导致电子从高能级跃迁到低能级，这种跃迁辐射叫做"受激辐射"。受激辐射出来的光子与入射光子有着同样的特征，如频率、相位、振幅以及传播方向等完全一样。这种相同性就决定了受激辐射光的相干性。入射一个光子引起一个激发原子受激跃迁，在跃迁过程中，辐射出两个同样的光子，这两个同样的光子又去激励其他激发原子发生受激跃迁，因而又获得 4 个同样的光子。如此反应下去，在很短的时间内，辐射出来大量同模样、同性能的光子，这个过程称为"雪崩"。雪崩就是受激辐射光的放大过程。受激辐射光是相干光，相干光有叠加效应，因此合成光的振幅加大，表现为光的高亮度性[4,5]。

激发寿命与跃迁机率取决于物质种类的不同。处于基态的原子可以长期地存在下去，但原子激发到高能级的激发态上去以后，它会很快地并且自发地跃迁回

到低能级去。在高能级上滞留的平均时间，称为原子在该能级上的"平均寿命"，通常以符号"τ"表示。一般说，原子处于激发态的时间是非常短的，约为 10^{-8}s。

激发系统在 1s 内跃迁回基态的原子数目称为"跃迁概率"，通常以"A"表示。大多数同种原子的平均跃迁概率都有固定的数值。跃迁概率 A 与平均寿命 τ 的关系：

$$A = 1/\tau \tag{5-6}$$

由于原子内部结构的特殊性，决定了各能级的平均寿命长短不等。例如红宝石中的铬离子 E_3 的寿命非常短，只有 10^{-9}s，而 E_2 的寿命比较长，约为数秒。寿命较长的能级称为"亚稳态"。具有亚稳态原子、离子或分子的物质，是产生激光的工作物质，因亚稳态能更好地为粒子数反转创造条件。

单位时间内，在受激辐射作用下，高能级粒子向低能级跃迁粒子总数为

$$\left(\frac{\mathrm{d}n_{21}}{\mathrm{d}t}\right)_{\mathrm{st}} = W_{21}n_2 \tag{5-7}$$

式中，W_{21} 是粒子受激辐射概率。

能级跃迁首先由波尔（Niels Bohr）提出，但是波尔将宏观规律用到其中，所以除了氢原子的能级跃迁之外，在对其他复杂的原子的跃迁规律的探究中，波尔遇到了很大的困难。能级跃迁的概念来自于 Niels Bohr 的氢原子模型。在 Bohr-Sommerfeld 模型中，氢原子的轨道能级是分立的，电子的能量只能取 13.6eV 的 $1/n^2$ 倍，其中 n 为正整数。电子可以在各个能级间跃迁并放出（或吸收）特定频率的光子，但不能处于两个能级间的状态。这很好地解释了氢原子的发射光谱是分立的而非连续的。

考虑到 $(\mathrm{d}n_{21})\mathrm{st}$ 是由于受激辐射而导致粒子从上级跃迁到下级的粒子数，则粒子从高能级向低能级受激辐射概率 W_{21} 和受激跃迁概率 W_{12} 可表示为

$$W_{21} = \frac{A_{21}}{n_\nu}N_l = \sigma_{21}(\nu,\nu_0)\nu N_l \tag{5-8}$$

$$W_{12} = \frac{f_2}{f_1} \times \frac{A_{21}}{n_\nu}N_l = \sigma_{12}(\nu,\nu_0)\nu N_l \tag{5-9}$$

式中，N_l 为聚光腔内光子密度；ν 为发射激光的工作频率；ν_0 为受激介质的中心频率；f_1 和 f_2 分别为能级 E_1 和 E_2 上的统计权重；$\sigma_{21}(\nu,\nu_0)$ 和 $\sigma_{12}(\nu,\nu_0)$ 分别为激光工作物质的发射截面和吸收截面的横截面积，可表示为

$$\sigma_{21} = \frac{A_{21}\nu^2}{8\pi\nu_0{}^2} \tag{5-10}$$

$$\sigma_{12} = \frac{f_2}{f_1}\frac{A_{21}\nu^2}{8\pi\nu_0{}^2} \tag{5-11}$$

同时还有一部分高能级粒子自发跃迁至低能级，自发发射概率可表示为

$$A_{21} = \frac{1}{\tau_2} \tag{5-12}$$

式中，τ_2 是高能级激活粒子的平均寿命。则单位时间、单位体积从高能级 E_2 自发发射跃迁到低能级 E_1 的原子总数为

$$\left(\frac{dn_{21}}{dt}\right)_{sp} = A_{21} n_2 \tag{5-13}$$

式中，$(dn_{21})_{sp}$ 是高能级粒子自发跃迁到低能级的粒子数；A_{21} 是自发发射爱因斯坦系数。

设粒子体系处于能级 E_2 上的粒子数密度为 N_2，则单位体积、单位时间内因自发辐射产生的光子数是

$$A_{21} N_2$$

一般激发态粒子寿命 $\tau = 10^{-7} \sim 10^{-8} s$。某些物质存在亚稳态能级，其寿命为 $\tau = 10^{-4} \sim 1 s$。

5.1.2　固体激光器加工系统

通常把以固体材料作为工作物质的激光器称为固体激光器。目前固体激光器主要有红宝石激光器、钕玻璃激光器和 YAG 激光器。钕玻璃激光器是以玻璃为基质中掺入了氧化钕制成，但由于钕玻璃力学性能和光学性能较弱，热导率较低，而其热膨胀系数较大，使其不具备连续重复高频率运转能力。红宝石激光器是以刚玉（Al_2O_3）为基质，掺入铬离子（Cr^{3+}）作为激活离子。红宝石激光器结构稳定，力学性能和光学性能较好，热导率高，抗激光破坏性强，且其质地坚硬，尤其适合脉冲微型焊接加工，在低温条件下工作性能最佳。Nd:YAG 激光器是以钇铝石榴石（$Y_3Al_5O_{12}$）为基质，掺入微量三价钕（Nd^{3+}）离子作为激光离子，Nd:YAG 晶体具有很高的硬度和量子效率，热物理性能优良的特质使其成为唯一能在室温条件下进行连续、重复高频率工作的固体激光器[6,7]。

固体激光器主要由激光工作物质、泵浦灯源、聚光腔、冷却系统、光学谐振腔构成，这些结构有着各自的功能，同时在工作时相互紧密联系，影响激光器整体工作效率。激光的工作物质是激光器的核心，由激活离子和基质构成。按照激活离子能结构形式，激光物质分为三能级系统和四能级系统，Nd:YAG 晶体属于四能级系统，所以其荧光量子效率极高，化学性质稳定，图 5-1 为 Nd:YAG 的能级图。

5.1.3　激光与材料的相互特性

激光与材料的相互作用是激光加工的物理基础，其中包含复杂的微光量子过程，激光在各种介质材料上作用的宏观过程，包括材料对激光的反射、折射、吸收、光电效应。当激光能量足够高、作用时间足够长时，激光束照射在材料表

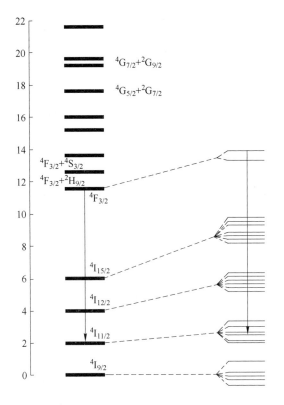

图 5-1 Nd:YAG 的能级图

面，由于局部的压应力，使材料表面发生冲击强化过程。冲击强化过程根据激光能力的强弱分以下几个步骤：热吸收过程、表面融化过程、汽化过程、复合过程。当激光束照射在金属表面，一小部分能量通过散射和反射的方式损耗，剩余大部分能量作用在金属晶格内部，使其内部发生晶格震荡产生热能[7]；随着光能不断转化成热能，材料表面温度逐渐升高直到超过材料表面熔点，材料从表面开始融化，随着激光照射时间的延长，热能从外向内传递，导致材料内部发生变性；当激光射到介质表面的功率足够高时，会直接在材料表面发生汽化和等离子辐射反应，在材料表面形成烧蚀；如果持续照射，在材料表面形成的汽化物和等离子体溅射会屏蔽入射光进入，但当入射时间过长时，对入射光的屏蔽作用随时间逐渐削弱，并产生自我调节的菲涅尔吸收，进入自我调整状态，在材料表面迅速发生复合。

光子数算符的本征值 n 对应场包含的光子数，本征态 $|n>$ 对应光子数为 n 的场量子态，称为光子数态。它是量子光学中最基本和最重要的态，是光场哈密顿量的本征态。任意光子态均可按一个由光子数态构成的完备组 $\sum |n><n| = 1$ 展开，且展开式是唯一的。

光子数态不是最小测不准态，也不具有振幅压缩，呈亚泊松分布，场算符的平均值为零。当激光照射到材料表面时，会在材料表面发生反射、散射、吸收等物理过程，假设理想的金属平面，激光垂直入射到表面，其反射率 R 可表示为

$$R = \frac{(1-n)^2 + k^2}{(1+n)^2 + k^2} \tag{5-14}$$

式中，n 为材料折射率；k 为消光系数，对于非金属材料，$k = 0$。所以材料的吸收率 α 可表示为

$$\alpha = 1 - R = \frac{4n}{(1+n)^2 + k^2} \tag{5-15}$$

基于固体激光器加工晶硅太阳能电池主要有以下几个优点：

（1）不需要进行机械或手工接触硅片，因此完全不会发生机械磨损损失。

（2）激光器工作时发射出的激光能准确地作用在预设工作点。

（3）利用激光器对太阳能电池进行加工，操作容易控制，由于激光参数可再现且过程完全自动化，所以激光刻蚀实验可重复性强。在激光对电池片加工过程中，最重要的是防止激光功率过大，而导致薄片消融，发生晶格损伤，其中薄片融化主要在硅片发生热传导时产生。

5.2　基于固体激光器加工晶硅太阳能电池

激光的波长几乎覆盖了极紫外到红外的所有波段，脉冲宽度也从毫秒发展到纳秒、皮秒、飞秒乃至阿秒。五十余年里，激光加工技术在材料制造领域显示了其自身的强大，为传统制造业带来了翻天覆地的变化。激光在加工时将光束聚焦于作用对象，引起物体形状或性能的改变，具有无接触、效率高、质量优、加工范围广、清洁、易于实施自动化控制等特点，虽然单次投入成本可能较高，但由于无机械磨损，激光器的使用寿命较长，维护成本极低，因此性价比较高。目前，激光加工技术已被广泛用于材料的切割、焊接、钻孔和表面改性，加工对象从金属、布革、塑料橡胶扩展到陶瓷、玻璃、单晶硅等脆性材料。与此同时，在绿色能源的制造领域中，激光加工技术也逐渐成为一种高效、稳定和可靠的手段[8]。

5.2.1　激光加工技术在硅太阳能电池中的应用

以晶体硅为基本材料的光伏电池开发较早，被称为第一代光伏电池，主要有单晶硅光伏电池和多晶硅光伏电池。截至目前，实验室光电转换效率为 25% 左右，商业化的效率基本在 15% 左右。尽管如此，晶体硅的制备存在能耗过高的问题，生产 1kg 高纯度硅耗电量高达 250 ~ 450kW·h，加上电池制作过程中其他设备的能耗，导致以晶体硅为基本材料的光伏电池在消耗和生产电力方面"性价比"较低。作为硅太阳能电池主材料的单晶硅和多晶硅，属于典型的共价键结构

材料，硬度高，脆性大，难以加工。传统工艺中一般利用金刚砂轮和离子束等特种加工方法对硅片进行切割和各种微细加工，但这些技术在效率、精度、质量和成品率方面存在不足。而激光加工技术可以方便地将激光和数控机床结合起来，特别是配备高速高精度的扫描振镜，可实现大批量高精度的快速加工。因此，当前硅太阳能电池制造中的各个环节都引入了激光加工技术，从硅片材料的处理到电池的装配，包括硅片切割、激光制绒、刻槽埋栅、模块接点焊接和边缘绝缘化等[9]，取得了系列技术进步，总体概述如下。

5.2.1.1 硅片精密切割

半导体行业中的单晶硅片一般为圆片，直径为15.24cm或20.32cm。若要使太阳能电池板紧密排列或集成于小型便携设备，需要将硅片切割成相应尺寸的方片，传统切割工艺采用高速旋转的刀片或金刚石刀预先在硅片上沿解理方向产生一定深度的划痕，然后沿划痕方向掰开，该工艺容易产生微裂纹、碎片等现象，成品率较低。针对以上问题，人们在硅片切割工艺中引入激光加工技术，由于采用的是非接触式的加工方式，加工过程中不会产生机械应力，细小的光斑可获得线宽远小于机械加工的切缝，同时深宽比也较高。早期采用波长为1064nm的脉冲式Nd:YAG激光器，在边缘无裂纹的情况下得到的切割线宽小于200μm，成品率大于96%的加工效果。但由于硅片对该波段的激光吸收率较低，切割边缘可以观察到明显的热效应痕迹，加工后的样品需清洗干净方可使用。为了进一步提高加工质量，后续研究通过将样品置于液体之中加工或利用水导激光，都取得了较好的效果。近年来，先进的短脉冲紫外激光器的出现，可以获得更加细小的光斑尺寸和光子能量，极大地提高了加工效率和质量。图5-2和图5-3分别为532nm和355nm激光切割硅片的扫描电子显微镜照片[10]，切割边缘光滑陡直，无毛刺和微裂纹，热作用也较低。

图5-2　532nm 激光切割硅片 SEM 图　　　图5-3　355nm 激光切割硅片 SEM 图

5.2.1.2 激光刻槽埋栅

在早期太阳能电池的制作工艺中，正面银栅采用丝网印刷技术。但用于丝网印刷的浆料银颗粒较大，导致栅线电阻较大，同时较宽的栅线会牺牲很多受光面积，降低电池效率。而激光刻槽埋栅技术通过在硅片表面制作宽 $20\mu m$、深 $40\mu m$ 的槽，然后填入金属，可形成性能优异的前表面电接触栅。图 5-4 和图 5-5 分别为典型的单晶硅和多晶硅埋栅太阳能电池，白色为金属电极，这种结构下电极不但可以收集硅表面产生的光电子，还可以增加对基区电子的吸收，同时保证了受光面积。该工艺相对简单，适合于规模化生产，兼具高效和低成本两方面的优势，因而在实验室和产业化领域中受到广泛的重视，国内太阳能制造企业尚德公司已经将商品化的激光刻槽埋栅太阳能电池的效率提高到 20.3%。

图 5-4　单晶硅埋栅太阳能电池

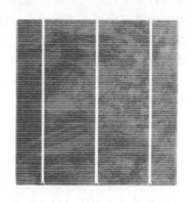
图 5-5　多晶硅埋栅太阳能电池

5.2.1.3　激光制绒硅片表面制绒又称"表面织构化"

表面织构化是制造晶硅电池的第一步，其目的是在硅片表面形成特殊微纳结构，使入射光在硅片表面多次反射和折射，有效增加了入射光的吸收，提高电池的性能。传统工艺中，单晶硅制绒是根据其各项异性的特点，采用碱与醇的混合溶液对晶面进行腐蚀，从而在单晶硅片表面产生类似"金字塔"状的微纳结构（图 5-6）。而多晶硅利用硝酸的强氧化性和氢氟酸的配合性，对硅表面进行非均匀的剥离式腐蚀，从而形成类似"凹陷坑"状的绒面（图 5-7）。化学法制绒具有一定的随机性，重复性和散射特性都不易控制，而大量的化学药品的使用容易对环境造成污染[11]。

对于多晶硅表面的这种凹陷结构，利用纳秒脉冲激光刻蚀可达到相同的实验结果（图 5-8）。而随着激光技术的进步，采用飞秒激光作用六氟化硫气氛中的硅片，可以在硅表面形成周期性微米级尖峰状结构（图 5-9），这种硅肉眼观察为黑色，所以被称为"黑硅"。它除了具备传统绒面结构的性能外，还增强了对红外光的吸收，对近紫外 – 近红外（250～2500nm）波段的吸收几乎达到 100%，而普通晶体硅只能吸收波长小于 1100nm 的光[12]。

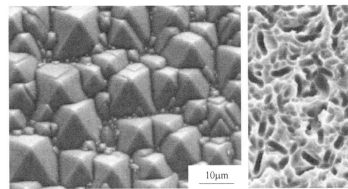

<table>
<tr><td>图 5-6　单晶硅表面腐蚀制绒</td><td>图 5-7　多晶硅表面腐蚀制绒</td></tr>
</table>

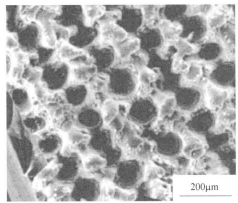
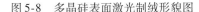

图 5-8　多晶硅表面激光制绒形貌图　　　　图 5-9　黑硅表面形貌 SEM 图

5.2.2　激光加工技术在薄膜太阳能电池中的应用

为进一步降低材料成本，人们在 20 世纪 80 年代末 90 年代初开发了第二代薄膜型光伏电池，薄膜太阳能电池是指在廉价的基板（玻璃、塑料、陶瓷、石墨、金属片等材料）表面沉积薄膜吸收层并产生电压的光伏系统，可产生电压的薄膜厚度仅需数微米。常见的薄膜电池有非晶硅薄膜电池、无机化合物薄膜电池、有机化合物薄膜电池和染料敏化电池等，转换效率目前最高可以达 13%[13]。薄膜太阳能电池除了平面构造之外，以柔性材料为基板的薄膜电池可以制作成非平面构造，这种特性可使电池与建筑物结合或是成为建筑体的一部分，应用非常广泛。当前激光在薄膜太阳能电池中的应用主要包括激光退火、脉冲激光沉积和激光划线等。

5.2.2.1　激光退火

在薄膜太阳能电池中，为了进一步降低成本，通常在高掺杂的衬底上外延生长一层多晶硅薄膜。但是，多晶硅薄膜生长所采用的传统高温退火工艺会导致衬底中的杂质扩散到外延层中，从而降低电池的性能。采用激光技术可在短时间内将薄膜和衬底同时加热到硅的结晶点以上，由于激光作用时间短、温度高、降温时间短，且在薄膜和衬底间形成了一定的温度梯度，从而抑制了衬底中杂质的扩散。如图 5-10 所示，采用红外脉冲激光对硅外延薄膜退火 30s 后，形成了分布均匀的多晶硅颗粒[14]，经测试外延电阻率远大于衬底且杂质含量极低，完全符合电池生产的需要。

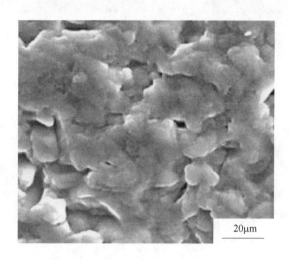

20μm

图 5-10　激光退火多晶硅外延薄膜表面形貌

5.2.2.2　激光刻线

在薄膜太阳能组件生产工艺中，大面板上多层薄膜的堆叠必须被分成许多小的串联单元从而产生足够高的电压[15]，单元的分离和交互通过在电池制作过程中对 3 种材料层的刻蚀来实现，3 层材料分别对应着前电极（P1）、吸收层（P2）以及背电极（P3）。膜层的刻蚀虽然可采用照相平板印刷技术，但对于大规模生产来讲该技术成本太高，而机械划线并不适合于加工硬脆性的材料，同时也难以实现微米级膜层的快速加工。因此在过去几年中激光刻线逐渐成为首选工具，并已纳入 CdTe 和 a-Si∶H 薄膜模块的商业化生产中。如图 5-11 所示，由于玻璃对可见光及近红外波段激光都具有高透过率，透明导电薄膜（Transparent Conducting Oxide，TCO）对 532nm 激光具有较高的透过率，可以采用激光透过玻璃的方式来实现 P1 的刻蚀，采用激光透过 TCO 薄膜的方式来实现 P2 和 P3 的刻蚀。这些线条非常紧密并且精确地间隔开，线条间的距离小于 50μm，从而最大限度地减小发电面积的损失。刻线的技术难点为在 1m/s 的扫描速度下，刻线在超过 1.3m 的距离里保持笔直和均匀，且三次刻线的总宽度不超过 250μm。

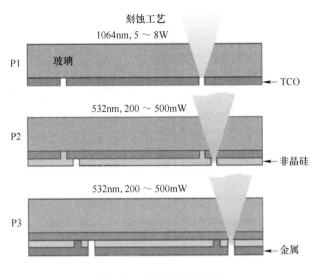

图 5-11 激光刻线示意图

普通激光器内部结构如图 5-12 所示，图中包括构成激光器核心部件的元器件，有全反镜组件、声光 Q 开关组件、泵浦腔组件（内部含有氙灯和 YAG 晶体棒）、光阑组件、输出镜/全反镜组件（透过率为 15%）、扩束镜组件。

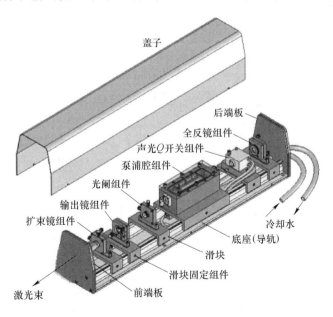

图 5-12 普通激光器内部结构

用于激光划片系统的激光器内部组件如图 5-13 所示，包括红光指示组件、全反镜组件、声光 Q 开关组件、泵浦腔组件（内部含有氪灯和 YAG 晶体棒）、输出镜/全反镜组件（透过率为 15%）、扩束镜组件、反射镜组件。

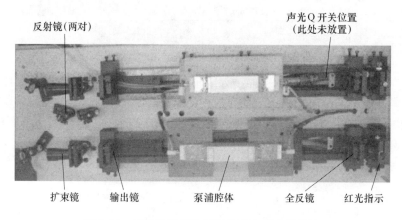

图 5-13　用于激光划片系统的激光器内部结构

5.2.3　连续激光电源输出电流对划片的影响分析[16]

图 5-14 给出了不同激光电源输出电流对划片宽度影响的图片。

由图 5-14 分析可得，激光电源输出电流对划片宽度有着很大的影响，这主要表现在划片宽度的有规律的变化，电流越大，划线宽度越宽，由于上述实验采用的 YAG 激光器额定电流为 18A 左右，为了保证激光划片系统稳定地工作，实验

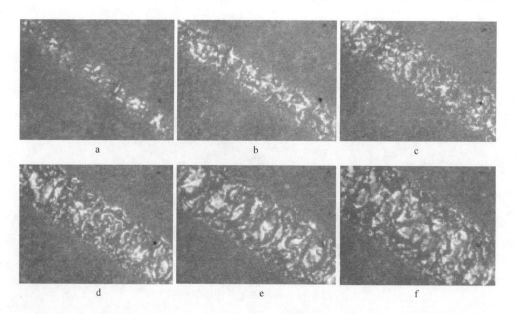

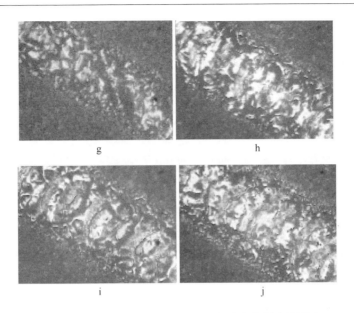

图 5-14 不同激光电源输出电流对划片宽度影响的图片

a—I=7.5A；b—I=8A；c—I=9A；d—I=10A；e—I=11A；

f—I=12A；g—I=13A；h—I=14A；i—I=15A；j—I=16A

中激光电源的输出电流只加到了 16A。由测量数据可得出激光电源输出电流与划片宽度的曲线图，如图 5-15 所示。

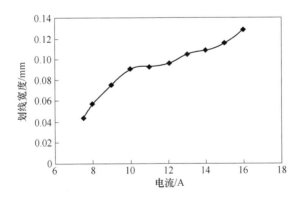

图 5-15 激光划片效果受电流变化影响曲线图

5.2.4 声光 Q 电源输出频率对划片的影响分析

图 5-16 是高倍显微镜下激光划片效果受声光 Q 电源输出频率 f 变化影响的实验图。其中参数设定如下：电流 I=10A，脉宽 w=6μs，划片速度 v=100mm/s，激光腔体内扩束镜前的光斑直径 D=4mm。

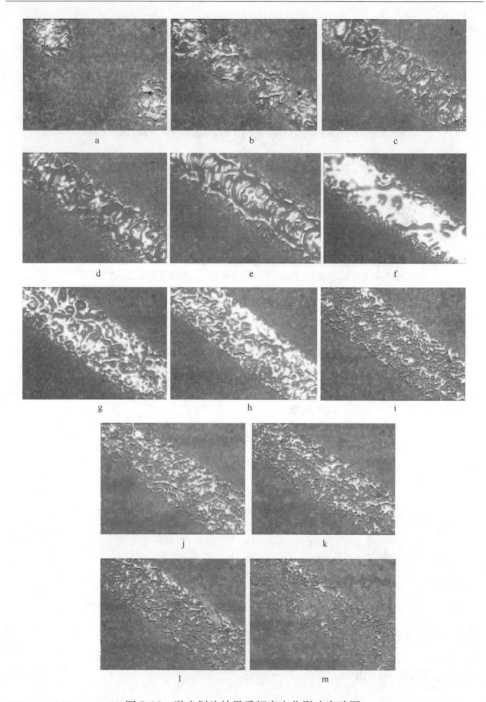

图 5-16　激光划片效果受频率变化影响实验图

a—f=0.2kHz；b—f=0.5kHz；c—f=1kHz；d—f=1.5kHz；e—f=2kHz；f—f=3kHz；g—f=5kHz；
h—f=8kHz；i—f=10kHz；j—f=15kHz；k—f=20kHz；l—f=30kHz；m—f=50kHz

由以上实验结果分析可得，声光 Q 电源输出频率 f 对划片宽度没有太大的影响，在低频段（0Hz～5kHz），激光划线宽度随频率的增加而增加，而高频段（5kHz～50kHz），激光划线宽度几乎不变，保持相对稳定的水平。输出频率主要影响的是划片后单晶硅片的质量。在合适的参数下，划片后的单晶硅片表面显得比较平整、光滑。由测量数据可得出声光 Q 电源输出频率 f 与划片宽度的曲线图，如图 5-17 所示。

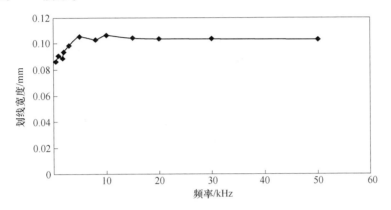

图 5-17　激光划片效果受频率变化影响曲线图

5.2.5　声光 Q 电源输出脉宽对划片的影响分析

图 5-18 是高倍显微镜下激光划片效果受声光 Q 电源输出脉宽 w 变化影响的实验图。其中参数设定如下：电流 $I=10$A，频率 $f=1$kHz，划片速度 $v=100$mm/s，激光腔体内扩束镜前的光斑直径 $D=4$mm。

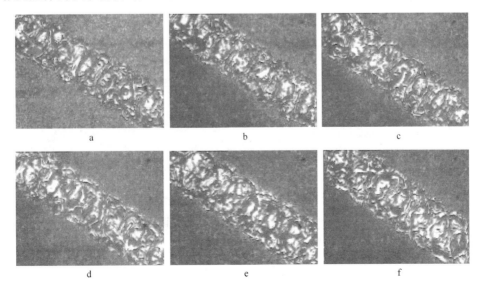

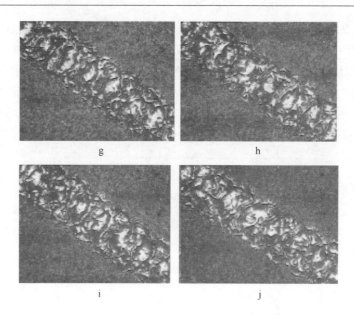

图 5-18　激光划片效果受脉宽变化影响实验图

a—$w=2\mu s$；b—$w=3\mu s$；c—$w=4\mu s$；d—$w=5\mu s$；e—$w=6\mu s$；

f—$w=8\mu s$；g—$w=10\mu s$；h—$w=12\mu s$；i—$w=15\mu s$；j—$w=20\mu s$

　　由以上实验结果分析可得，声光 Q 电源输出脉宽 w 对划片宽度几乎没有任何影响，声光 Q 电源输出脉宽的调节范围为 $2\sim20\mu m$，在这个范围内，激光划片的宽度始终保持在 0.1mm 左右，当脉宽在 $4\sim8\mu m$ 范围内变化时，激光划线宽度略有波动。由测量数据得出声光 Q 电源输出脉宽 w 与划片宽度的曲线图（图 5-19）。

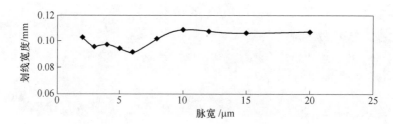

图 5-19　激光划片效果受脉宽变化影响曲线图

5.2.6　激光扫描速度/工作台移动速度对划片的影响分析

　　图 5-20 是高倍显微镜下激光划片效果受激光扫描速度/二维工作台移动速度 v 变化影响的实验图。其中参数设定如下：电流 $I=10A$，频率 $f=1kHz$，脉宽 $w=6\mu s$，激光腔体内扩束镜前的光斑直径 $D=4mm$。

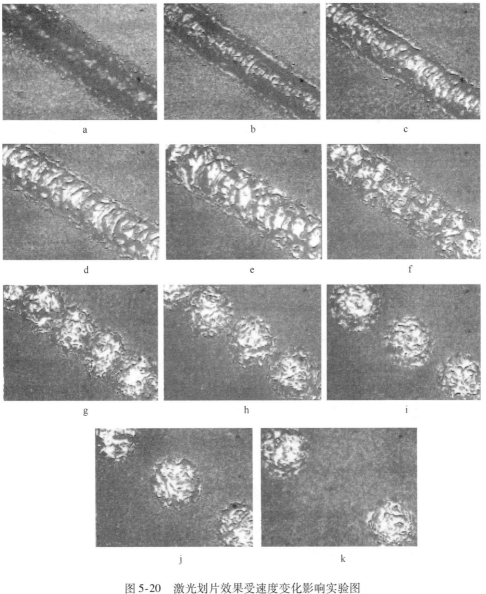

图 5-20　激光划片效果受速度变化影响实验图

a—$v=10\mathrm{mm/s}$；b—$v=20\mathrm{mm/s}$；c—$v=30\mathrm{mm/s}$；

d—$v=50\mathrm{mm/s}$；e—$v=80\mathrm{mm/s}$；f—$v=120\mathrm{mm/s}$；

g—$v=150\mathrm{mm/s}$；h—$v=200\mathrm{mm/s}$；i—$v=250\mathrm{mm/s}$；

j—$v=300\mathrm{mm/s}$；k—$v=500\mathrm{mm/s}$

　　由以上实验结果分析可得，激光扫描速度/二维工作台移动速度 v 对划片宽度的影响主要集中在低速状态下。即速度在 $100\mathrm{mm/s}$ 以下，划片的宽度较窄；

速度在 100～400mm/s 之间时，划片宽度保持在 0.09mm 左右的稳定宽度，只是在 300mm/s 左右时，划片宽度略微宽了一些；而当速度到达 400～500mm/s 以上时，划片宽度呈现略微下降的趋势。由测量数据得出激光扫描速度/二维工作台移动速度与划片宽度的曲线图（图 5-21）。

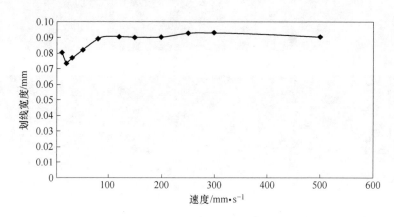

图 5-21　激光划片效果受工作台移动速度变化影响曲线图

5.2.7　激光器光学系统出光光斑直径对划片的影响分析

图 5-22 是连续激光电源输出电流为 10A 高倍显微镜下激光划片效果受激光腔体内扩束镜前的光斑直径 D 变化影响的实验图。其中参数设定如下：电流 $I =$ 10A，频率 $f = 1kHz$，脉宽 $w = 6\mu s$，划片速度 $v = 100mm/s$。

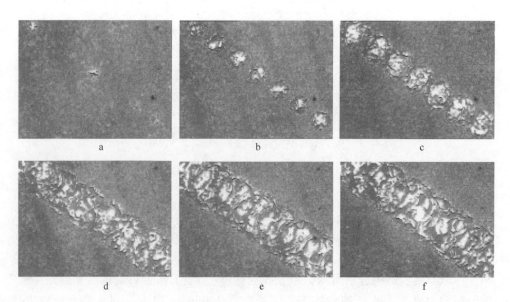

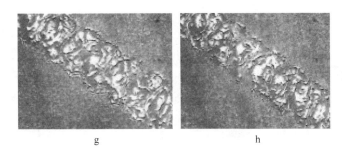

图 5-22　输出电流为 10A 时激光划片效果受光斑直径变化影响实验图

a—$D=0.5$mm；b—$D=1$mm；c—$D=1.5$mm；d—$D=2$mm；

e—$D=2.5$mm；f—$D=3$mm；g—$D=3.5$mm；h—$D=4$mm

　　激光腔体内扩束镜前的光斑直径 D 的大小由在陶瓷腔体与输出镜之间的光阑控制。由以上实验结果分析可得，激光腔体内扩束镜前的光斑直径 D 与划片宽度之间基本呈线性关系。光斑直径从 $0.5 \sim 3.5$mm 左右变化时，划片的宽度随着激光腔体内扩束镜前的光斑直径 D 的增加而增加，而且接近于线性关系；光斑直径从 $3.5 \sim 4$mm 变化时，划线宽度几乎不变，此时主要是由于电流在 10A 左右时热影响区域不能过多地影响划片宽度，光斑的增加没有影响到划片的宽度。由测量数据得出激光腔体内扩束镜前的光斑直径 D 与划片宽度的曲线图（图5-23）。

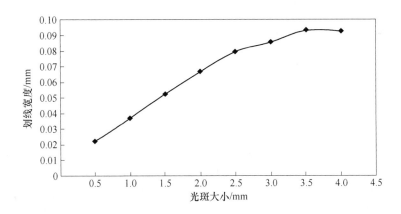

图 5-23　输出电流为 10A 时激光划片效果受光斑直径变化影响曲线图

　　图 5-24 是连续激光电源输出电流为 12A 时高倍显微镜下激光划片效果受激光腔体内扩束镜前的光斑直径 D 变化影响的实验图。其中参数设定如下：电流 $I=10$A，频率 $f=1$kHz，脉宽 $w=6\mu$s，划片速度 $v=100$mm/s。

　　由以上实验结果分析可得，当电流值设定在 12A 时，激光腔体内扩束镜前的

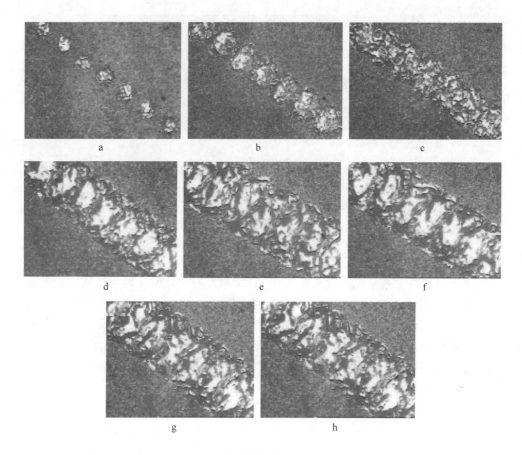

图 5-24   输出电流为 12A 时激光划片效果受光斑直径变化影响实验图

a—$D = 0.5$mm；b—$D = 1$mm；c—$D = 1.5$mm；d—$D = 2$mm；

e—$D = 2.5$mm；f—$D = 3$mm；g—$D = 3.5$mm；h—$D = 4$mm

光斑直径 D 与划片宽度之间也基本呈线性关系，但此线性关系有所变化。光斑直径在 1mm 以下变化时，划片的宽度随着激光腔体内扩束镜前的光斑直径 D 的增加而增加，增加的比例系数较大；光斑直径从 1~4mm 变化时，划线宽度随激光腔体内扩束镜前的光斑直径 D 的增加而增加的比例系数较小。理论上讲，这个比例系数应该跟后者比较接近，原因是光斑直径在 0.5mm 左右时，激光在经过场镜后的聚焦焦点与单晶硅片的接触面积极小，而电流在 12A 左右时热影响区域不能够过多地影响划片的宽度，因此此时的理论值应该略大于实际测量值，这样在光斑直径增加到 1mm 的过程中，划片的宽度增加幅度会稍快于光斑直径在 1~4mm 时的变化的增加幅度。由测量数据得出激光腔体内扩束镜前的光斑直径 D 与划片宽度的曲线图，如图 5-25 所示。

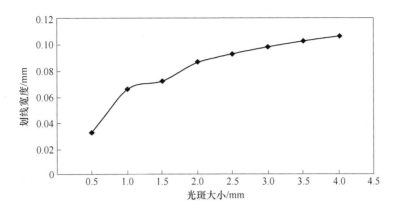

图 5-25　输出电流为 12A 时激光划片效果受光斑直径变化影响曲线图

5.3　激光掺杂选择性发射极太阳能电池

激光掺杂[17]就是应用能量接近衬底熔融阈值的激光脉冲，轰击硅片表面的杂质原子，利用激光的高能量密度，将杂质原子掺杂到硅的电活性区域。掺杂源可以是气体、液体或固体。由于激光具有方向性好、能量集中、非接触性等优点，可以独自处理不同区域的特殊要求。也就是说，可以采用激光按照某种设计图形对硅片进行扫描，在有掺杂源存在的条件下对其扫描区域形成重掺杂层，而非扫描区域仍然保持轻的掺杂。这样能够在电池表面的不同区域形成不同的发射极结构，也就是选择性发射极。

对激光掺杂过程中激光与硅之间的相互作用过程简单描述：激光脉冲（脉宽为微秒或纳秒量级）熔融表层硅沉底，杂质渗透到激光熔融的硅表层。经过一个融化和固化的循环过程，掺杂源进入到硅熔融区的前沿。在每一个融化和固化的循环过程中，融化前沿都会向硅体中延伸；当激光停止后，有一个快速冷却固化的过程，固－液界面移回表面。固化后，掺杂原子取代硅原子的位置，激活了掺杂区域的导电性。由于磷和硼在液态硅中的扩散系数要比在固态中高几倍，因此发射极的推进能够在几毫秒内实现。可以通过选择合适的激光参数来改变扩散层的深度剖面，这些参数主要是脉冲能量、脉冲宽度和熔融循环次数（激光频率）。

激光掺杂选择性发射极太阳能电池的工艺是采用旋涂掺杂源结合快速退火（RTA）或者标准炉式扩散工艺在硅表面形成轻掺杂层。然后，在硅表面存在掺杂源（磷或硼的掺杂源）的情况下，激光光束选择性地辐照硅表面，使硅表面的二氧化硅或氮化硅薄膜被烧蚀，同时使硅衬底受热区域发生熔融。高浓度的掺杂原子在液相硅中迅速扩散。在激光脉冲过后的结晶过程中，掺杂原子占据电活性的晶格位置，形成重掺杂的电极区域[18]。

　　采用选择性发射极掺杂的应用解决方案被认为是可行性极佳的。从其他的方面来讲这也是一种常识，选择性掺杂技术是综合的大规模生产的必由之路。为了能够得到不同水平的掺杂处理效果而进行额外增加的掺杂处理，使得生产过程更加复杂并需要进行多个步骤（掩膜、刻蚀和扩散等）。另外，还需要相当完美地排列重掺杂处理区域与表面接触点的位置，这是一项非常精细的技术。最近，研发出了几种新的处理方法能够避免以上提到的缺陷。来自德国的系统集成商以及整线供应商 Roth & Rau. Manz. Schmid 公司和 Centrotherm 公司在这个项目上进行了很大的努力。再加上同样是行业内领先的制造商 China Sunergy 公司也将选择性发射极结构应用到了大规模太阳能电池的生产之中。除了背电极刻蚀为形成重掺杂处理的发射极并使用刻蚀法进行了选择性弱化处理，其他所有关于选择性发射极的处理都是基于激光的方式进行的。目前扩散掩膜是其中最先进的一种方式，通过这项技术可以形成一个电介质掩膜（模）层，然后选择性地在电极区进行激光处理。接下来的扩散工艺是在掩模与非掩模区域上形成了不同的集中掺杂。直接选择性激光掺杂技术对选择性发射极结构来说也是一种可行的技术。由于激光能够精确地控制区域性的热量输入，这就为选择性激光掺杂技术的应用提供了最有利的先决条件。原来的技术将激光与液体或气体等掺杂的源物质结合起来需要高精度的控制技术。相反新的技术使用一个"干"处理过程（例如进行局部的预混及沉淀于固态的掺杂膜层）。最早的使用磷硅酸盐玻璃层（PSG）的解决方案，在 20 世纪 90 年代就已经推出，在发射极的顶部使用传统的掺杂扩散技术，作为下一步处理的掺杂源。由于激光能够局部地消融硅原料的表面，并能够使 PSG 层中的磷扩散到发射极中。然而，仍然要面对调整厚重的掺杂发射极区域与接触电路的位置的挑战。其他的方法是在表面接触层成型之前，在电介质层的顶部使用磷掺杂剂，激光则在下方消融硅原料，帮助磷掺杂到消融的硅中并带走电介质层，因此，能在随后排列的金属接触层前暴露出硅原料的表面。太阳能电池的制造推动了激光技术在光束质量、输出能量和脉冲频率等方面的发展。Q 开关和半导体泵浦固态激光器是实现这些应用很好的工具，如果结合电介质薄膜以及倍频激光能够得到最好的效果，并实行脉宽以及脉冲能量的调整对绝大多数的选择性刻蚀都是必不可少的。对大多数的选择性消融处理来说都是必不可少的。在太阳能大规模生产中，基于标准生产节拍的要求，基于不同的应用激光器输出功率需要到达 100W。与基频激光 1064nm 的固体激光器比较，波长为 532nm 的二倍频激光器能在硅材表面实现 1μm 深的吸收层。而三倍频激光器接近紫外光的激光器在某种程度上可以实现更好的吸收率，但是适合配套紫外激光器的光学器件极为少见，选择性非常小，而且其使用寿命相对有限，目前对于规模生产尚有瓶颈。当前的项目都是基于研究所以及太阳能电池制造商而设计的，Rofin

所提供的最新 PowerLine L 100 SHG 提供了 532nm 的波长，非常适合于选择性刻蚀处理以及直接掺杂处理应用。其最新的光纤传输系统，特别为这个波长所设计，对这个项目的顺利实施起到了决定性作用。这项技术提供了整个激光光斑区域内的激光能量的平均分布，保证了激光刻蚀及扩散处理的稳定性。对于激光设备制造商来说，光伏市场是正在兴起且需求量极大的一个市场。新的能够满足大批量生产要求的高转换效率的电池以及电池优化技术紧紧地把研究机构、生产线制造商和太阳能电池制造商联系了起来。再加上选择性发射极结构，这些是已经在高效能电池的大批量生产中验证过的知名电池产品结构。从 LFC 到 LBC 以及被电极电池，激光技术是对"高效能"理念进行尝试与试验中的关键技术。并且使用激光对电介质层进行选择性掺杂和选择性刻蚀处理为提高电池效能新的技术研究开辟了一片新天地。在许多其他项目中，人们往往只关注前面板与背部的接触层的优化和设计。由于选择性刻蚀使用的激光厚度只有 10～100nm，因此对激光的光束质量、脉冲频率稳定性以及长期的稳定性的要求都相当高。这将成为推动适合用于光伏制造的激光器研究发展的原动力，就像 ROFIN 公司的 Power-Line L 系列。

5.3.1 选择性发射极

选择性发射极（selective emitter，SE）结构是提高晶体硅太阳能电池光电转换效率的一个重要方法。SE 结构的特点是在接收光照的区域浅扩散形成低掺杂区，而在金属电极下形成高掺杂区域，这种结构发射极表面少子的复合减少，而金属电极和发射极之间又能形成良好的欧姆接触，从而获得更高的短路电流、开路电压和填充因子，提高太阳能电池转化效率。合理选择 SE 结构制备工艺，可以使 SE 太阳能电池在提高光电转换效率的同时，具备进一步降低产业化成本的潜力。目前已有的 SE 结构制备方法有磷浆印刷法、掩膜扩散法和化学腐蚀法等，这些方法都只需要进行一次高温扩散过程，避免了对硅片二次高温处理带来的损害，并具备易于与常规生产线进行整合的优点，但这些方法都需要相对复杂的工艺过程，且具有对掺杂浓度控制不够精准等缺点。激光掺杂是制备 SE 太阳能电池的一种有效手段。激光具有能量集中和非接触性等优点，是现代器件加工的一种重要手段，激光工艺有选择性熔融和扩散的特点，为制作 SE 技术提供了一种简单可行的方案。利用激光工艺，可在常温常压下进行掺杂形成 SE 结构，硅片整体无须经过高温过程，这将显著改善整体高温过程带来的硅片寿命衰减。激光掺杂技术的理论基础是磷原子在液态硅中的扩散系数要比在固态硅中提高数个数量级。在激光掺杂工艺中，激光脉冲熔融硅片表层，覆盖在发射极顶部的磷硅玻璃（PSG）的磷原子进入硅片表层，固化后掺杂磷原子取代硅原子的位置，因为在熔融的硅中磷原子的扩散系数比在固态硅中要高数个数量级，掺杂原子可以快速扩散到整个熔融深度。此外，由于激光能量集中，磷原子的掺杂浓度可以超过硅中的溶解极限，在激光溶解层形成浓度高且杂质激活率高的掺杂层。通过精确调节激光功率，磷原子可以扩散到达不同的深度，在很大的范围内达到先设定的发射极方阻值。尽管目前对激光掺杂 SE 的理论研究和实验的文献报道很多，但在大规模太阳电池生产中通过激光掺杂工艺制备 SE 太阳能电池还存在许多问题，同时激光功率参数与生产线炉管扩散、烧结等其他工艺参数相配合优化的研究还有待增强。

选择性发射极结构的特点是在电极栅线下形成高渗杂、深扩散区，在发射极区域形成低掺杂、浅扩散区。从而得以实现提高太阳能电池效率的目的。激光渗杂是单步扩散法制备选择性发射极结构的一种工艺，工艺流程简单、可控，可实现区域性重掺杂，对晶硅太阳电池光电转换效率提升效果明显[18]。具体工艺流程如下。

常规工艺：制绒→扩散→周边刻蚀→镀膜印刷

选择性发射极工艺：制绒→扩散→激光渗杂→周边刻蚀→镀膜→印刷

下面以生产线激光掺杂 SE 太阳能电池制备工艺为例，通过研究不同激光功率对磷原子掺杂和硅片表面损伤程度的影响，并通过对激光功率参数和其他各工艺的配合优化提高 SE 电池的最终性能。

实验采用 $156\text{mm} \times 156\text{mm}$ 规格的 P 型多晶硅片，电阻率为 $1 \sim 3\Omega/\text{cm}^2$，厚度约为 $200\mu\text{m}$。为了便于研究，首先通过热扩散制作方阻值为 75Ω 和 85Ω 的两组硅片，每组 300 片，定为初始方阻值。再把每一组硅片三等分，分别进行一组传统工艺实验和两组激光掺杂工艺实验。激光实验采用波长 532nm 的纳秒脉冲激光器，脉冲频率为 25kHz，脉冲时间为 $4\mu\text{s}$，到达硅片上的聚焦光斑宽度为 $270\mu\text{m}$，扫描速度为 6.75m/s。实验中通过调整激光器的工作电流来调整激光功率，电流分别调至 26A 和 28A，激光功率分别为 46W 和 54W。

常规工艺采用热扩散将硅片方阻降低至 70Ω 以下，进行成品电池的制备和测试。激光掺杂选择性发射极多晶硅太阳能电池的工艺流程如图 5-26 所示。

首先对多晶硅片进行清洗，去掉表面损伤层和杂质，然后对表面进行酸腐蚀，增加电池表面的陷光率，再进行磷扩散工艺。完成扩散工艺后，硅片表面形成磷硅玻璃层，其中含有大量的磷原子。采用脉冲激光扫描硅片，高能量密度使磷硅玻璃局部瞬间熔化，将其中的磷原子扩散进入硅片，使激光扫描区域形成重掺杂区域，该区域宽度为 $270\mu\text{m}$。激光扫描后硅片表面形貌如图 5-27 所示。

从图 5-27 可以看出，重掺杂区域较为均匀，边界整齐。在激光掺杂工艺完成后，使用氢氟酸溶液清洗掉磷硅玻璃层和损伤层，并进行边绝缘刻蚀，然后在硅片表面镀减反膜，最后通过丝网印刷工艺制备背电极、铝背场和正电极，然后

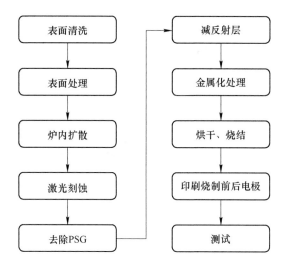

图 5-26　激光掺杂选择性发射极太阳能电池主要工艺流程

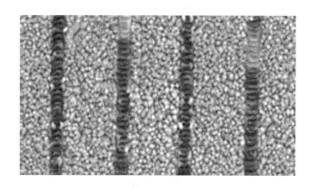

图 5-27　激光扫描后硅片的表面形貌

进行烧结并测试。网版栅线宽度设计为 40μm，烧结后实际正电极栅线约为 80μm。激光掺杂扫描与丝网印刷均使用高清晰度的摄像头和相同的中心定位方法，使正电极栅线与高掺杂区域在印刷时具有较高的对准准确度。由于烧结后正电极栅线宽度 80μm 远小于激光扫描宽度 270μm，保证了正电极栅线可以完全覆盖在重掺杂区域内。制备完成的选择性发射极结构如图 5-28 所示。

电池正面电极制作在重掺杂区域，有利于减小金属与硅的接触电阻，从而形成良好的欧姆接触；发射极形成低掺杂区可得到较好的表面钝化，降低少数载流子在硅片表面的复合概率，从而减小电池的反向饱和电流，提高电池的开路电压和短路电流[19]。

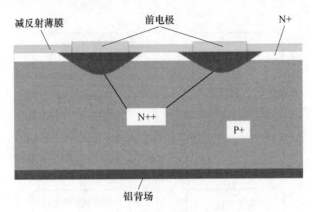

图 5-28　选择性发射极结构

5.3.2　激光掺杂工艺对硅片方阻的影响

在太阳电池扩散工艺中，薄层电阻是反映扩散层质量优劣的重要工艺指标。薄层电阻的表达式为

$$R = \rho \times \frac{l}{ta} = \frac{\rho}{t} \times \frac{l}{a} \tag{5-16}$$

式中，l，a，t 分别是硅片的长度、宽度和厚度；ρ 为硅片的电阻率。对于方块电池片，因为 $l = a$，所以 $R = \rho/t$，成为方块电阻，简称方阻。从式（5-16）可以看出，电阻率的大小直接影响电池方阻的大小，方阻和硅片的电阻率成正相关。实验利用脉冲激光高能量密度使磷硅玻璃局部瞬间熔化，将其中的磷原子扩散进入硅片表面，增加电极覆盖区的杂质磷原子浓度，减小电阻率，降低方阻，从而增加该区域光生载流子的收集率。方阻值可以使用四探针法测得，由于选择性发射极结构重掺杂区域极窄，不能直接采用四探针法，因此我们在相同方阻的多晶硅片表面用激光器进行 $(4 \times 4) \, \text{cm}^2$ 的全面积扫描，得到一个大面积重掺杂区域，再使用四探针法进行方阻测量，测得的结果可视为选择性发射极结构中重掺杂区域的方阻。

图 5-29 给出实验中激光掺杂工艺前后硅片方阻值。激光掺杂后，硅片方阻下降，降幅为 50% 左右。在不同功率激光下掺杂，初始方阻 85Ω 的多晶硅片进行激光掺杂后，方阻依然大于初始方阻 75Ω 的硅片进行激光掺杂后的方阻。因为初始方阻大的硅片在热扩散时表面沉积的磷硅玻璃层薄，扩散后表面残留磷原子少。因此在进行激光掺杂时，从磷硅玻璃中扩散进入硅片表面的磷原子量少。初始方阻不同的情况下，激励电流为 28A，方阻降幅大于激励电流为 26A 时的降幅。这是由于激光器功率越大，硅片表面熔融速度越快，熔融深度越大，扩散进入硅片的磷原子越多，从而方阻降幅越大，但是激光器功率过大反而有可能损坏电池结构[17~19]。

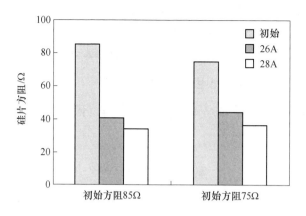

图 5-29 激光掺杂工艺前后硅片方阻

5.3.3 激光掺杂工艺对电池外量子效率的影响

太阳能电池的光谱响应可以用来表征不同波长的光对短路电流的贡献。外量子效率（External Quantum Efficiency，EQE）是光谱响应的直接反映，增强电池的光谱响应，可以提高电池的光电转换效率。为了研究激光掺杂工艺对电池外量子效率的影响，对初始方阻值 75Ω 的电池，用光伏测量仪（PV measurements，型号 QEX7）仪器测试常规工艺电池和激光掺杂工艺电池外量子效率，并绘制波长-外量子效率曲线，如图 5-30 所示。

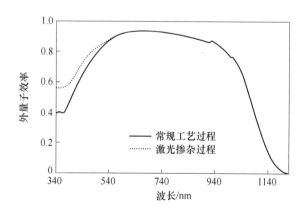

图 5-30 常规工艺电池和激光掺杂工艺电池的外量子效率比较

从图 5-30 可以看出，外量子效率在 340～480nm 波段范围与常规多晶硅太阳电池相比提高18%～5%。这是由于长波光子穿透能力强，PN 结深度不影响电池对长波段光子的吸收。而短波光子穿透能力弱，结表面"死层"厚度会严重影响电池对蓝光的吸收。选择性发射极电池发射极区域掺杂浓度低，PN 结表面形成"死层"厚度浅，蓝光容易穿过并被电池 PN 结吸收。由于发射极区域降低了 PN 结表面"死层"对电池的影响，减小了前表面少子的复合概率，使该区域由蓝光产生的光生载流子收集率增加，增强了电池对蓝光的响应。

5.3.4　激光掺杂工艺对电池光电转换效率的影响

多晶硅太阳能电池的转换效率 E_{ff} 与填充因子 FF、开路电压 U_{OC} 和短路电流 I_{SC} 直接相关。

$$E_{ff} = \frac{FF \times U_{OC} \times I_{SC}}{P} \tag{5-17}$$

式中，P 是太阳辐射功率。从式（5-17）中可以看出电池的转换效率正比于填充因子、短路电流和开路电压。太阳能电池的开路电压为

$$U_{OC} = \frac{kT}{q}\ln\left(\frac{I_L}{I_S} + 1\right) \tag{5-18}$$

式中，k 为玻耳兹曼常量；T 为温度；q 为电荷量；I_L 为光生电流；I_S 为暗饱和电流。I_S 包括反向饱和电流和薄层漏电流。从式（5-18）可知 U_{OC} 与 I_S 成负相关。由于激光掺杂工艺在电极栅线下形成高浓度掺杂区域，在发射极形成低浓度掺杂区域，形成高低结，有效阻止了光生载流子的横向移动，从而减小反向饱和暗电流和薄层漏电流，提高了电池的开路电压。

理想的太阳能电池，串联电阻很小，并联电阻很大，电池短路电流近似等于光生电流。实际应用中，受串联电阻和并联电阻影响，电池的短路电流总小于光生电流。

短路电流与串联电阻成负相关，与并联电阻成正相关。FF 反映太阳能电池的质量，同短路电流一样，FF 也与串联电阻成负相关，与并联电阻成正相关。故串联电阻和并联电阻是影响电池短路电流、填充因子以及光电转换效率的重要因素。

将进行激光掺杂工艺实验后的多晶硅片印刷背电极、正电极以及铝背场后，烘干烧结，制成成品电池，再用一定强度的平行光源照射成品电池表面，即可测量光电转换效率以及其他电性能参量。测得激光掺杂工艺电池的电性能参量和常规工艺电池片的电性能参量见表5-1。

从表5-1可以看出，初始方阻为 75Ω 的电池经过激光选择性发射极工艺后，对比常规工艺，电池串联电阻减小，并联电阻增大，开路电压、短路电流和填充因子上均有很明显的改善。原因是激光掺杂工艺在硅片内部形成了高低结，有效防止载流子向结区渗透，降低体内少子的复合率，提高了并联电阻。重掺杂区域可以降低硅表面与金属电极的接触电阻，提高光生载流子的收集率，降低串联电阻，从而提高电池的短路电流，改善电池的填充因子。激光掺杂选择性发射极工

艺，使多晶硅电池的平均转换效率提升 0.3% 左右，电池的平均效率达到 17.11%，单片最高转换效率达到 17.47%，这说明激光掺杂工艺在提高太阳能电池转换效率上是可行的。但是对于初始方阻为 85Ω 的电池在通过较高功率激光掺杂工艺后电性能改善不明显，平均转换效率略有降低。

表 5-1 激光掺杂工艺电池的参量和常规电池的参量比较

样 品	效率 /%	开路电压 /V	短路电流 /A	填充因子	串联电阻 /mΩ	并联电阻 /Ω
初始方阻为 75Ω						
正常电池	16.77	0.618	8.405	78.53	2.70	246.82
26A 掺杂电池	16.96	0.622	8.442	78.65	2.60	178.75
28A 掺杂电池	17.11	0.622	8.494	78.79	2.65	247.59
初始方阻为 85Ω						
正常电池	16.87	0.621	8.444	78.33	2.93	194.92
26A 掺杂电池	16.94	0.621	8.440	78.68	2.66	207.81
28A 掺杂电池	16.80	0.619	8.387	78.72	2.57	168.76

5.3.5 激光掺杂工艺致使电池失效的分析

对于初始方阻为 85Ω 的电池，使用 28A 的电流进行激光掺杂时，电池效率的提升没有初始方阻为 75Ω 的电池片明显，经分析其主要原因是扩散方阻的提高大大超出了扩散工艺设备的控制能力，导致硅片表面方阻的均匀性变差，经过激光扫描掺杂，硅片方阻的均匀度进一步降低，影响了电池效率的提升。当激光掺杂电流提高到 28A 时，电池效率略有降低，开路电压、短路电流以及并联电阻等电性能也有所降低。为了进一步分析较高电流激光掺杂对电池的影响，将激光掺杂电流提高到 29A，对应激光器功率为 58W。测得转换效率分布如图 5-31 所示。

从图 5-31 可以看出，电池效率很不稳定，效率大于 16.6% 的只有 70% 左右，低于 16.6% 的电池达到 30% 左右，低于 16.0% 的占到 13.26%，出现了较大比例的低效片，相当于只有 70% 左右的电池达到了正常工艺电池的水平。说明过高的激光功率进行扫描掺杂，不仅没有提高电池的光电转换效率，反而造成了一些失效片。部分失效电池片的电性能参量见表 5-2。对比正常电池，失效电池的电性能参量均有所变化，开路电压、短路电流和填充因子都有所降低，串联电阻出现无规律变化。而并联电阻大幅度减小，漏电电流大大增加。这是由于激光掺杂功率较高时，激光扫描的熔化区深度和热影响区深度加深。对于初始方阻为 85Ω

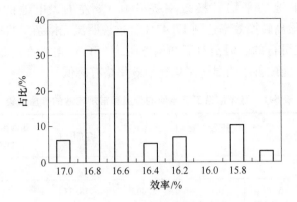

图 5-31　电池片的转换效率分布

的电池，由于初始扩散的不均匀性，在后续的烘干烧结过程中重掺杂区域的磷原子会沿着熔化及热影响区通道继续向电池内部渗透，而铝背场中的铝原子反向渗透最终致使 PN 结局部击穿，从而使并阻降低，漏电电流增大，严重时出现电池片失效现象[20,21]。

表 5-2　失效电池片的电性能参量

样　　品	效率 /%	开路电压 /V	短路电流 /A	填充因子	串联电阻 /mΩ	并联电阻 /Ω	漏电流 /A
正常样品	16.81	0.620	8.463	77.96	3.08	134.58	0.162
失效样品 1	15.43	0.606	8.187	75.73	2.77	107.34	0.418
失效样品 2	15.95	0.610	8.325	76.47	3.21	131.82	0.350
失效样品 3	15.97	0.614	8.292	76.38	3.14	111.21	0.277
失效样品 4	15.89	0.610	8.271	76.59	2.97	101.21	0.383

5.4　利用激光制备硅太阳能电池表面织化结构

多晶硅表面织构化能够有效降低表面反射率，提高电池短路电流。但是由于多晶硅含有大量晶粒和晶界，且晶粒晶向各不相同，工业生产多晶硅太阳能电池缺少有效的表面织构方法。因此多晶硅表面织构化的研究成为当前国内外的研究热点。目前已经出现的多晶硅表面织构技术主要有机械刻槽、激光、等离子蚀刻和各向同性的酸腐蚀。酸腐蚀技术成本低而且可以比较容易地整合到当前的太阳能电池处理工序中，应用最为广泛，但是电池表面的减反性能相比单晶硅仍有不小的差距。因此寻求一种高性能的表面织构方法十分必要。

激光表面织构是各向同性的织构方法，其原理是利用高能激光脉冲辐照硅片表面使局部材料急剧升温、熔化、气化，在光辐照区形成凹凸的表面结构，从而得到特殊的表面织构。这种技术配合酸、碱腐蚀能够制备出很好的陷光结构。在国外已经有了多种方法，例如激光交叉刻槽方法、激光点刻蚀方法等。激光表面织构为多晶硅的减反射处理提供很有效的途径，但这方面国内目前还少有报道[11]。

5.4.1 表面织构

表面织构化（工业流程中称为制绒），就是在晶体硅表面构造出一种类似金字塔结构的绒面从而增加光在硅片表面的折射、反射次数。这种有绒面的结构比平整的硅片表面能够减少光的反射和增加光在硅内的传播距离，从而提高光的利用率。构造绒面的方法有机械刻槽、化学溶液腐蚀、激光刻蚀、等离子反应刻蚀等。对于单晶硅，由于其晶向排列有序，采用碱溶液的各向异性制备绒面。对于多晶硅其晶向杂乱，没有规律，不能应用择优腐蚀的碱溶液制备绒面。在工业上一般采用酸腐蚀法来制备绒面，但效果不是很好，所以研究对多晶硅绒面制备就十分必要。

以下是对多晶硅激光表面织构技术进行探索优化，研究不同激光处理和化学处理工艺对表面织构形貌、硅片反射率及硅片电性能的影响，提出有效的多晶硅表面织构制备技术，有效降低表面反射率的实验原理及方案。

织构化减反射的原理是在表面形成凹凸结构使入射光线多次反射，减反射的性能和表面结构的尺寸、形状有直接关系，织构的高宽比越大，减反射性能越好，常规化学腐蚀金字塔形陷光结构的高宽比约为1。表面结构有两种：第一种是平行凹槽阵列；第二种是在平行阵列基础上通过调整激光参数，使凹槽中形成连续凹坑，形成"凹槽－凹坑"混合结构。在激光制绒的设计上，结构宽度主要由激光束大小决定，而刻蚀深度主要由光功率、脉冲频率、扫描速度等决定。根据激光束的直径选择刻槽的间距，使刻槽能完全覆盖硅片表面，间距过大会留下平整的表面，间距过小则会因为重复刻蚀使刻槽边缘的高度降低，都会增大表面反射率。对于深度的选择一方面考虑激光器的功率限制，一方面考虑电池后续工艺的配合，例如刻蚀过深会给材料带来明显损伤、不利于化学清洗等，对刻蚀深度有一定的限制。

激光刻蚀的过程中硅片表面小部分材料被气化，大部分被熔化，这个过程产生的局部高压和冲击使得熔化材料被挤出，小部分溅出，因此刻蚀后硅片表面被凝固后的溅出材料和熔融材料所覆盖，这一层熔覆层的厚度大约为10μm，其下还有受到刻蚀高温和冲击的损伤层，需要用化学腐蚀方法去除熔覆层和损伤层，才能恢复硅片正常的电学性能。化学处理后，硅片经过清洗，最后在氮气保护气氛中烘干，进行各项性能测试[12]。

5.4.2　表面织构的减反射原理

　　提高晶体硅太阳能电池的光电转换效率要从电学和光学两个方面改进。电学方面要考虑材料特性，即材料内减少载流子的复合，因此制造出了各种太阳能电池。光学方面主要是降低硅片表面光的反射和扩大对太阳光波段的吸收。在硅片表面构造一些绒面结构，使得照射到硅片表面的光束经过多次反射，并且增加了光程，从而使硅片对光的吸收率增加。

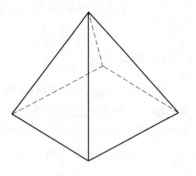

图 5-32　表面织构的
类金字塔结构

　　表面织构是在材料表面上构造成周期性的几何结构，类似金字塔结构，如图 5-32 所示，根据金字塔结构可以计算得到每个方锥的顶角为 70.5°。当一束光强为 I_0 光垂直入射到金字塔结构的表面时，在硅片表面将发生反射和折射，如图 5-33 所示，在接触第一点时发生反射光 I_1 和折射光 I_2，反射光 I_1 继续传播会在硅片表面再次发生反射和折射，产生二次反射光 I_3 和折射光 I_4，它们满足如下关系[11~13]：

$$\frac{I_1}{I_2} = \frac{1}{2}\left[\frac{\sin^2(i_1 - i_2)}{\sin^2(i_1 + i_2)} + \frac{\tan^2(i_1 - i_2)}{\tan^2(i_1 + i_2)}\right] \tag{5-19}$$

$$I_0 = I_1 + I_2 \tag{5-20}$$

$$\frac{I_3}{I_4} = \frac{1}{2}\left[\frac{\sin^2(i_1' - i_2')}{\sin^2(i_1' + i_2')} + \frac{\tan^2(i_1' - i_2')}{\tan^2(i_1' + i_2')}\right] \tag{5-21}$$

$$I_1 = I_3 + I_4 \tag{5-22}$$

式中，i_1 和 i_1' 为入射角；i_2 和 i_2' 为折射角。

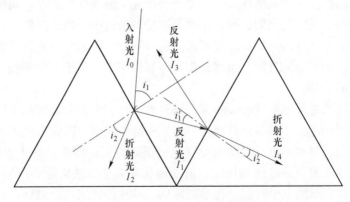

图 5-33　光在金字塔结构的光路图

可以计算第一次反射光强是入射光强的 33%，即 $I_1 = 0.33I_0$。第二次反射光强 $I_3 = 0.33I_1 = 0.11I_0$。经过两次反射共损失掉 11% 入射光。没有经过金字塔结构表面，即在光面上时，I_0 只是产生反射光 I_1^* 和折射光 I_2^*，它们满足如下关系：

$$\frac{I_1^*}{I_0} = \left(\frac{n_{21} - 1}{n_{21} + 1}\right)^2 \tag{5-23}$$

$$I_0 = I_1^* + I_2^* \tag{5-24}$$

在 $0.4 \sim 1.1\,\mu m$ 的波长范围内，硅在空气中的折射率为 3.6，光在硅表面上只进行一次反射。根据公式计算出反射光 I_1^* 为 $0.32I_0$，透射光 I_2^* 为 $0.68I_0$。和金字塔结构相比，硅表面反射光损失增大 3 倍。

从金字塔的受光面来分析，若设金字塔是四个边长为 a 的正三角形，则金字塔形锥体的表面积为，$s = 4 \times \frac{\sqrt{3}}{2}a \times \frac{1}{2}a = \sqrt{3}a$ 而没有金字塔结构的边长为 a 的正方形表面积为 a^2，由此可见经过构造金字塔结构，硅片受光面积提高 $\sqrt{3}$ 倍。

5.4.3 激光表面织构技术

近年来随着激光技术的发展，将激光技术应用到非金属材料表面精密加工已成为研究热点。激光构造多晶硅绒面的方法最早是由 J. C. Zolper 等最先提出的，激光构造多晶硅绒面可以起到很好的减反射效果，制备出的电池效率较高，且激光刻蚀工艺提高了短路电流。激光刻蚀的原理是利用高能激光产生的能量对硅片局部加热使其急剧升温、熔化、气化，激光与硅片的相对移动最终导致硅片上凹凸的刻槽。激光有较宽的能量范围，通过光机电与软件可以精确地控制刻蚀结构。图 5-34 是激光刻蚀示意图。

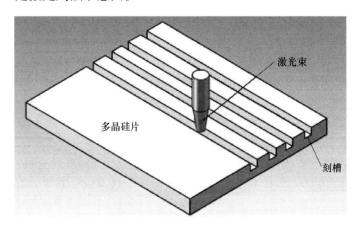

图 5-34　激光刻蚀示意图

　　激光表面织构工艺的优点是构造的绒面结构均匀，即刻槽深度、间距固定，所以硅片表面陷光性能优异。用激光刻槽的方法在硅片表面构造高度约为 $70\mu m$ 的类金字塔结构的绒面，反射率在 $500 \sim 900nm$ 光谱范围内能降低到 $4\% \sim 6\%$，这与在平面多晶硅上涂布双层减反射膜的减反射效果相当。此外激光构造绒面制得的电池比没有构造绒面但涂布双层减反射膜（ZnS/MgF_2）制得的电池短路电流高4%左右，这是因为激光制得的绒面能使长波长的光斜射入电池，从而提高光电转换率。

　　激光刻蚀也有缺点，由于激光的热效应刻蚀后会在硅片表面留下熔融层、损伤层和表面残渣，这些会影响太阳能电池的电学性能，因此需要结合化学方法来去除这些表面残渣。图 5-35 是激光刻蚀后的 SEM 图。

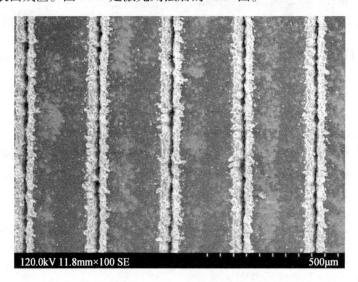

图 5-35　激光刻蚀多晶硅后的 SEM 图

5.4.4　单晶体硅电池绒面织构技术

　　单晶硅太阳能电池应用得比较早，因此其制绒研发的也较早，主要是利用单晶硅的各向异性腐蚀机制。单晶硅是一种金刚石结构晶体，如图 5-36 所示。利用碱腐蚀液对不同晶面的腐蚀速率不同，可以在（100）面上腐蚀出由四个（111）面组成的四面锥体。

　　金刚石结构晶体的悬挂键数量与晶体取向有关，（111）面上每一个硅原子仅有一个悬挂键，而（100）面上每个硅原子有两个悬挂键。对（111）面的腐蚀，初始反应仅与一个 OH^- 结合，紧接着的反应打断硅表面原子的 3 个背键，需要转移 3 个电子且要结合 3 个 OH^-，由于背键上的电子对应的能级较低，所以（111）面反应较慢，故（111）面成为限制腐蚀的晶面，造成对单晶硅表面的择

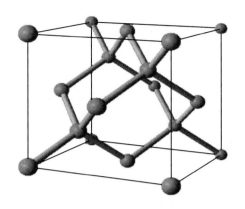

图5-36 单晶硅金刚石结构

优腐蚀，最后形成具有确定结构的形状。

传统的制作工艺[28,29]是在0.5%~1%的氢氧化钠溶液中进行各向异性腐蚀，腐蚀的温度在80~85℃。为了使获得的绒面均匀，在腐蚀溶液中加入乙醇或TMAH作为溶和剂，主要作用是降低硅片表面的活性能，增大硅片表面的浸润性，使硅片表面的气泡分布均匀，从而制得的绒面结构均匀。腐蚀时间控制在30min左右[11]。

反应的化学方程式为

$$Si + 2NaOH + H_2O \Longrightarrow Na_2SiO_3 + 2H_2 \tag{5-25}$$

5.4.5 多晶硅电池绒面织构技术

多晶硅表面存在大量晶粒和晶界，且晶粒的取向各不相同，采用制作单晶硅结构的碱液来腐蚀多晶硅，会使多晶硅表面腐蚀不均匀，还会形成高低不同的台阶，影响后续工艺，因此碱溶液腐蚀法不适用于多晶硅制绒。现在多晶硅制绒的方法有多种：机械刻槽、化学溶液腐蚀、等离子刻蚀、激光刻槽等，各种方法都有优缺点[13]。

5.4.5.1 机械刻槽

机械刻槽是利用倾斜的刀面通过在硅表面机械摩擦形成划痕，从而留下刻槽，刻槽的形状由这些突出的刀面来决定，深度大约为50μm。有研究表明刻槽为V形结构时且结构的尖角为35°时刻槽的反射率最低。机械刻槽刻出的结构不仅可以降低表面反射，还可以增加750~1000nm光谱范围内电池的内量子效率，体现出较好的陷光效果。由于机械摩擦使得表面形成一定深度的损伤层，所以刻槽之后应用热碱溶液或酸溶液去除损伤层。使用机械刻槽制得的太阳能电池经过封装后电池的效率相对提高5%。机械刻槽具有刻槽速度快、刻槽后表面结构均匀、工艺简单等优点，但是机械刻槽对硅片的厚度要求高，因为必须在硅片上刻蚀一定的深度，对于薄硅片刻蚀更易碎，不太适用。

5.4.5.2　化学溶液腐蚀

化学溶液腐蚀法是工业上最常用的方法。工业上多晶硅片制绒广泛采用的是 HF-HNO$_3$ 腐蚀系统，因为它是各向同性腐蚀，所以 HF-HNO$_3$ 对硅片各个晶向的腐蚀速度相同。反应首先发生在活化能低的位置，因此腐蚀后会在硅片表面上形成一些深度不同的腐蚀坑，虽然在一定程度上降低了反射率，但制得的绒面效果不是很理想。

HF-HNO$_3$ 制绒的原理是 HNO$_3$ 作为氧化剂与硅发生氧化反应，在硅片表面形成 SiO$_2$ 层，HF 作为配合剂去除 SiO$_2$ 层，使反应持续进行。去离子水作为缓冲剂来控制反应速率，反应方程式如下。

第一步硅的氧化反应：

$$3Si + 4HNO_3 =\!=\!= 3SiO_2 + 4NO + 2H_2O \tag{5-26}$$

第二步 HF 酸对二氧化硅的溶解反应：

$$SiO_2 + 6HF =\!=\!= H_2SiF_6 + 2H_2O \tag{5-27}$$

总的反应式为：

$$3Si + 4HNO_3 + 6HF =\!=\!= H_2SiF_6 + 4NO + 4H_2O \tag{5-28}$$

在 HF-HNO$_3$ 腐蚀系统中影响硅表面的形貌及腐蚀速率的因素是多方面的，主要有反应温度、腐蚀液成分配比等。因酸液腐蚀硅的反应是自催化反应，所以腐蚀速率很快，一般通过添加去离子水来降低反应的速率。根据 HNO$_3$ 和 HF 的配比分为富 HF 酸溶液和富 HNO$_3$ 溶液。在富 HF 酸溶液中，Si 的腐蚀速率与硝酸溶液的浓度成正比，硝酸溶液的浓度是影响反应速率的主要因素。在富 HNO$_3$ 溶液中 HF 酸溶液是影响反应速率的主要因素，在反应动力学上起主要的作用。一般来说富 HNO$_3$ 溶液制得的绒面反射率较高，反应速率容易控制，且制备的绒面均匀，表面损伤少。富 HF 酸溶液制得的绒面反射率较低，而且反应速率太快不容易控制，制得的绒面复合严重，因此工业上多采用富 HNO$_3$ 溶液。

虽然酸腐蚀多晶硅片表面制绒操作简便，在工业上大量使用，但是这种方法是纯化学反应，在制绒的过程中产生一些有毒的气体，对环境造成污染，且制得的绒面的反射率和单晶硅还是有一定的差距的。

5.4.5.3　等离子刻蚀

刻蚀是利用显影后的光刻胶图形作为掩膜，在衬底上腐蚀掉一定深度的薄膜物质，得到与光刻胶图形相同的集成电路图形。光刻和刻蚀技术决定着集成电路图形的精细程度，随着集成电路的集成度提高和元件线宽减小，刻蚀技术由原来的化学"湿刻"转换为等离子体"干刻"。因其是各向同性的刻蚀方法，对于晶向杂乱的多晶硅制绒十分有利，成为制备多晶硅太阳能电池绒面目前研究比较热门的制绒方法。等离子刻蚀是利用低压气体产生等离子体，并利用物理机制辅助化学刻蚀或产生反应离子参与化学刻蚀，线宽一般在 $3\mu m$ 以上，刻蚀精度差，不均匀，并且对环境有一定的污染。

等离子刻蚀简称 RIE，是在等离子体存在的条件下，以平面曝光后得到的光刻图形作为掩膜，通过溅射、化学反应、辅助能量粒子与模式转换等方式，精确可控地除去衬底表面上一定深度的薄膜物质，而留下不受影响的沟槽边壁上的物质的一种加工过程。具有可视速率高、均匀性和选择性好以及避免废液料污染环境等优点。RIE 最常用的混合气体有 SF_6、O_2 和 CHF_3。RIE 又可分为掩膜法制备和无掩膜法制备多晶硅绒面。

等离子刻蚀制备多晶硅绒面有许多优点，刻蚀多晶硅时和晶体方向无关，而且刻蚀过程不与硅片接触，因此消耗硅极少；等离子体刻蚀的绒面比较均匀，能够达到良好的陷光效果。因其刻蚀后硅片表面呈现黑色，所以称为"黑硅"。中国科学院微电子所在反应离子刻蚀制备多晶硅太阳能电池方面已取得重大突破，得到了量产平均效率达到 17.46% 的多晶硅太阳能电池片。但是等离子体设备昂贵，制作耗时长，产量低，不太适合工业化生产。

5.4.6　激光表面织构技术的发展[22]

激光应用在非金属材料表面诱导刻蚀产生功能性结构或表面结构，国内外的研究目前已有大量成果。1989 年利用激光十字交叉法刻蚀多晶硅表面构造绒面织构，制备出的多晶硅电池效率达到 16.4%。1998 年，在 SF6 气氛中利用脉宽为 100fs 激光对单晶硅进行表面织构，使其产生周期性的尖峰结构，即"黑硅"。这种结构能有效增大光吸收面积，将反射率从 20% ~ 30% 降至 5%。2005 年，德国 Fraunhofer 太阳能研究所（ISE）用 1064nm 波长 Nd:YAG 激光刻蚀后，又用等离子体化学法去除激光刻蚀后的残渣，通过这两步织构工艺实现了在表面构造 $50\mu m$ 蜂窝状结构。2006 年，澳大利亚新南威尔士大学先进硅光伏光电子研究中心采用波长为 1064nm 的 Nd:YAG 激光在单晶和多晶硅作成的双面掩埋电极太阳电池的前表面烧蚀微坑，烧蚀后微坑的面积达到 $7.3cm^2$，经过这样的改善后其光学和电学性能得到提高，转换效率从未经过织构的 14.6% 提高到 18.4%。波兰科学院冶金材料科学研究所借助 Q-Switched Nd:YAG 激光对多晶硅进行平行刻蚀和垂直刻蚀，再用 KOH 溶液腐蚀激光刻蚀后的硅片。研究了平行刻蚀和垂直刻蚀对反射率的影响及对太阳能电池的影响。新加坡国立大学应用无掩模激光干涉光刻（Maskless Laser-interference Lithography）技术，用 325nmHe-Cd 激光对石英刻蚀，构造出面积为 5mm × 5mm 微坑阵列，微坑直径约为 $1.2\mu m$，微坑间隔为 750nm，通过改变干涉角度和曝光时间来改变刻蚀的微坑尺寸和间隔。日本九州大学使用间隙 $20\mu m$ 铜网为掩模，利用脉宽为 50ns 的 TEACO2 激光器，对石英玻璃刻蚀，刻蚀出直径为 $2.8\sim10.8\mu m$，深度为 $100\sim600nm$ 的微坑阵列。相比国外而言，国内对非金属材料的激光加工研究比较晚。中国科学院上海光机所利用飞秒激光作用玻璃使其结构性能改变，从而使其具有新型光功能作用，并把它应用在光信息领域。湖南大学提出使用激光在石英玻璃上刻蚀小孔，加工的小孔平整光滑，锥度小于 $0.1rad$，质量较高。上述工作有力地证明了激光在石英玻璃刻蚀小孔是一个很好的方法。2009 年，中国工程物理研究院激光聚变研究中心利用飞秒激光器聚焦照射 FOTURAN 光敏玻璃后，再用 HF 溶液在室温下腐蚀 $50min$，从而在玻璃表面表面制成了直径为几十微米的凹坑，凹坑坑壁光滑，结构均匀。2010 年，哈尔滨工业大学在无掩模的条件下，用波长为 $441.6nm$ 的 He-Cd 激光连续雕刻制成谐衍射透镜阵列，该阵列衍射效率优于 70%。综上所述，为了减少硅片表面的光反射，提高太阳能电池的效率已经采取了许多行之有效的工艺和技术。虽然进行了不少研究，但为了制得均匀的绒面，提高激光刻蚀工艺的可控性、稳定性及工业化生产，还是有必要继续研究。

目前商业化太阳能电池降低成本的有效途径之一是提高现有太阳能电池的光电转换效率。尽管多晶硅太阳能电池效率比单晶硅太阳能电池效率低，但由于其材料制作成本低于单晶硅材料，因此多晶硅太阳能电池比单晶硅电池具有更大的降低成本的潜力，并且在今后相当长时期内仍然是太阳能电池市场的主流。表面织构化是提高多晶硅太阳能电池效率的几个关键技术之一，也是工业化生产中没有得到很好解决的一个问题，找到一种廉价的、工艺简单的表面织构化方法以提高多晶硅太阳能电池的转换效率，是迫切需要解决的问题。

5.5　固体激光器在非晶硅太阳能电池中的应用

薄膜太阳能电池因制作工艺简单、生产成本低、光电转换效率较高、可连续自动化批量生产等优点受到业界青睐。非晶硅薄膜太阳能电池制备过程中需要将膜层分割成独立的窄条，每个窄条对应一个独立的电池单元，然后将各电池单元串联成一个太阳能电池组件。具体的膜层分割方式有激光刻线、机械刻划和化学腐蚀等。激光刻线方式因其具有非接触式加工（不会对材料造成机械挤压或机械应力）、高效率、高精度、可精确地刻划出微米级的凹槽（使得膜层面积损失率小、利用率高）、可精确控制加工能量、整齐分割待加工膜层、不损伤导电层、无须使用任何化学品等优点而被业界广泛采用。激光刻线装置是薄膜太阳能电池制备工艺中的一个重要设备，其设计和性能的好坏直接影响到太阳能电池的质量和生产过程中的良品率。早期的工艺中采用单激光器单光路的光学系统进行加工，目前在工艺上通常采用单激光器多光路的光学系统进行刻线，但也有采用多激光器多光路的结构形式。常见的单激光器多光路结构形式有单激光器二分光路和单激光器四分光路。四分光路系统刻线效率高，在工程应用上具有更高的使用价值，大多数刻线系统都采用这种结构形式[23]。

5.5.1 非晶硅薄膜太阳能电池结构和制备工艺

非晶硅薄膜太阳能电池是以玻璃、不锈钢或特种塑料为基板，镀以非晶硅薄膜的太阳能电池，如图 5-37 所示，其结构主要包括前电极、a-Si 膜和背电极。光照射电池板后，电池的光生电荷集中在前电极和背电极，这两层的电阻会显著降低电池的填充因子，因此前电极一般采用导电性好和透光系数高 TCO（透明导电氧化物）膜，如氧化锡（SnO）或铟锡氧化物（ITO），从而降低 TCO 层电阻，提高太阳能电池的填充因子；而背电极通常选用具有高导电系数的 Al/ZnO 作为沉积材料；a-Si 膜层通常采用 PECVD 法在 TCO 层上进行沉积生成。

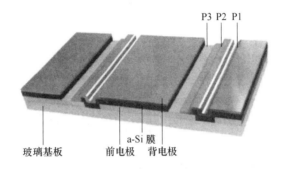

图 5-37　非晶硅（a-Si）薄膜太阳能电池组件结构示意图

简单连续的镀膜虽然也能产生光生伏特作用，但面积较大的电池板如果不通过刻线分成若干个小单元，将会产生较大的电流，容易烧坏电池板或者加速电池板各膜层的老化，降低电池板的使用寿命。因此，每道镀膜工序完成后，必须对该膜层进行激光刻线。激光刻线通常使用激光器将膜层切割成宽约 10mm 的独立窄条，再经后续镀膜实现层间互连，将各电池单元（又称子电池、电池片）串联起来。三道刻线工艺依次为激光刻线 P1、P2 和 P3（图 5-37）。整个制备工艺还需第四道激光刻线 P4，用于清边和绝缘处理或整齐切割电池板外缘。太阳能电池组件上的所有电池单元用内部连接方式串联在一起，形成一个完整的太阳能电池，其输出电流为各电池单元的电流，输出电压为各电池单元的串联电压，从而降低了电池板的短路电流，增大了其开路电压。在实际应用中，可根据电流、电压的需要选择相应的结构形式和电池面积，制成实用的太阳能电池。薄膜太阳能电池的制备工艺流程如图 5-38 所示。从图 5-38 可以看出，对于单结的薄膜太阳能电池，一般需镀 3 次膜，分别作为前电极、半导体和背电极。每次镀完膜之后都需要进行激光刻线，激光刻线工艺是根据激光诱导原理去除前道工序中已镀好的膜层，其目的是在激光作用下对材料进行去除加工，在膜层上切割出精细的沟槽，将膜层分割成独立的窄条，相应的膜层被分隔成独立的电气绝缘区，从而激光束在这些电气绝缘区之间刻划出微米级精细的隔离通道（图5-39）。激光刻

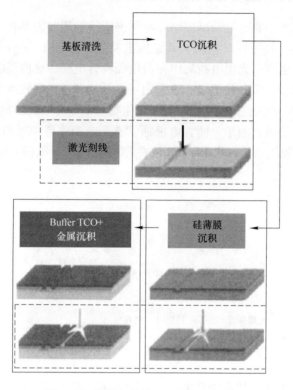

图 5-38   薄膜太阳能电池制备工艺流程

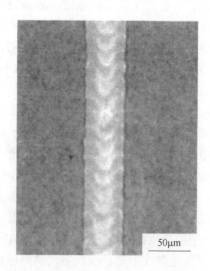

图 5-39   微米级精细的激光刻线

线过程中，选用特定波长的激光，选择性地刻蚀指定膜层，可以避免损伤其他膜层。最后一道激光刻线步骤（P3）完成后，在一个电池单元的前电极与相邻电池单元的背电极之间将会形成一个电气导电连接（图 5-40）。在后面的工序中，刻划好的太阳能电池再经过清边、绝缘、退火、汇流、层压和测试，最后进行封装，完成太阳能电池组件的整个生产过程[24]。

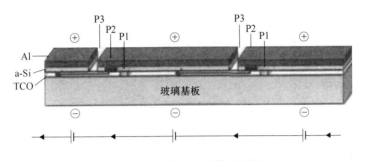

图 5-40　电气导电连接原理图

5.5.2　非晶硅薄膜太阳能电池激光刻线系统

根据非晶硅薄膜太阳能电池结构特征，要求激光刻线系统聚焦光斑直径小于 $50\mu m$（对于圆光斑）或者边长小于 $50\mu m$（对于方形光斑）；由于玻璃厚度及所镀膜层厚度的不均匀性以及加工过程中基板或激光加工头的轻微振动将导致聚焦光斑相对于膜层发生径向漂移。因此要求光学系统具有一定的焦深，一般为 1～ 2mm。为了消除因激光器输出光束本身的特性而引起的聚焦光斑横向漂移，一般采用多块透镜组成的聚焦系统，而不采用单块透镜进行聚焦。激光刻线系统由激光器、导光单元和聚焦单元组成，如图 5-41 所示。在图 5-41 中，导光单元由反射镜和分光镜组成，聚焦单元通常由凸透镜及其配件构成。为减少激光束的发散角以及扩展激光束的直径，通常在激光器和导光单元之间增设一个扩束镜，使扩束后的激光束平行性更好，经聚焦镜聚焦后的焦斑更小。要求刻线宽度为 30～ 50μm，刻线平行度小于 ±10μm，刻线边缘轮廓整齐划一，所以选用脉冲能量波动小的激光进行刻线。为保证在高重复频率下激光功率仍能高于材料的烧蚀阈值，对于 P1，激光工作脉宽应小于 50ns，对于 P2 和 P3，工作脉宽应小于 30ns。较高的光束质量和稳定的脉冲能量可以提高刻线质量，因此要求激光器的光束质量 $M2 < 1.2$，脉冲不稳定性（RMS）小于 2%，光束发散角小于 1mrad。为提高刻线效率，通常需要利用分光镜对激光器出射的激光光束进行分光，获得多路功率相等的激光光束，同时刻划多条刻线，一般均分为 2 路或 4 路功率相等的光束[25]。

图 5-41 为将激光光束均分为 4 路光束的示意图。其中图 5-41a 采用 1/4 分光镜、1/3 分光镜和 1/2 分光镜进行分光，而图 5-41b 采用了 3 个 1/2 分光镜进行

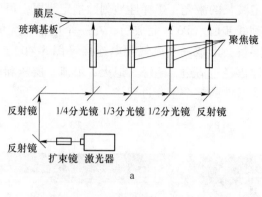

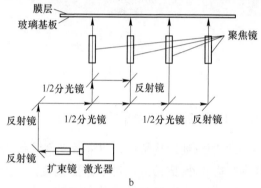

图 5-41　激光刻线系统示意图

a—多分光镜系统；b—1/2 分光镜系统

分光。如需进一步提高刻线效率，可采用 8 个聚焦单元或者 16 个聚焦单元同时进行刻线的光学系统，其光路结构将更加灵活，可有多种结构形式供客户选择。对于多路分光的结构形式，由于分光镜所镀的分光膜对入射激光光束的反射率/透射率比值大致有 ±5% 的偏差，所以经分光镜分光后的反射光束和透射光束的能量与设计时的理想状况存在一定差异，通常需要在光路中加入相应的光阑对光束进行限制，使各聚焦单元出射的激光光束能量相等。3 道激光刻线 P1、P2 和 P3 一般均采用高重复频率、高功率的调 Q 型激光二极管泵浦固体激光器（DPSS 激光器）。P1 工序通常采用输出波长为 1064nm 的 Nd:YAG 激光器，利用该波长激光的热效应刻划 TCO 膜层；P2 和 P3 工序均采用输出波长为 532nm 的 Nd:YAG 激光器，这是因为非晶硅对不同波长的光的吸收率不同，其吸收峰值约在 500nm，对波长为 532nm 的绿激光有较高的吸收率。激光直接照射 TCO 膜层，将会产生显著的热影响，而且非晶硅膜层的烧蚀阈值比较低，激光直接照射膜层会引起非晶硅的熔化和再沉积，导致电池的填充因子和开路电压降低，因此激光都从玻璃一侧射入各膜层。以如图 5-41 所示的 4 路分光系统为例，对于 P1，单路激光的平均功率为 4~10W；对于 P2 和 P3，单路激光的功率约为 0.5~1W。刻划速度一般为 1~2m/s。为减少刻划光斑的重叠，进一步提高刻划速度，可以通过光束整形将激光光束整形为平顶光束，将圆形光斑整形为方形光斑。选用可调的 2X~10X 扩束器，保证扩束器的入射光斑直径不小于 3mm。选用直径为 25.4mm 的反射镜和分光镜。对于各分光路，保证进入聚焦单元的光束直径为 8mm，选用直径均为 25.4mm 的透镜组成聚焦单元。聚焦单元所选透镜均为某光学公司的标准件，材质为 BK7 光学玻璃，其参数见表5-3。

表5-3　聚焦单元透镜参数

编号	名　称	焦距/mm	后截距/mm	中心厚度/mm	边缘厚度/mm
1	平凹透镜	-50.8	-52.8	3	6.3
2	平凸透镜	75	71.7	5	2.9
3	平凸透镜	150	147.4	4	3

聚焦单元结构如图5-42 所示。表5-4 列出了各透镜之间的位置关系，从表中可以看出，聚焦单元的后截距为 123.095mm，在入射激光直径为 8mm 时，可获得 200mm 左右的后截距，符合工艺设计要求；根据焦深计算公式，可得到该聚焦单元的焦深为 ±1.87mm。图5-43 表示在该位置关系下的点列图。从图中可以看出，经该聚焦单元获得的聚焦光斑直径可小于 30μm。

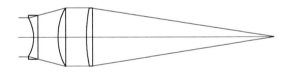

图5-42　聚焦单元结构示意图

表5-4　聚焦单元各透镜参数

面　形		半径/mm	厚度/mm	玻璃	半口径/mm	二次曲线
OBJ	标准	无穷大	无穷大		0.000000	0
STO	标准	无穷大	10.00		12.700000	0
2	标准	-27.282633	3.00	BK7	12.700000	0
3 *	标准	无穷大	13.90		13.771235	0
4 *	标准	41.180617	5.00	BK7	18.757960	0
5 *	标准	无穷大	14.00		18.750956	0
6 *	标准	78.099488	4.00	BK7	18.391629	0
7 *	标准	无穷大	123.095		18.217045	0
IMA	标准	无穷大			0.000003	0

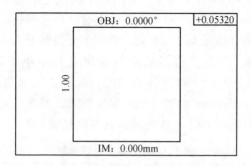

图 5-43　点列图

在自行研制的薄膜太阳能电池激光刻膜机上，利用上述激光刻线系统进行膜层刻划，对整个刻线系统进行工艺验证。要求：刻线宽度在 $30 \sim 50\mu m$ 之间，死区范围小于 $300\mu m$，刻线深度符合工艺要求，即 P1 刻穿前电极 TCO 膜层，P2 刻穿 a-Si 膜层但不伤及 TCO 膜层，P3 同时刻穿 a-Si 膜层和背电极 Al/ZnO 膜层但不伤及 TCO 膜层。激光器选用两种不同波长和型号的激光器，其性能特性如表 5-5 所示。

表 5-5　激光器特性参数

项　　目	激光器 1	激光器 2
波长/nm	1064	532
平均功率/W	40	9
脉冲重复频率	单脉冲，300kHz	单脉冲，300kHz
M^2	<1.3	<1.2
脉宽/ns	<15(20K) <40(100K)	<10(20K) <40(100K)
脉冲能量(20kHz)/μJ	>1.2mJ	>300μJ
脉冲不稳定性（RMS）	<2%	<2%
功率不稳定性	<3% （大于 12h）	<3% （大于 12h）
发散角/mrad	0.9	0.9
光斑直径/mm	1.8	1.8
偏振方向	水平	垂直
偏振度	>100 : 1	>100 : 1
冷却方式	水冷	空冷

各激光器的工作参数如表 5-6 所示，表中激光器 1 用于 P1，激光器 2 和 3 用于 P2 和 P3。

表 5-6　1064nm/532nmDPSS 激光器工作参数

激光器	波长/nm	单路激光功率/W	脉冲重复频率/kHz	刻线速度/m·s⁻¹	刻线加速度/m·s⁻²
激光器 1	1064	8	70	1.2	13
激光器 2（3）	532	0.5	30	1.5	13

玻璃基板尺寸为 1400mm×1100mm，厚约 3.2mm。先在玻璃基板上镀上 TCO 膜，这道工序一般由玻璃基板生产厂商完成。在生产线上，只需清洁基板即可直接进行第一道激光刻线 P1。P1 刻线完成后，进入 PECVD 工序，在 TCO 膜上镀上非晶硅膜层（a-Si），然后进行第二道激光刻线 P2。非晶硅膜层的均匀性对 P2 刻线质量有显著影响，可以通过提高膜层均匀性来克服该影响，也可以通过在光路中增设一套自动调焦装置，来减少膜层均匀性及玻璃基板微小颤动对刻线质量的影响，以保证 P2 刻线工序中能刻穿非晶硅膜层但不伤及 TCO 膜层。P2 刻线完成之后，再在 a-Si 膜层上镀上背电极膜层（通常为 Al 膜），然后进行第三道刻线 P3，采用与 P2 大致相同的工艺参数，将非晶硅膜层和 Al 膜层同时刻穿且不伤及到 TCO 膜。P1、P2、P3 分别在 3 台刻膜机上进行，刻线过程中，玻璃基板在 X 轴方向往复运动，激光刻线装置则在 Y 轴方向根据工艺参数要求微动，各聚焦单元每刻划完一道刻线后，激光刻线装置微动一定距离。

自行研制的刻膜机刻线质量高，结构紧凑，占地面积小，工作稳定可靠，效率高，刻划一块 1400mm×1100mm 的电池板仅需 60s 左右。基板经过上述工艺后，完成非晶硅薄膜太阳能电池的 3 道激光刻线，得到如图 5-44 所示的太阳能电池板，其中图 5-44a 为激光刻线原理图，图 5-44b 为激光刻线后的太阳能电池板实物图。

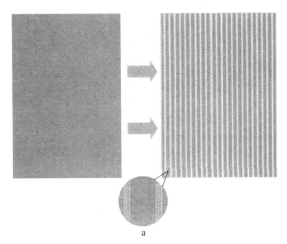

a

b

图 5-44 激光刻线后的非晶硅薄膜太阳能电池

在显微镜下观察电池板上的刻线（图 5-45），测量得到 P1 刻线宽度为 35μm，P2 刻线宽度为 50μm，P3 刻线宽度为 45μm。然后用台阶仪测量各刻线的深度，得到如图 5-46 所示的测量结果，从图上可清晰看出激光刻线工艺完成之后 3 道刻线的相对深度，其中 P1 刻线的最终深度最大，约为 0.98μm，P2 刻线的深度最小，约为 0.24μm，而 P3 刻线的最终深度约为 0.58μm。图 5-45 中的 P1 刻线宽度仅为 35μm，然后再经过非晶硅和铝 2 次镀膜，所以刻痕看起来特别陡峭。

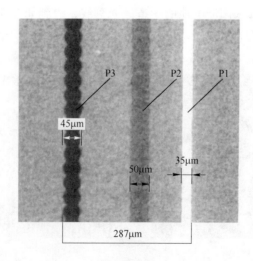

图 5-45 刻线宽度

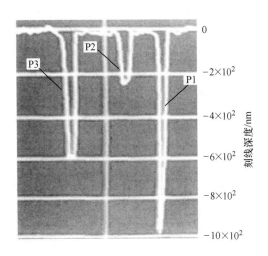

图 5-46 刻线深度

5.5.3 脉冲激光对非晶硅薄膜晶化现象的影响

近年来，针对半导体材料的激光退火技术引起了人们的很大研究兴趣。通常，经过离子注入的半导体材料都有一定的晶格损伤，使用常规的热退火方法来消除晶格损伤，需要较高温度（1000℃以上）和较长时间（约 30min）的热处理过程，这导致材料表面容易遭到污染，基底材料由于长时间加热引起电学性能下降，甚至在一些情况下还不能较好地消除晶格损伤。激光退火技术可以克服普通热退火技术的这些缺点，它不仅能够较好消除晶格损伤，同时还能获得较高的电激活率。较之常规热退火技术，激光退火技术具有其独特的优势，比如空间上可以小范围选择退火区域，退火时间也比较短。用激光照射表面覆有杂质源的半导体材料，能够使杂质向半导体材料内部扩散，从而制成 PN 结。还能使金属与半导体材料合金化，实现良好的欧姆接触，降低接触电阻，因而可以减少太阳能电池生产的工艺步骤，降低生产成本[14]。

5.5.3.1 激光退火的机理

激光退火的基础在于接受激光照射的材料表面温度升高引起热效应而达到退火目的。激光技术是一种自上而下的加热技术，在激光热扫描薄膜表面时，在扫描样品内形成了一定的温度梯度，当非晶硅薄膜的厚度较小时，此温度梯度的效应会减弱。硅材料吸收激光辐射能量的能力受激光能量与自身的限制，能量过大会熔化，激光退火是熔化模式的退火。根据一维扩散方程：

$$C_{\mathrm{S}}(T)\rho_s(T)\frac{\partial T(x,t)}{\partial t}=\frac{\partial}{\partial x}\left(k(t)\frac{\partial T(x,t)}{\partial x}\right)+S(x,t) \tag{5-29}$$

式中，$T(x, t)$ 是温度分布；$C_s(T)$ 是比热容；$\rho_s(T)$ 是密度；$k(T)$ 是热传导率。熔化深度受硅材料的吸收深度与比热容影响。深度同时也是激光能量密度、脉宽和激光波长的函数。激光照射区明显受激光强度和激光作用时间的影响。当纳秒级脉冲激光照射到衬底时，光子的能量被瞬间吸收，吸收的总能量由贝尔－兰伯特规律确定。吸收能量的扩散，通过电子与空穴的碰撞，依照一定的温度梯度以及热传导系数，提高衬底的温度，扩散的深度相对于大范围激光束而言是很浅的，温度梯度会垂直于衬底表面。热处理过程中能量的损失主要是由于普朗克辐射产生的，在熔点温度处的表面蒸发与热处理环境的热对流损失的能量相对于激光强度而言是很小的。此时可在提供初始与边界条件的情况下解决线性同质热处理问题。在脉冲激光退火的情况下，如果激光的功率不够大，导致温度升高不到熔点，此时吸收区不会熔解。同时如果在高温区的时间很短，不会得到所需的退火目的，此时，即使提供足够熔解的激光功率进行退火，也得不到退火效果。相反的，如果提供的激光光束功率过大，虽然熔解深度达到了衬底的晶体区域，但高温下表面蒸发和氧化现象的产生，从而容易使表面受到损伤。因此需要适当功率的激光光束照射，才能够取得良好的退火效果和目的。

5.5.3.2　实验条件

采用等离子增强化学气相沉积（PECVD）设备沉积非晶硅薄膜，在射频电源作用下使硅烷（SiH_4）等离子化，在石英玻璃衬底上得到一层非晶硅薄膜。石英玻璃表面尺寸为 20mm×20mm，厚度为 3mm。沉积条件如下：射频电源功率为 300W，衬底温度为 300℃，分子泵频率为 704Hz，外真空室压强小于 $5×10^{-3}$Pa，内真空室压强小于 1Pa，SiH_4 流量为 20mL/min，沉积时间为 60min。沉积过程中，内腔压强为 6.2Pa。

利用脉冲激光对非晶硅薄膜进行退火处理利用脉冲激光加工机对非晶硅薄膜样片进行激光退火。退火条件：样片放置于不锈钢承片台内，采用氮气保护，激光器电流为 20mA，脉冲宽度为 5ms，非晶硅表面光斑直径为 10mm，脉冲频率为 20Hz，退火时间为 30s。

5.5.3.3　激光退火对薄膜结构与表面形貌的表征与分析

经过激光退火工艺处理的非晶硅薄膜样片，其处理效果采用 X 射线衍射（XRD）以及原子力显微镜（AFM）进行结构和形貌分析。薄膜结构的表征与分析，对样片进行 X 射线衍射，分析其衍射获得的图谱数据，可以分析材料的成分、内部形态或结构，如晶向、晶粒大小等数据。衍射强度方程为

$$I = Cm \, |FHKL|^2 \tag{5-30}$$

式中，C 为强度校正系数；$m = H^2 + K^2 + L^2$；$|FHKL|$ 为结构因子。从方程中可以看出，衍射峰的强度与结晶度的高低相对应，结晶度越好，强度越高。对非晶硅

而言，其结构的短程有序性，导致其在低角度的衍射范围内仍然具有选择性的衍射，形成非晶态的峰包。

图 5-47 反映脉冲为 20Hz 的激光处理后的峰位情况。2θ 在 69°附近产生一个明显的衍射峰，说明非晶硅薄膜实现了重熔再结晶。对比 Jade 峰位谱表，这是（400）晶向的硅峰位，$2\theta = 69.130°$。晶化后的晶粒尺寸可利用谢乐公式计算得到：

$$d = \frac{K\lambda}{B cos\theta} \qquad (5-31)$$

式中，d 为晶粒粒径；K 为晶体形状因素；λ 为入射波长；B 为衍射峰的半高宽；θ 为衍射角，即布拉格角。借助 Jade 分析软件，20Hz 时，晶粒粒径平均值为 72nm。

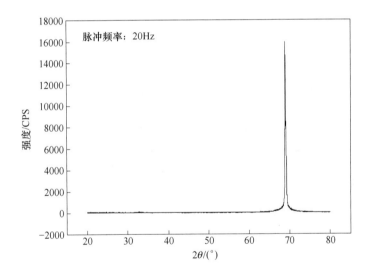

图 5-47 非晶硅薄膜退火后的 XRD 图谱

5.5.3.4 薄膜表面形貌分析

选取经过脉冲激光退火后的样品，借助原子力显微镜（AFM）对非晶硅薄膜表面形貌进行分析。图 5-48 是样片经激光脉冲频率为 20Hz 退火处理后非晶硅薄膜的表面形貌，样片 AFM 扫描范围是 $2\mu m \times 2\mu m$。从图片中可以看出，在 20Hz 的脉冲激光处理后，非晶硅薄膜表面颗粒直径大多在 80nm 左右，且分布较均匀，从图片明暗对比看，颗粒表面比较平滑。由 XRD 分析知，此时的颗粒属于微晶颗粒，尺寸也与 XRD 下分析的粒径接近。这表明，非晶硅薄膜在 20Hz 激光脉冲处理下，发生重熔再结晶现象，出现纳米级微晶颗粒。

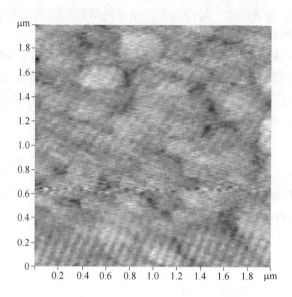

图 5-48　非晶硅薄膜退火后的表面形貌

5.5.4　非晶硅薄膜太阳能电池激光除边工艺研究

太阳能作为低碳环保的新能源，是 21 世纪新能源研究的热点之一。太阳能电池主要分为晶硅电池和非晶硅电池两大类。晶硅太阳能电池转换效率高，澳大利亚新南威尔士大学制得的单晶硅电池转换效率达 24.7%，德国夫朗和费太阳能系统研究所制得的多晶硅电池转换效率为 20%，日本三菱公司制备的多晶硅电池效率为 17%。晶硅太阳能电池成本价格高，其成本很难大幅降低。非晶硅薄膜太阳能电池转换效率较低，实验室转换效率只有 13%，但工艺成熟、成本较晶硅低廉、制备方便，适于大规模生产。除边处理是非晶硅薄膜太阳能电池制备中的一道工序，目的是将薄膜太阳能电池板边缘特定区域的导电膜层清除，方便整块电池板的封装。目前国内工业界常见的除边方法主要是喷砂除边。其优势在于成本低廉，但会产生大量粉尘，环境污染大。使用金刚砂打磨会损伤基板，清除膜层时很难保证均匀，容易发生残留。循环使用的金刚砂会混入未过滤掉的导电膜层残渣，下一轮加工时，这些残渣可能会附着在基板上，降低清除区的隔离电阻。激光除边为非接触性，可保证均匀加工，清除区隔离电阻高，对玻璃基板损伤小，不会产生划伤，加工产品外表美观。激光除边环境污染小，仅需普通抽风装置处理被清除的膜层粉尘即可。本文中使用激光除边方法，研究了不同的工艺参量对清除效果的影响，在优化参量下制得了性能良好的样品。

5.5.4.1　激光对导电膜层的作用
非晶硅薄膜太阳能电池通常为叠层结构，玻璃基板上沉积了透明导电膜

（TCO）层、非晶硅层（a-Si 层）和背电极层（AFZnO 层）3 层薄膜，其中非晶硅层通过磁控溅射法沉积。激光除边是将这 3 层薄膜全部清除并且不损伤玻璃基板。由于 TCO 层对可见光透明，使用红外激光进行清除效率较高。背电极层为铝和锌的氧化物，也可以使用红外激光加工。非晶硅的吸收光谱在 300 ~ 1400nm 之间，其吸收峰位于 500nm 左右的绿光波段，红外波段（1064nm）的吸收率较峰值下降约 50%。为降低设备成本，仍使用同一台红外激光器，但功率必须足够加工该层。由于激光直接照射导电膜层的热效应严重，会引起非晶硅熔化和再沉积，使电池板性能劣化，所以激光通常从基板未镀膜的一面入射。

5.5.4.2 光斑交叠比

激光除边的效果可以用扫描光斑的交叠情况描述，即光斑交叠比 W：

$$W_x = \frac{s}{d}$$
$$W_y = \frac{v}{fd}$$
（5-32）

式中，W_x 为垂直于扫描方向的交叠比；s 为填充线间距，mm；d 为光斑直径，mm；W_y 为沿着扫描方向的交叠比；v 为扫描速率，mm/s；f 为激光重复频率，Hz。x 和 y 方向的光斑交叠如图 5-49 所示。

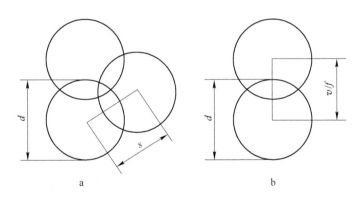

图 5-49　x 和 y 方向的光斑交叠图
a—x 方向的光斑交叠；b—y 方向的光斑交叠

聚焦光斑直径为 0.05 ~ 0.06mm，选择填充线间距为 0.05mm，填充方式为交错填充。由于重复频率对于平均功率的影响很小，对脉冲宽度的影响较小，所以激光器参量设置为输入功率 100%，重复频率 80kHz。

x 方向的光斑应交错排列，要避免斜向光斑间空隙过大，留下未清除的膜层。y 方向的光斑不应相离，否则会有未除净的膜层，影响清除区电阻。

5.5.5　激光专用机在非晶硅太阳能电池制备中的应用

随着常规能量消耗量的剧增及其对环境污染的日益严重，急切需要开发新型清洁能源。而在诸多竞争者中，低成本非晶硅（a-Si）太阳能电池被认为是最有希望的候选者。从实用角度，一般消费性电子产品的电源常希望是高压小电流，单结 a-Si 电池的开路电压通常在 800～900mV 范围，这需要多个电池的串联应用。在独立电源应用中，则希望电池面积尽量大，以减少外连引线过多和组装复杂性带来的问题（如成本高，可靠性下降等）。故 a-Si 电池研究是在大面积、高效率与高稳定方面发展，已能生产出尺寸达 40cm×120cm 的 a-Si 电池。但是单体面积增大，会引入上电极 TCO 膜薄层电阻增大从而使电池内部功耗增大，降低转换效率。为此也应采用多个单体电池串联集成的工作模式，即把大面积电池分割成若干独立单元电池，通过内连引线把各个单元电池串联起来。串联方法有两种，一种是端－端串接，这是小型消费品电器（如计算器等）的常用模式。另一种是边－边串接，这是大面积实用型电池常用模式。这是因为电池面积增大，单元电池尺寸为窄长条型，端端串接时，电流沿长方向流动，电极的方块数增多，串联电阻 R 会增大，故必须采用边－边串联方式，即电流沿短方向流动，这种串联方式则要求把各单元电池的沿长方向上的 TCO 部分露出，以便镶上一个电池的下电极（Al 电极）搭接起来形成串联形式（图5-50）。为此需经多项刻图工艺，即第一次刻 TCO，第二次刻 a-Si，第三次刻 Al 电极。为减少有效电池面积的损失，套刻精度有一定要求。显然这样的高套刻精度难以用全掩模版法达到，采用单晶硅集成电路中光刻工艺，虽能满足要求，但工艺复杂，成本高，尤其对大面积电池（如 20cm×20cm 以上），则要求相应大面积的光刻设备，目前国内也没有这样大面积的光刻设备可用。曾有人试过用机械刻划，但 SnO 刻不动，成品率很低，如是选中激光刻图法，能减小面积损失；其能量高，可在短时间内将光束扫过物质快速汽化而不损伤周围物质；配以微机控制精密 x-y 载物面，可实现精细套刻的刻划工作[25]。

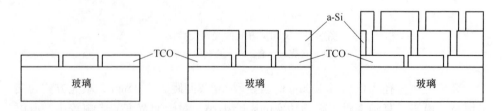

图 5-50　a-Si 集成电池工艺流程

在 a-Si 电池的制备工艺中，目前光刻设备采用专用的激光光刻机，其结构如图 5-51 所示，主要由激光器、电源、聚光系统、x-y 载物台及其微机控制部分组成。x-y 载物台的精度保证套刻精度在 $20\mu m$。

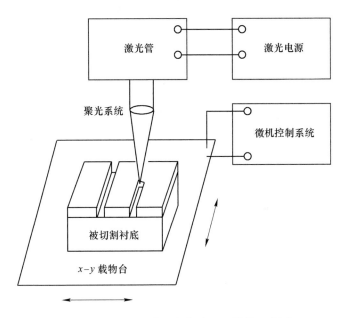

图 5-51 a-Si 电池激光切割专用机结构示意图

（1）器件尺寸设计。从器件尺寸设计看，要尽可能地减少"死区"，即不能产生光伏效应的区域。这就要求激光束直径适当地小。切割 TCO 时，因仅要求各条割开，所以需要考虑到当 TCO 衬底玻璃不平时对焦探的要求，以此来决定聚光系统，故各切割条间距取 $40 \sim 50\mu m$。切割 a-Si 时，此次切割目的是去除 a-Si 后露出底部的 TCO 电极部分，作为该单元电池的上电极与上一个电池的下电极（Al 电极）之间的连接沟槽。该沟槽宽为 L_a，按接触电阻要求由下式决定：

$$L_a = \sqrt{R_C / R_S} \qquad (5\text{-}33)$$

（2）激光功率的选择。切割沟槽宽度 L 与激光功率 P 之间的关系如下：

$$L = \frac{d}{\sqrt{2}} \left(\lg \frac{P}{P_M} \right)^{1/2} \qquad (5\text{-}34)$$

式中，d 为激光束直径；P_M 为刻开薄膜所需的极限功率。上式表明，激光功率与激光斑束尺寸及所要求的沟槽宽度 L 有关，同时也与被切割物质性质相关（通过 P_M）。采用适当功率与工件扫描速度选择，改变被切割物质所获得能量，从而改变其受热而汽化的程度，可得不同切割结果，表 5-7 给出当激光直径固定为 $50\mu m$，选用不同激光功率及工作速度切割 TCO 膜时，各条间电阻变化情况。表 5-7 表明，当选用脉冲式 YAG 激光器切割 TCO 时，由于斑束直径只有 $50\mu m$，脉冲光重复频率为 $30s^{-1}$ 时，若扫描速度太快，各光斑束不连接，部分 TCO 未受到激光作用未割开，如是条间电阻仍很少。随着扫描速度减少，束斑交叠连接起来，TCO 各处都被打开，条间电阻就达无穷。当然激光功率也要大到能切割物质的极限能量，功率太低，即使扫描速度慢也打不开。

表 5-7　　激光功率与工件速度对切割 TCO 条间电阻的影响

阻值/Ω　　能量/mJ 工件 速度/mm·s^{-1}	0.93	3.1	6.4	12.8
10	约 300	约 500	$>5 \times 10^3$	$1 \sim 5 \times 10^3$
2.7	约 500	约 600	约 5×10^3	约 10×10^3
0.33	$1 \sim 5 \times 10^6$	∞	∞	∞

表 5-8 给出不同 TCO 膜切割工艺条件的情况。不同 TCO 是由不同方法制备或 TCO 组分不同，其厚度基本相同。结果表明，采用 CVD 法制备的 SnO_2：(HCS) 最易切割开，而用溅射法制备的 ITO（NKI）则最不易被切割开，这反映不同 TCO 有不同的极限功率 P_M，这需要由实验数据来决定。

表 5-8　　不同来源 TCO 膜受激光切割影响

阻值/Ω　　能量/mJ TCO（来源）	0.93	3.1	6.4
NKJ	约 100×10^3	$5 \sim 10 \times 10^6$	∞
BDI	$1 \sim 5 \times 10^6$	∞	∞
SDI	约 10×10^6	∞	∞
HCS	∞	∞	∞

如上所示，采用脉冲式 YAG 激光器切割 TCO，只有采用低速工件扫描才能将各条 TCO 切开，工效很低。为此应选用连续 YAG 激光器，采用 10W YAG 激光器，并提高工件扫描速度，可使工效提高 $60 \sim 100$ 倍，切割 20cm × 20cm 的 TCO 衬底，仅需 $2 \sim 3$min，较为令人满意。

（3）切割 a-Si 条件选择。切割 a-Si 的目的是露出其底部的 TCO 上电极以便内连引线。因此要求切割 a-Si 时不得损伤底部 TCO 的导电性，即不得引入附加串联电阻。为提高工效及减少热能对底部 TCO 的影响，控制功率并适当加大扫描速度是必要的。采用 CW-YAG 切割 a-Si，选用较低功率（固定 1.4W），通过改变工件速度寻求合适条件，以使对 TCO 损伤最小。检验对 TCO 损伤与否的方法是：同一均匀 TCO 分成两半，一半不沉积 a-Si，一半沉积 a-Si。在沉积 a-Si 的一半，因激光切割一定尺寸间距的 a-Si。按相同间距在上述两半上分别蒸发等长度的铝电极，测量各自铝条间对应 TCO 电阻（a-Si 是高阻），两组电阻比越接近于 1，表明对 TCO 损伤小。若 $R_{切}/R_0$ 越大（R_0 为不沉积 a-Si 一半所对应的 TCO 电阻），则表明 TCO 受损伤越大。表 5-9 给出不同工件速度所得结果，实验表明对不同类型 TCO 有不同最佳速度，对 SnO_2 玻璃封底可在较高速度下获得几乎不受损伤的切割效果，而且能同时满足切割与工效效果兼收。

表 5-9　激光切割 a-Si 时对底部 TCO 接触特性影响

TCO 来源变化($R_{切}/R_0$) ＼ TCO 接触	工件速度 /mm·s⁻¹	33.3	17.0	8.3	2.3
SDI		13～15	2～5	1～2	10～15
HCS		1～2	4～7	15～30	约100

参 考 文 献

[1] 王雪. 晶体硅太阳电池激光掺杂选择性发射极技术研究 [D]. 武汉：华中科技大学，2015.

[2] 冯丽彬. 激光掺杂晶体硅太阳电池电镀工艺的研究 [D]. 北京：北京交通大学，2013.

[3] 金光勇，王慧. 半导体泵浦固体激光器技术 [M]. 北京：北京希望电子出版社，2008.

[4] 温姣娟. 激光介质热效应的理论分析 [D]. 上海：东华大学，2008.

[5] 董粉丽. LD 泵浦的棒状和薄片状激光介质热效应研究 [D]. 哈尔滨：哈尔滨工业大学.

[6] 姜梦华. 3000W 灯泵浦脉冲 Nd:YAG 固体激光器技术研究 [D]. 北京：北京工业大学，2012.

[7] 耿爱丛. 固体激光器及其应用 [M]. 北京：国防工业出版社，2014.

[8] 张丹妮. 固体激光器在晶硅太阳能电池制备中的应用研究 [D]. 锦州：渤海大学，2017.

[9] 赵雨. 太阳能电池技术及应用 [M]. 北京：中国铁道出版社，2013.

[10] 沈文忠. 面向下一代光伏产业的硅太阳能电池研究新进展 [J]. Chinese Journal of Nature，2010，32，134～142.

[11] 甄颖超. 单晶硅片的表面织构化与应用 [D]. 呼和浩特：内蒙古大学，2016.

[12] 郝艺. 黑硅太阳能电池表面织构化研究 [D]. 北京：北京交通大学，2016.

[13] 郭长春. 多晶硅酸刻蚀表面织构化的工艺研究 [D]. 长沙：长沙理工大学，2012.

[14] 宋长青. 非晶硅薄膜的 YAG 激光退火技术研究 [D]. 南京：南京理工大学，2010.

[15] 姚钦. 太阳能电池板激光刻线参数检测方法研究与实现 [D]. 广州：广东工业大学，2010.

[16] 王迪. Nd^{3+} 掺杂浓度对 LD 泵浦 Nd:YAG 脉冲激光器输出特性影响的研究 [D]. 长春：长春理工大学，2011.

[17] 朱君兰. 提高选择性发射极太阳电池组件量子效率的研究 [D]. 南京：南京理工大学，2012.

［18］眭山. PERC 和 PERL 太阳电池激光工艺的研究［D］. 广州：中山大学，2016.

［19］张奇淄. 硅太阳电池激光掺杂过程中的热质传递数值研究［D］. 广州：中山大学，2015.

［20］宋昊. 激光掺杂制备选择性发射极太阳电池［D］. 广州：中山大学，2013.

［21］莫德维. 利用激光掺杂制备选择性发射极太阳电池［D］. 广州：中山大学，2011.

［22］张卫红. 激光制备多晶硅太阳电池表面织构的研究［D］. 沈阳：沈阳理工大学，2015.

［23］曲鹏程. 非晶硅薄膜太阳能电池结构设计与关键工艺研究［D］. 成都：电子科技大学，2014.

［24］陈建明. 非晶硅薄膜太阳能电池的新工艺及理论模拟［D］. 上海：复旦大学，2005.

［25］李玲. 非晶硅薄膜太阳电池的优化设计［D］. 锦州：渤海大学，2015.

6 固体激光器对电池效率的影响

6.1 优化激光工作波长

为了减少硅片刻蚀损伤，了解激光与材料相互作用机理，优化实验激光参数是非常重要的，当材料被强烈激光辐射时，对于不同的激光工作波长激光损伤阈值也是不同的，因此激光刻蚀引发的材料表面损伤也是不同的。特别是当不同工作波长的激光辐射在半导体材料表面时，会使材料表面温度和热应力分布不同[1,2]。

利用 matlab 模拟激光与材料相互作用，当激光输出能量 $I_0 = 12\text{W/m}^2$，激光工作波长不同时，对应的温度分布曲线如图 6-1 所示。纵向坐标代表激光辐射在硅片表面时表面温度，横向坐标代表以硅片圆心为 0 点的径向值，通过图 6-1a可以清楚地看到，工作波长为 532nm 时温度升高更快，在激光光斑可辐射区域，硅片表面温度更高，因为此时硅片直接吸收激光辐射的能量，同时在激光光斑辐射区域外，由于受到激光照射硅片表面温度逐渐降低。图 6-1b 是硅片在两种不同波长工作条件下所承受的径向力对比，纵向坐标代表硅片表面承受的热压力，横向坐标代表以硅片圆心为 0 点的径向值，通过图 6-1b 可以看出由于硅片中心区域直接受到激光辐射，温度比周围没有受到辐射区域高，所以产生较高的压力，在没有受到激光辐射的区域，硅片表面压力几乎没有受到影响，所以当激光

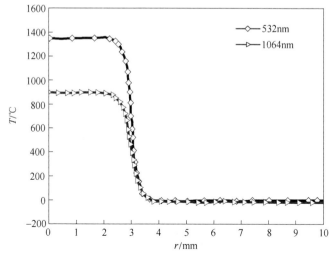

a

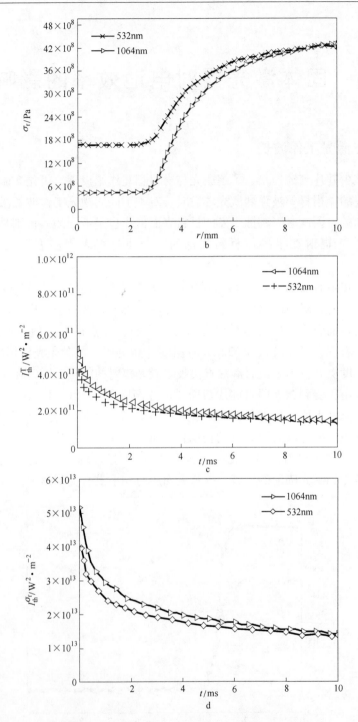

图 6-1 激光器不同工作波长对硅表面的影响

a—硅表面温度；b—硅表面热压力；c—硅表面融化损伤阈值；d—硅表面热应力损伤阈值

辐射在硅片中心时，中心区域压力值最大。图 6-1c 为不同激光工作波长对应的硅片表面熔化损伤阈值，x 轴代表激光辐射时间，y 轴代表熔化损伤阈值，可以看出随着激光辐射时间增加，硅片表面温度逐渐升高，导致表面熔化损伤阈值逐渐下降。图 6-1d 为不同激光工作波长对应的硅片表面热应力损伤阈值，横向坐标代表激光辐射时间，纵向坐标代表热应力损伤阈值，可以看出随着激光辐射时间增加，硅片表面热应力越来越大，导致表面热应力损伤阈值逐渐减小。通过图 6-1a ~ d 可以看出，两种工作波长中 532nm 对硅片熔化损伤阈值和热应力损伤阈值最低。根据以上分析，本实验利用 532nm 作为激光工作波长。

6.2 优化固体激光器工作参数

6.2.1 通过数值计算分析高斯光束焦点

本实验固体激光器谐振腔发射出的是高斯光束，图 6-2 为基模高斯光束。ω_0 为物方高斯光束束腰半径，ω_0' 为像方高斯光束腰斑半径，ω_c 为 C 面像方高斯光束腰斑半径，l 为物方束腰半径到透镜的距离，l 为像方束腰半径到透镜的距离。通过高斯光束的聚焦，即适当调整光学系统，使像方高斯光束的束腰半径减小，当像方高斯束腰半径最小时，激光能量高度集中，即为激光输出焦点处[2]。

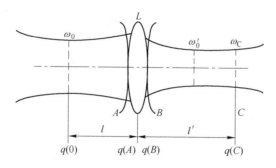

图 6-2　高斯光束通过薄透镜的变换

在束腰半径及高斯光束焦点处可利用复参数 q 表示为[3]

$$q(0) = q_0 = \frac{i\pi\omega_0^2}{\lambda} \tag{6-1}$$

激光照射在 A 面、B 面、C 面处时，可分别用复参数 q 表示为

$$q(A) = q_0 + l \tag{6-2}$$

$$\frac{1}{q(B)} = \frac{1}{q(A)} - \frac{1}{F} \tag{6-3}$$

高斯光束照射在 C 处时，为光束经过薄透镜后的传输特性，故在 C 面取像方束腰处，此时 $R_c \to \infty$，$Re\left(\dfrac{1}{q_c}\right) = 0$，通过式（6-1）~式（6-3）联立，得公式（6-4）：

$$q_{c} = lc + F \frac{l(F-l) - \left(\dfrac{\pi\omega_0^2}{\lambda}\right)^2}{(F-l)^2 + \left(\dfrac{\pi\omega_0^2}{\lambda}\right)^2} + i \frac{F^2\left(\dfrac{\pi\omega_0^2}{\lambda}\right)}{(F-l)^2 + \left(\dfrac{\pi\omega_0^2}{\lambda}\right)^2} \tag{6-4}$$

式中，ω_0 为物方高斯光束束腰半径；λ 为高斯光束波长；F 为薄透镜焦距；l 为物方束腰半径到透镜的距离[4]。

根据 $Re\left(\dfrac{1}{q_c}\right) = 0$ 可以得出

$$\begin{cases} lc + F \dfrac{l(F-l) - \left(\dfrac{\pi\omega_0^2}{\lambda}\right)^2}{(F-l)^2 + \left(\dfrac{\pi\omega_0^2}{\lambda}\right)^2} = 0 \\[4mm] q_c = i \dfrac{F^2\left(\dfrac{\pi\omega_0^2}{\lambda}\right)}{(F-l)^2 + \left(\dfrac{\pi\omega_0^2}{\lambda}\right)} \end{cases} \tag{6-5}$$

$$\begin{cases} l' = lc = F \dfrac{l(F-l) - \left(\dfrac{\pi\omega_0^2}{\lambda}\right)^2}{(F-l)^2 + \left(\dfrac{\pi\omega_0^2}{\lambda}\right)^2} \\[4mm] \dfrac{1}{\omega'^{0}_{2}} = -\dfrac{\pi}{\lambda}\mathrm{Im}\left(\dfrac{1}{q_c}\right) = \dfrac{1}{\omega_0^2}\left(1 - \dfrac{l}{F}\right)^2 + \dfrac{1}{F^2}\left(\dfrac{\pi\omega_0}{\lambda}\right)^2 \end{cases} \tag{6-6}$$

当式（6-5）、式（6-6）满足 $\left(\dfrac{\pi\omega_0^2}{\lambda}\right)^2 = (l-F)^2$ 时，由束腰关系式（公式（3-4））可推导出几何光学薄透镜成像公式为

$$l' = F + \frac{(l-F)^2 F^2}{(l-F)^2 + \left(\dfrac{\pi\omega_0^2}{\lambda}\right)^2} \Rightarrow l' \approx F + \frac{F^2}{l-F} = \frac{lF}{l-F} \Rightarrow \frac{1}{l'} + \frac{1}{l} = \frac{1}{F} \tag{6-7}$$

根据上式，推导出关于高斯光束通过光学薄透镜传输时束腰半径变换规律，如公式（6-8）所示：

$$\frac{1}{\omega'^2_0} = \frac{1}{\omega_0^2}\left[\left(1 - \frac{l}{F}\right)^2 + \frac{1}{F^2}\left(\frac{\pi\omega_0^2}{\lambda}\right)^2\right] \tag{6-8}$$

通过公式（6-8）计算分析高斯光束聚焦位置，当 $l < F$ 时，

$$\omega'_0 = \frac{\omega_0}{\sqrt{1 + \left(\dfrac{\pi\omega_0}{\lambda}\right)^2}} = \frac{\omega_0}{\sqrt{1 + \left(\dfrac{f}{F}\right)^2}} \tag{6-9}$$

其中，$f = \dfrac{\pi\omega_0^2}{\lambda}$。此时像方高斯光束束腰位置为

$$l' = F\left[1 - \frac{F^2}{F^2 + \left(\frac{\pi\omega_0}{\lambda}\right)^2}\right] = \frac{F}{1 + \left(\frac{F}{f}\right)^2} \tag{6-10}$$

当 $l > F$ 时，由公式（6-10）可以得出结论：

$$\omega_0' \rightarrow 0, l' \rightarrow F \tag{6-11}$$

实验中不考虑 $\omega_0' \rightarrow 0$，所以本文暂不讨论 $l > F$ 的情况，表6-1为本实验用到的透镜参数及代入公式（6-10）后计算得出的结果[4,5]。

表6-1　通过激光聚焦原理计算硅片平台高度

光斑半径 ω_0/mm	波长 λ/mm	焦距 F/mm	像方聚光斑半径距离 l'/mm
0.9 ± 0.2	532	255	$5.00 \sim 5.60$mm

6.2.2　通过实验探索高斯光束焦点

实验过程如下：保持激光输出功率为总功率的70%，重复频率200kHz，速度800mm/s不变，调节激光托盘高度，即高斯光束通过薄透镜射出的距离，利用显微镜观察激光刻蚀宽度最小值，在这个物方距离上，可达到高斯光束发出所有光斑半径的最小值，激光通过透镜输出到这个距离时，所聚集的激光能量最大，为了使实验结果更明显，所以实验选择较大的输出功率。实验装置模型如图6-3所示。

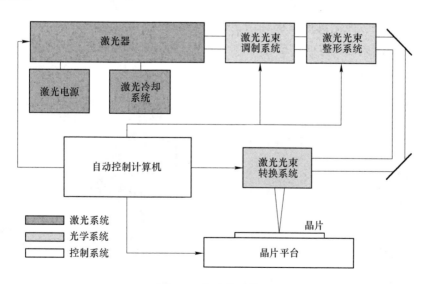

图6-3　实验装置模型

实验用显微镜型号为 QM-300，手动对焦范围为 10 ~ 50mm，放大倍率为

20 ~ 1000 倍，本实验图像所放大的倍率皆为
150 倍，图像传感器分辨率为 500 万像素，实验
装置如图 6-4 所示。

　　首先将硅片平台的高度调节到能调节的最
大距离 25mm，利用激光器设置好的参数对硅片
进行刻蚀，在实验过程中观察到在 25mm 处，
激光对硅片表面没有任何作用，再依次调节硅
片平台与透镜的距离，分别为 20mm、15mm、
10mm 直至调节至 8mm，透过透镜的激光都无
法与硅片表面产生相互作用。当硅片平台高度

图 6-4　实验用电子
显微镜装置图

调节至 7mm，在激光器工作过程中可以观察到激光对硅片表面刻蚀痕迹，激光工
作结束后，利用显微镜观察并测量硅片表面刻蚀宽度，此时刻蚀宽度为 0.05mm，
如图 6-5 所示，此时硅片表面蓝色 SiN_x 沉积层已经有部分通过激光作用移除，显
微镜下激光刻蚀后硅片表面呈灰色痕迹。继续调节硅片平台至 6.5mm 处，此时
激光在硅片表面刻蚀宽度仍为 0.05mm，通过高倍显微镜观察，激光刻蚀以后的
SiN_x 留下的细线一侧留有大约 0.02mm 的虚线，如图 6-6 所示，推测其原因可能
是因为在距离 6.5mm 时，更接近高斯聚焦处，激光能量变大，但还没有大到使
虚线部分的 SiN_x 被完全移除。将硅片平台继续向透镜方向调节至 6mm 处，激光
刻蚀后利用显微镜测量硅片被刻蚀宽度为 0.08mm，较之前数据有大幅度提高，
说明通过不断向透镜方向调节硅片平台高度，其距离越来越接近高斯光束聚焦距
离。继续调节硅片平台高度至 5.5mm、5.0mm 处，通过显微镜观察刻蚀后的硅

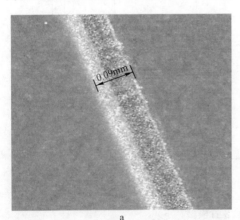

a

b

图 6-5　硅片平台高度不同对刻蚀线宽度的影响（1）
a—平台高度 5.0mm；b—平台高度 5.5mm

片，发现当硅片平台距离透镜 5.5mm 时，激光留下的刻蚀线宽度最大为 0.09mm，同时通过图 6-5a 可以看出，此时刻蚀线中央呈黑色，推测此处为高斯光束聚焦处，激光输出能量最大，激光在硅片上作用不止移除 SiN$_x$ 沉积层，同时破坏内部硅结构故而呈现黑色。通过实验观察，当硅片平台距离透镜 5.0 ~ 6.0mm 时，激光在硅片表面留下的刻蚀线最宽，硅片被刻蚀程度最严重，此处为激光发出的高斯光束聚焦处，此实验结果与前面计算结果基本相符[6~8]。表 6-2 为不同高度实验平台与刻蚀宽度的关系。图 6-5、图 6-6 为高倍显微镜下刻蚀激光刻蚀 SiN$_x$ 沉积层后留下的刻蚀痕迹。

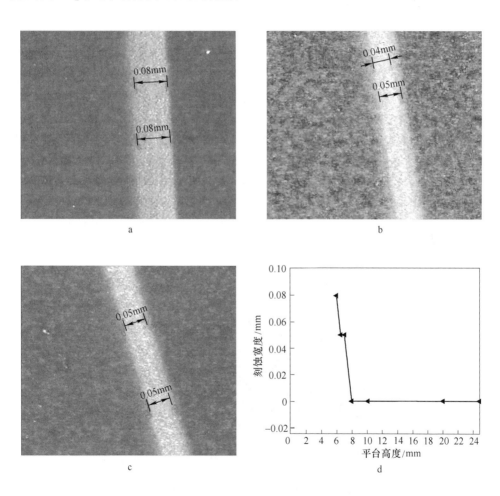

图 6-6 硅片平台高度不同对刻蚀线宽度的影响 (2)
a—平台高度 6.0mm；b—平台高度 6.5mm；
c—平台高度 7.0mm；d—不同平台高度对应的刻蚀宽度

表 6-2   平台高度与刻蚀宽度

平台高度/mm	刻蚀宽度/mm	平台高度/mm	刻蚀宽度/mm
25.0	无法刻蚀	7.0	0.05
20.0	无法刻蚀	6.5	0.05（模糊）
15.0	无法刻蚀	6.0	0.08
10.0	无法刻蚀	5.5	0.08
8.0	无法刻蚀	5.0	0.09

6.3   探索固体激光器功率对硅片的影响

实验利用 P 型单晶硅薄片，利用等离子体增强化学气相沉积法（PECVD）在薄片正反两面沉积减反层，正面 SiN 厚度为（80 ± 2.0）nm，背面 SiN 厚度为（240 ± 2.0）nm，SiN 折射率为 2.1 ± 0.02。利用固体激光器刻蚀硅薄片时，保持激光输出速度 800mm/s，激光输出频率 200kHz 不变，改变激光输出功率，降低激光刻蚀对薄片的损伤[9~12]。

实验使用美国 Sinton 公司生产的 WCT-120 准稳态光电导法少子寿命测试仪（QSSPC），少子寿命测试范围为 100ns ~ 10ms，电阻测量范围为 3 ~ 600Ω/sq，感测器直径为 40mm，工作环境温度为 20 ~ 25℃，可测样品直径规格为 40 ~ 210mm，可测硅片厚度为 10 ~ 2000μm，仪器外观如图 6-7 所示。

图 6-7   QSSPC 少子寿命测试仪设备图

QSSPC 少子寿命测试仪是利用准稳态光电导（quasi-steady-state photoconductance）法测试光强在较大范围内（10^{-5} ~ 1000suns）变化时准确有效的少子寿命变化[13]。WCT-120 测试的少子寿命，是指在瞬态时的有效寿命，但在实际测试中，由于很多因素会使测试样品发生复合，例如由于样品掺杂而导致的体复合或

表面复合,有效寿命是综合这些复合产生的影响后的少子寿命,图6-8为QSSPC
测试原理图。

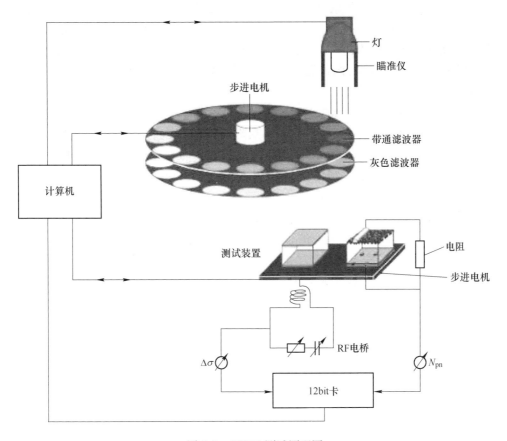

图 6-8　QSSPC 测试原理图

在晶片体内发生的各种类型的复合被综合在一起表示为体寿命 τ_{bulk},如公式
(6-12)所示;对于没有进行表面扩散的样品,其表面复合与体复合少子寿命表
达式为(6-13);对于经过扩散工艺的样品,其相关少子寿命表达式为公式(6-
14)。

$$\frac{1}{\tau_{bulk}} = \frac{1}{\tau_{Auger}} + \frac{1}{\tau_{Rad}} + \frac{1}{\tau_{SRH}} \tag{6-12}$$

$$\frac{1}{\tau_{eff}} = \frac{1}{\tau_{bulk}} + \frac{S_{front}}{W} + \frac{S_{back}}{W} \tag{6-13}$$

$$\frac{1}{\tau_{eff}} = \frac{1}{\tau_{bulk}} + \frac{J_{0front}(N_{dop}+\Delta n)}{qn_i^2 W} + \frac{J_{0back}(N_{dop}+\Delta n)}{qn_i^2 W} \tag{6-14}$$

在公式(6-12)中, τ_{Auger} 为俄歇复合寿命,它仅取决于硅片的掺杂类型和掺

杂浓度，以及光注入水平或过量载流子浓度 Δn；τ_{Rad} 为辐射复合，辐射复合寿命同样取决于硅片的掺杂类型和掺杂浓度、光注入水平和过量载流子浓度 Δn，但是辐射复合少子寿命比俄歇复合少子寿命小得多，通常辐射复合少子寿命可以被忽略不计；τ_{SRH} 为肖克莱 - 里德 - 霍尔（Shockley-Read-Hall）复合，指由于硅片体内杂质和缺陷导致的硅片体复合，其大小由样品中存在杂质和缺陷的数量，以及它们的复合"强度"（即缺陷能级和其捕获截面）以及掺杂和光注入水平共同决定[14~16]。

在公式（6-13）中，τ_{bulk} 为体复合少子寿命；S 为表面复合速度，cm/s。表面复合主要是由硅片表面存在的杂质和缺陷引起的，表面复合速度对硅片少子寿命的决定性远大于表面复合少子寿命值，故利用表面复合速度表征载流子寿命，其大小由过剩载流子浓度 Δn 决定，W 为测试样品厚度。

公式（6-14）为经过扩散工艺后的硅片少子寿命表达式，经过扩散形成 PN 结后，载流子复合通常发生在发射极区域或高低结（PP⁺）处。式中，J_0 为饱和电流，代表了在高掺杂区域中的俄歇复合，SRH 复合和表面复合的组合效应。N_{dop} 为掺杂浓度；n_i 为本征载流子浓度；W 为硅片厚度；Δn 为光照射下过剩载流子浓度。图 6-9 ~ 图 6-11 为通过 QSSPC 所测得少子寿命图示。

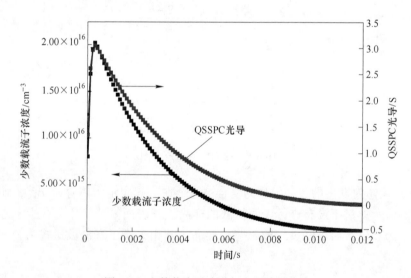

图 6-9　少数载流子浓度与光照关系曲线

图 6-9 中两条曲线分别代表少数载流子浓度随时间变化的函数及 QSSPC 光导随时间变换的函数。通过图 6-9 可以发现，少数载流子浓度与光导随时间变化曲线趋势重合，因为当光照射在 PN 结时，产生电子 - 空穴对，在硅片内部 PN 结附近生成的载流子没有被复合而到达空间电荷区，受内部电场的吸引，电子流入 N 区，空穴流入 P 区，结果使 N 区储存了过剩的电子，P 区有过剩的空穴，通过

图 6-10 可以看出此时载流子浓度随光照浓度的增加而增加，这些光照产生的过剩载流子在 PN 结附近形成与势垒方向相反的光生电场。光生电场除了部分抵消势垒电场的作用外，还使 P 区带正电，N 区带负电，在 N 区和 P 区之间的薄层就产生电动势，即光生伏特效应，载流子浓度同时也随光照强度的减弱而减弱。图 6-11 为少数载流子浓度与反向少子寿命曲线，通过曲线的斜率可以计算得出发射级饱和电流浓度，从而确定电池片发射级掺杂程度[17~20]。

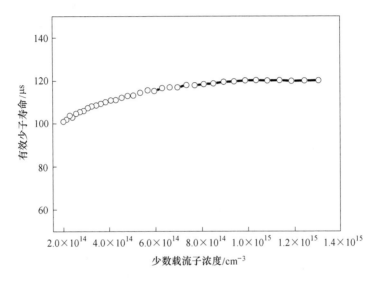

图 6-10   少数载流子浓度与有效少子寿命关系曲线

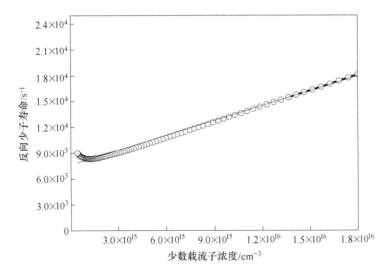

图 6-11   少数载流子浓度与反向少子寿命关系曲线

图 6-10 是有效少子寿命与少数载流子浓度关系，通过图可以看出，没有经过激光刻蚀的硅片少子寿命为 119.47μs。图 6-11 是反向少子寿命与载流子注入浓度关系，由于相对于体复合和表面复合，发射级复合主要取决于载流子注入，所以注入载流子寿命值决定了发射级饱和电流 J_0，在高注入 $N_A \ll \Delta n$ 条件下，可以得到公式（6-15）：

$$\frac{1}{\tau_{\text{eff}}} - \frac{1}{\tau_{\text{Auger}}} = \frac{1}{\tau_{\text{bulk}}} + \left[J_{\text{0front}} + J_{\text{0back}} \right] \frac{N_A + \Delta n}{q n_i^2 W} \tag{6-15}$$

式中，$J_0 = J_{\text{0front}} + J_{\text{0back}}$，得出

$$\frac{1}{\tau_{\text{eff}}} - \frac{1}{\tau_{\text{Auger}}} = \frac{1}{\tau_{\text{bulk}}} + J_0 \frac{\Delta n}{q n_i^2 W} \tag{6-16}$$

通过公式（6-16），发射极饱和电流由反向少子寿命与注入载流子浓度曲线斜率得到[21~23]，如图 6-11 所示。

实验细节：准备 8 片面积为 156mm × 156mm P 型单晶硅薄片进行刻蚀实验，利用结果最明显的两组进行结果分析。激光刻蚀 SiN_x 沉积层前，少数载流子寿命分别为 119.47μs、138.06μs，扩散区方块电阻分别为 53.8Ω/sq、53.3Ω/sq。将激光输出功率调节至总输出功率的 30%、35%、40%、45%，观察刻蚀前后少数载流子寿命、发射级饱和电流变化，并利用高倍显微镜观察激光输出功率不同对硅片表面形貌的影响。图 6-12a、b 为激光输出功率为 30% 时，刻蚀前后少子寿命分布曲线，图 6-12a 中刻蚀前少子寿命为 119.47μm，刻蚀后少子寿命为 16.51μm，扩散区方块电阻为 56.7Ω/s，少子寿命下降 86.18%；图 6-12b 中，激光输出功率为 30%，刻蚀前少子寿命为 138.06μm，刻蚀后少子寿命为 16.04μm，扩散区方块电阻为 47.2Ω/sq，少子寿命下降 89.11%，此时少子寿命下降幅度最大且扩散区方块电阻增加，说明输出功率 30% 对硅片损伤程度远远大于其收益。图 6-12c、d 为激光输出功率为 35% 时，刻蚀前后少子寿命分布曲线，实验组 A 刻蚀前少子寿命为 119.47μm，刻蚀后少子寿命为 17.41μm，扩散区方块电阻为 53.3Ω/sq，少子寿命下降 85.43%；实验组 B 激光输出功率 35% 时，刻蚀前少子寿命为 138.06μm，刻蚀后少子寿命为 17.47μm，扩散区方块电阻为 45.6Ω/sq，少子寿命下降 87.35%。图 6-12e 为实验组 A 激光输出功率 40% 时，刻蚀前后少子寿命分布曲线，刻蚀前少子寿命为 119.47μm，刻蚀后少子寿命为 17.33μm，扩散区方块电阻为 50.7Ω/sq，少子寿命下降 85.49%；图 6-12f 为实验组 B 激光输出功率 40% 和 45% 时，刻蚀后硅片少数载流子寿命都为 17.44μm，扩散区方块电阻为 44.8Ω/sq，少子寿命下降幅度相同为 87.37%。图 6-12g 为激光输出功率 45% 时，刻蚀前后少子寿命分布曲线，刻蚀前少子寿命为 119.47μm，刻蚀后少子寿命为 17.18μm，扩散区方块电阻为 50.2Ω/sq，少子寿命下降 85.62%；通过本实验测试结果发现当激光输出功率为 35% 时，硅片少数载流子寿命降低比例最低为 85.43%，硅片扩散区方块电阻随着激光输出功率增

加而减少，在激光输出功率在35%～45%之间时，硅片被刻蚀后扩散区方块电阻都低于未被刻蚀时，说明激光刻蚀有助于减少硅片串联电阻。通过图6-12，激光刻蚀前后硅片发射级饱和电流对比，发现激光刻蚀后都会使发射极饱和电流增加。激光刻蚀后硅片少子寿命降低以及发射极饱和电流增加，可推测出由于激光刻蚀，增加了硅片表面复合中心，在激光刻蚀的损伤处，有效载流子寿命减少[24]。

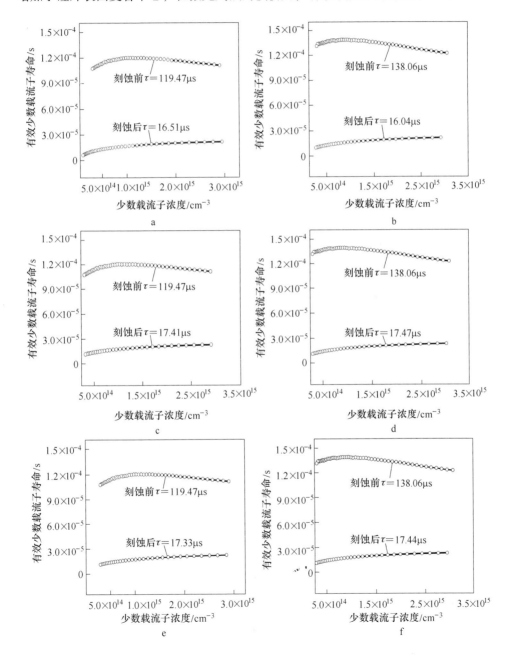

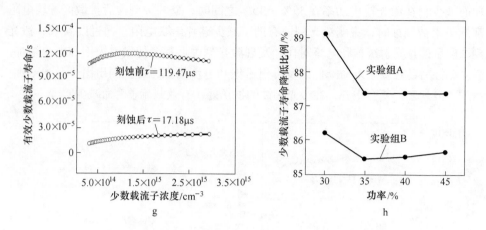

图 6-12　激光刻蚀前后少数载流子寿命分布曲线

a—实验组 A 功率 30%；b—实验组 B 功率 30%；c—实验组 A 功率 35%；d—实验组 B 功率 35%；
e—实验组 A 功率 40%；f—实验组 B 功率 40% 和 45%；g—实验组 A 功率 45%；
h—两组实验结果对比

　　在两次改变输出功率的实验中，当激光输出功率为 35% 时，刻蚀后少数载流子寿命下降幅度最低，同时扩散区方块电阻随激光输出功率增大而减少，通过图 6-13 可以发现当激光功率输出功率控制在 35% ~ 45% 之间时，改变激光功率不会对发射极饱和电流产生明显的影响[25~27]。要想提高电池效率，探索出激光刻蚀 SiN_x 沉积层最佳参数至关重要。

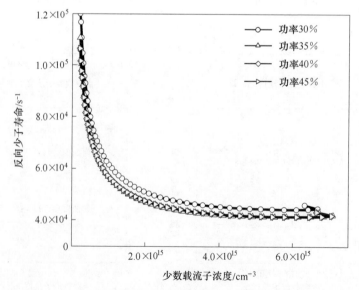

图 6-13　不同输出功率反向饱和电流

　　激光输出功率控制在总功率的 30%～45% 时，发现少子寿命降低幅度都很大，即使在最佳实验条件下，少子寿命仍下降超过 80%。为了减少少子寿命下降幅度，降低激光刻蚀对硅片表面的损伤程度，将激光输出功率调节至更大范围，为总功率的 20%～75%，利用 4 片 156mm×156mmP 型单晶硅薄片，SiN 沉积层正面厚度为（80±2.0）nm，背面厚度为（240±2.0nm），折射率为 2.1±0.02。激光输出速度为 1500mm/s，重复频率为 200kHz，4 片单晶硅薄片实验条件完全相同。选其中结果对比最明显的一组数据进行分析，图 6-14a 为不同功率刻蚀单晶硅薄片表面少子寿命对比图，由于少子寿命下降幅度较大，为了更直观地观察不同激光输出功率对硅片表面少子寿命的影响，缩小图示纵坐标范围，得图 6-14b，因为硅片被激光刻蚀前有效少子寿命相同，为 128.14μs，扩散区方块电阻为 52.6Ω/sq，所以图 6-14b 中少子寿命越大，其损伤程度越小。通过图 6-14a、b 可以看出，激光输出功率为 20% 刻蚀硅片后，硅片有效少子寿命为 17.2μs，少子寿命比未刻蚀时下降了 86.58%，其扩散区方块电阻为 47.0Ω/sq。利用激光总功率 40% 对硅片刻蚀后，硅片少子寿命为 16.38μs，少子寿命下降了 87.22%，扩散区方块电阻为 43.6Ω/sq。激光输出总功率 45% 对硅片刻蚀后，硅片少子寿命为 15.96μs，少子寿命下降了 87.54%，扩散区方块电阻为 47.1Ω/sq。激光输出总功率 50% 对硅片进行刻蚀后，硅片少子寿命为 15.31μs，少子寿命下降幅度为 88.05%，扩散区方块电阻为 47.9Ω/sq。激光输出总功率的 55% 对硅片进行刻蚀后，硅片少子寿命为 13.75μs，少子寿命下降了 89.27%，扩散区方块电阻为 46.4Ω/sq。通过以上实验数据比对，发现随着激光输出功率的增大，刻蚀前后少子寿命下降越大，而扩散区方块电阻随激光功率增加而减少，为了验证这一结论，继续调节激光输出功率，使激光输出功率为 60% 对硅片进行刻蚀，

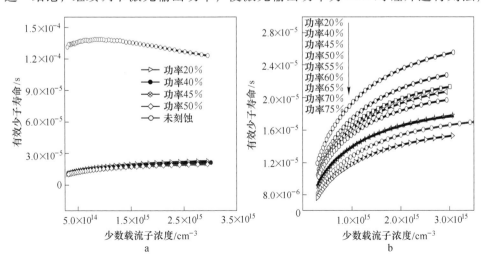

图 6-14　激光输出功率不同对少子寿命的影响

刻蚀后硅片少子寿命为 12.66μs，少子寿命下降了 90.12%，扩散区方块电阻为 44.7Ω/sq。当激光输出功率为 65%，对硅片刻蚀后硅片少子寿命为 13.82μs，少子寿命下降了 89.21%，扩散区方块电阻为 45.70Ω/sq。激光输出总功率的 70% 对硅片进行刻蚀后，硅片少子寿命为 11.74μs，少子寿命下降了 90.84%，扩散区方块电阻为 44.0Ω/sq。激光输出总功率 75% 对硅片刻蚀后，硅片少子寿命为 19.09μs，少子寿命下降了 85.10%，扩散区方块电阻为 46.9Ω/sq。

通过不同功率对少子寿命降低比例的影响，可以得出结论，当少子寿命降低比例与激光输出功率成正相关，所以当功率最小时，少子寿命降低得最少。图 6-15 为少子浓度与反向少子寿命关系图，公式（6-14）少子浓度与反向少子寿命关系曲线的斜率即为发射级饱和电流 J_0，通过图 6-15 可以看出激光输出功率在 20% ~ 70% 之间变化时，对 J_0 影响不大，当激光输出功率为 75% 时，少子寿命降低最多，因为硅片损伤导致较大的发射级饱和电流浓度，说明此时掺杂情况十分严重，因为激光功率过大，破坏了硅片表面和体内结构，使硅片表面复合中心增加，这些都极大地增加了硅片表面复合作用，同时由于激光功率太大烧蚀到硅表面，导致硅发生变性，在激光刻蚀的瞬间高温，硅片融化成高温液态硅，又与空气中氧气反应，生成氧化硅一类混合物，然后在激光辐射的位置发生超快冷却，使反应物和生成物发生凝固，例如 SiO_2，硅结构完全被破坏，所以虽然此时少子寿命减低值最小但并不能作为重复实验的参考[28]。

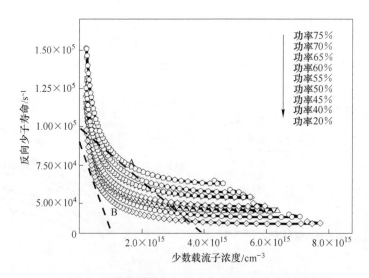

图 6-15　不同激光输出功率对发射级饱和电流的影响

通过图 6-16 显微镜下不同激光输出功率留下的不同刻蚀图形及图 6-17 刻蚀宽度与少子寿命衰减关系图可以看出，不同功率下的刻蚀宽度曲线与硅片少子寿命下降幅度曲线趋势基本相同，激光刻蚀后在硅片表面留下的刻蚀线宽度越宽则其被刻蚀后少子寿命降低也越多，说明刻蚀宽度也与激光输出功率成正相关。通过图 6-16 可以看出，当激光输出功率过小时，在硅片表面会有 SiN$_x$ 残留；当激光输出功率过大时，会使硅基底受到损伤。图 6-18 为激光功率 20%～30% 刻蚀前后少子寿命对比图，保持实验其他条件不变，将激光输出功率调小，为激光总功率的 20%～30%，扫描速度为 800mm/s，脉冲重复频率为 200kHz。刻蚀前硅片有效少子寿命为 139.48μs，扩散区方块电阻为 52.8Ω/sq。

图 6-16　显微镜下不同激光输出功率的刻蚀图形

根据图 6-18 可以看出激光输出功率为 20% 时，硅片被刻蚀后少子寿命为 19.75μs，比未刻蚀有效少子寿命下降了 85.84%，扩散区方块电阻为 47.4Ω/sq。

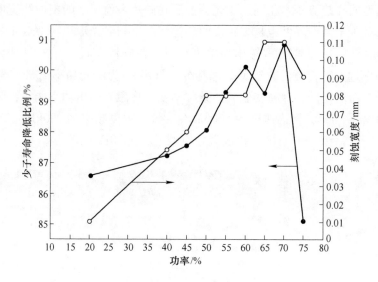

图 6-17　刻蚀宽度与少子寿命衰减的关系

激光输出功率为 30% 时，硅片被刻蚀后少子寿命为 19.28μs，比未刻蚀有效少子寿命下降了 86.18%，扩散区方块电阻为 52.2Ω/sq。激光输出功率为 28% 时，硅片被刻蚀后少子寿命为 18.66μs，比未刻蚀有效少子寿命下降了 86.62%，扩散区方块电阻为 52.2Ω/sq。通过以上数据可以看出，当激光输出功率减少时，对硅片损伤较小，硅片少子寿命降低幅度小，但是扩散区方块电阻却增大了，为了探索对电池性能最优的激光参数，继续调节激光输出功率至 26%，此时硅片被刻蚀后少子寿命为 18.77μs，比未刻蚀有效少子寿命下降了 86.54%，扩散区方块电阻为 52.8Ω/sq。激光输出功率调节至 25% 时，硅片被刻蚀后少子寿命为 19.28μs，比未刻蚀有效少子寿命下降了 86.18%，扩散区方块电阻为 51.7Ω/sq，通过这两组数据发现，当激光输出功率继续调小时，少子寿命降低幅度也更小，但是其扩散区方块电阻却很大，影响电池片效应。通过图 6-19 中发射级饱和电流曲线可以看出，载流子浓度与反向少子寿命曲线几乎重合，说明激光输出功率在 25%~30% 之间时，不同输出功率对发射级饱和电流影响很小，但通过图 6-16 可以看出激光输出功率过低，硅表面会有 SiN_x 残留。通过以上少子寿命对比，结合图 6-16 高倍显微镜图示可得出结论，当激光输出功率为 70% 时，硅片少子寿命降低幅度相差不大，但可以保证硅片表面 SiN_x 残留最少，又不会对硅基底造成过大损伤。在激光去除硅片表面 SiN_x 沉积层实验中，为了探索激光刻蚀电池片最优参数，需要控制变量改变不同的激光参数，同时将不同参数的硅片做成太阳能电池进行性能比较，才能验证最佳实验条件。

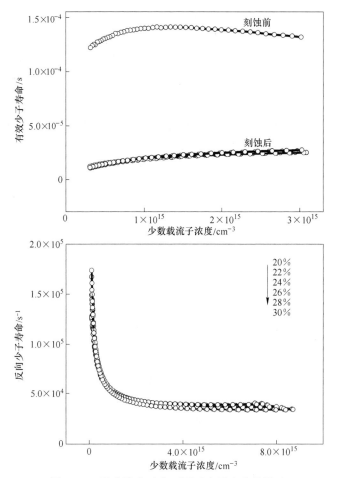

图 6-18 激光输出功率不同对少子寿命的影响

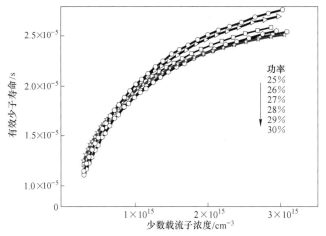

图 6-19 不同激光输出功率对发射级饱和电流的影响

6.4　探索固体激光器速度对硅片的影响

探索固体激光器刻蚀硅片的最优速度一方面可以减少由于激光扫描速度过快或过慢造成的硅片损伤，另一方面可以保证日后固体激光器投入产线使用时，不会占用过多的太阳能电池片生产时间。固体激光器激光扫描速度主要受激光辐射功率以及激光在 $X\text{-}Y$ 轴上的速度两个方面限制，激光单脉冲能量 W_{pulse} 和脉冲峰值功率 P_{pulse} 是影响激光刻蚀速度的重要参数[29]。

$$W_{\text{pulse}} = Pf^{-1}A_{\text{s}}^{-1} \tag{6-17}$$

$$P_{\text{pulse}} = W_{\text{pulse}}t_{\text{s}}^{-1} \tag{6-18}$$

式中，f 是脉冲重复频率；t_{s} 是脉冲持续时间；A_{s} 是激光刻蚀面积。通过公式 (6-17) 和 (6-18) 可以看出激光单脉冲输出能量和单脉冲峰值能量都是关于脉冲重复频率的关系式，所以要想激光扫描速度足够大，必须保证激光在高脉冲重复频率时有足够大的脉冲能量，本实验所用激光器脉冲重复频率范围 200kHz 到 1MHz。为了公式计算更简便，假设在激光脉冲工作时，激光脉冲是一个常量，因此在一定速度下，激光刻蚀时间可以表示为

$$t_{\text{p}} = \frac{A}{d_{\text{s}}v_{\text{s}}} = \frac{A}{fd_{\text{s}}^2} \tag{6-19}$$

式中，A 是被刻蚀区域总面积，激光在硅片上刻蚀的面积大约占硅片总面积的 80%；d_{s} 是点与点之间的距离；v_{s} 是扫描速度。利用固体激光器激光刻蚀硅背面 SiN 沉积层，改变激光刻蚀速度，通过高倍显微镜和 WT－130 型号光电导少子寿命测试仪测试少子寿命，得出对硅片损伤最小的激光输出速度。实验利用 $156 \times 156\text{mm}$ P 型单晶硅薄片，测得硅片有效少子寿命为 $112.51\mu\text{s}$，扩散区方块电阻为 $52.2\Omega/\text{sq}$，硅片正面 SiN_x 沉积层厚度为 $(80 \pm 2.0)\text{nm}$，背面 SiN_x 沉积层厚度为 $(240 \pm 2.0)\text{nm}$，折射率为 2.1 ± 0.02，为更好证明速度对刻蚀结果的影响，实验过程中保持激光输出功率在 70%，脉冲重复频率在 200kHz 不变。改变激光扫描速度，$10 \sim 1500\text{mm/s}$。刻蚀前后少子寿命比较如图 6-26 所示，为便于比对激光输出功率不同对硅片少子寿命的影响，将图 6-20a 纵坐标数量级缩小至如图 6-21b 所示。

通过图 6-20 不同激光扫描速度对有效少子寿命的影响曲线可以看出，当激光以速度 10mm/s 对硅片进行刻蚀后，硅片有效少子寿命为 $14.52\mu\text{s}$，扩散区方块电阻为 $50.0\Omega/\text{sq}$，少子寿命下降幅度为 87.09%。当激光以速度 100mm/s 对硅片进行刻蚀后，硅片有效少子寿命为 $13.59\mu\text{s}$，扩散区方块电阻为 $47.3\Omega/\text{sq}$，少子寿命下降幅度为 87.92%。当激光以速度 300mm/s 对硅片进行刻蚀后，硅片有效少子寿命为 $14.04\mu\text{s}$，扩散区方块电阻为 $48.4\Omega/\text{sq}$，少子寿命下降幅度为 87.52%。当激光以速度 500mm/s 对硅片进行刻蚀后，硅片有效少子寿命为

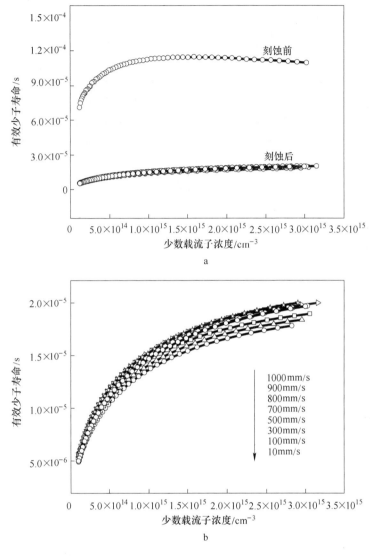

图 6-20 激光扫描速度不同对少子寿命的影响
a—激光刻蚀前后少子寿命曲线；b—不同激光扫描速度对应少子寿命

15.20μs，扩散区方块电阻为 49.6Ω/sq，少子寿命下降幅度为 86.49%。当激光以速度 700mm/s 对硅片进行刻蚀后，硅片有效少子寿命为 15.21μs，扩散区方块电阻为 49.6Ω/sq，少子寿命下降幅度为 86.49%。当激光以速度 800mm/s 对硅片进行刻蚀后，硅片有效少子寿命为 14.87μs，扩散区方块电阻为 45.3Ω/sq，少子寿命下降幅度为 86.78%。当激光以速度 900mm/s 对硅片进行刻蚀后，硅片有效少子寿命为 15.18μs，扩散区方块电阻为 46.6Ω/sq，少子寿命下降幅度为

86.51%。当激光以速度 1000mm/s 对硅片进行刻蚀后，硅片有效少子寿命为 14.59μs，扩散区方块电阻为 44.7Ω/sq，少子寿命下降幅度为 87.03%。通过少子寿命对比发现，激光扫描速度在 700~900mm/s 之间时，少子寿命下降幅度较低，同时扩散区方块电阻较小，使硅片串联电阻减小电流增加。同时发现当扫描速度低于 500mm/s 时，硅片有效少子寿命大幅度下降，因为激光在薄硅片上扫描时，由于硅片面积较小，需激光刻蚀的区域较小，若扫描速度过慢，则会发生光束在同一点多次重复扫描或光束在硅片同一刻蚀点停留的情况，会使硅片表面受到较严重的损伤或发生硅融化现象，导致电池片失去其性能。通过图 6-21 发射级饱和电流曲线可以看出，激光载流子浓度与反向少子寿命曲线斜率基本相同，说明改变激光扫描速度对发射级饱和电流 J_0 影响不大[26,29]。图 6-22 为显微镜下观察激光扫描速度不同留下的刻蚀线。

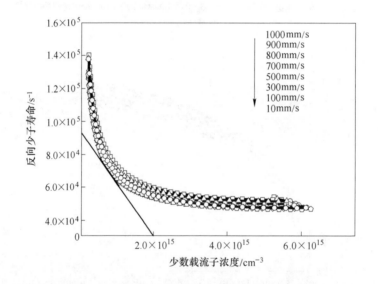

图 6-21　不同激光扫描速度对发射级饱和电流的影响

　　通过图 6-22 可以看出当速度为 10mm/s 时，激光刻蚀后在硅片表面留下一条很深的柱状线，说明此时激光已经将钝化过的电池片内部硅烧蚀融化，激光扫描速度过低使激光能量在每一个刻蚀点聚集时间过长，硅片吸收过多的能量，超过其热阈值承受能力，发生融化，同时由于实验在常温下进行，硅融化后与外部环境发生化学反应又迅速凝固，所以激光扫描速度过低会使硅薄片变性。通过图 6-23 观察，激光扫描速度超过 800mm/s，其速度对刻蚀线宽度几乎没有影响。所以通过有效少子寿命对比得出结论，激光扫描速度为 1000mm/s 或大于 1000mm/s 时，对硅片损伤最小。为了验证这一实验结果只是由激光扫描速度引起的，而没有其他偶然因素，准备三片完全一样的单晶硅薄片，改变激光输出功率为70%，调节激光扫描速度为800mm/s、900mm/s、1000mm/s，分析比较刻蚀前后有效少子寿命，结果如图6-24所示。

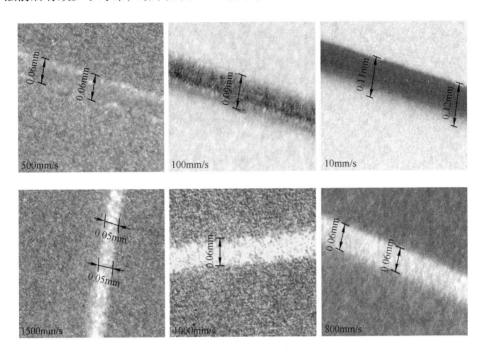

图6-22　不同速度对刻蚀宽度的影响

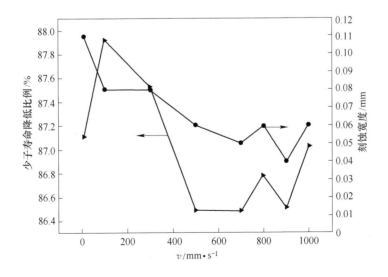

图6-23　刻蚀宽度与少子寿命衰减的关系

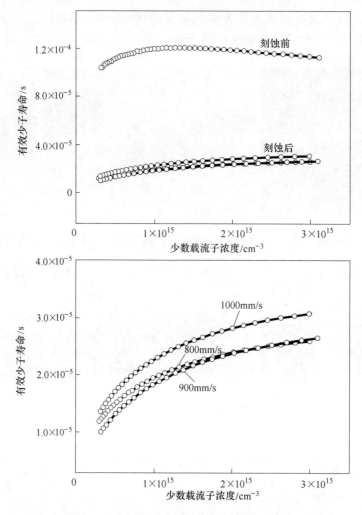

图 6-24　激光扫描速度不同对少子寿命的影响

　　通过图 6-24 不同激光扫描速度对硅片少子寿命的影响可以看出，硅片刻蚀前少子寿命为 119.20μs，扩散区方块电阻为 54.0Ω/sq。激光输出功率 70%，脉冲重复频率 200kHZ，扫描速度 1000mm/s 对单晶硅薄片刻蚀后，硅片有效少子寿命为 22.64μs，扩散区方块电阻为 46.2Ω/sq，少子寿命下降了 81.00%。当激光扫描速度为 900mm/s 时，硅片有效少子寿命为 19.44μs，扩散区方块电阻为 46.5Ω/sq，少子寿命下降了 83.69%。当激光扫描速度为 800mm/s 时，硅片有效少数载流子寿命为 18.25μs，扩散区方块电阻为 48.4Ω/sq，少子寿命下降了 84.69%。综上，硅片少数载流子寿命下降幅度随激光扫描速度增加而减少，扩散区方块电阻随扫描速度增加而减少，故固体激光器以 1000mm/s 的扫描速度刻蚀硅片背表面沉积层对硅片损伤最小，但仍有氮化硅残留，根据图 6-22 和图

6-24 可推断激光最佳扫描速度为 800mm/s。

6.5 探索固体激光器脉冲重复频率对硅片的影响

实验利用 25 片 P 型单晶硅薄片分成 5 组进行实验，每组硅片正反两面沉积减反层，正面 SiN 厚度 80nm ±2.0nm，背面 SiN 厚度 240nm ±2.0nm，SiN 折射率为 2.1 ±0.02。利用固体激光器刻蚀硅薄片背面，保持激光输出速度 800mm/s、激光输出功率为 70% 不变，5 组实验片分别对应激光脉冲重复频率 100kHz、200kHz、400kHz、604kHz、810kHz，图 6-25 为硅片被激光刻蚀前后有效少子寿

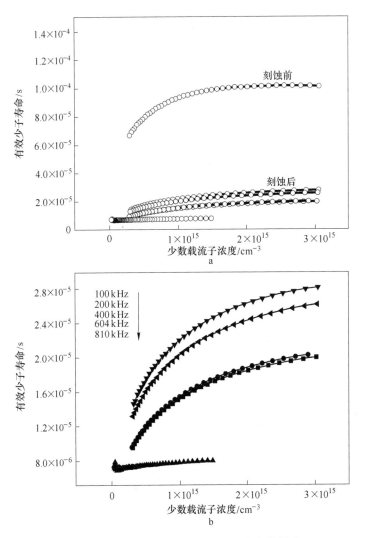

图 6-25 激光输出功率不同对少子寿命的影响

a—激光刻蚀前后少子寿命曲线；b—不同脉冲频率少子寿命曲线

命改变情况，图 6-25a 为不同脉冲重复频率刻蚀硅片后有效少子寿命对比，图 6-25b 为少数载流子浓度与反向少数载流子寿命曲线图。

通过图 6-25，硅片刻蚀前少子寿命为 92.48μs，扩散区方块电阻为 49.6Ω/sq。激光输出功率为 30%，扫描速度为 1000mm/s，脉冲重复频率为 810kHz，对单晶硅薄片刻蚀后，硅片有效少子寿命为 7.62μs，扩散区方块电阻为 52.7Ω/sq，少子寿命下降了 91.76%。利用脉冲频率 810kHz 对单晶硅片刻蚀后有效少子寿命几乎为零，因为硅片体内有很多微观缺陷，这些缺陷吸收光热能力比本征硅大很多，当激光脉冲重复频率过大时，硅体内这些微观缺陷会吸收热能，并随着激光不断辐射，硅体内缺陷对热能的吸收将占据主导地位，硅体内储存更多的热能温度升高而其热损伤阈值下降，会在硅体内发生局部爆炸或发生局部雪崩离化的过程，而这些过程使硅体内缺陷又进一步扩大，在高脉冲重复频率下，上述过程在硅体内不断重复发生，最终导致硅完全失去其性能[29~31]。

根据图 6-26 发射级饱和电流曲线可以看出，当激光脉冲重复频率为 810kHz 时，J_0 曲线不再有意义。当脉冲重复频率 604kHz 时，对单晶硅薄片刻蚀，硅片有效少子寿命为 21.68μs，扩散区方块电阻为 49.6Ω/sq，少子寿命下降了 76.56%。脉冲重复频率 400kHz 对单晶硅薄片刻蚀后，硅片有效少子寿命为 19.90μs，扩散区方块电阻为 48.7Ω/sq，少子寿命下降了 78.48%。激光脉冲重复频率 200kHz 单晶硅薄片刻蚀后，硅片有效少子寿命为 15.18μs，扩散区方块电阻为 46.3Ω/sq，少子寿命下降了 83.59%。调节激光脉冲重复频率为 100kHz 对单晶硅薄片刻蚀后，硅片有效少子寿命为 14.87μs，扩散区方块电阻为 45.3Ω/sq，少子寿命下降了 83.92%。通过以上数据发现当激光重复频率大于 400kHz 时有效

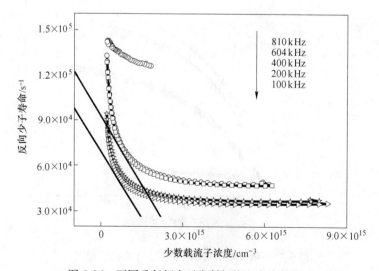

图 6-26　不同重复频率对发射级饱和电流的影响

少子寿命降低幅度较小，根据公式 $W_{\text{pulse}} = P_{\text{pulse}} \dfrac{1}{f}$，当脉冲重复频率增大时，激光脉冲能量随之减少，通过实验结果脉冲重复频率超过 400kHz 时其发射区方块电阻增加，说明此时重复频率太大，使硅片受到损伤，表面缺陷增加。若激光输出脉冲能量输出过小，则能使硅片表面 SiN 沉积层被完全移除。根据以上分析，激光脉冲重复频率为 100~200kHz 时，对硅片损伤最小。

6.6 总结

为了能够使固体激光器在太阳能电池中得到更广泛的应用，制备出的太阳能电池效率更优异，就需要先对固体激光器设备进行探索研究，寻找激光器刻蚀太阳能电池最佳工作参数，本章主要内容如下：

（1）根据激光与硅材料反映特性，利用 matlab 软件模拟激光工作波长为 532nm、1064nm 对硅片表面温度、表面热压力、表面融化热阈值损伤、表面热应力阈值损伤进行模拟。工作波长为 532nm 时温度升高更快，在激光光斑可辐射区域，硅片表面温度更高。工作波长 1064nm 时硅片中心区域直接受到激光辐射，温度比周围没有受到辐射区域高，所以产生较高的压力，但其最大最小压力差值比波长 532nm 小。在模拟表面融化阈值损伤时发现，随着激光辐射时间增加，波长越大硅片表面温度升高越快，表面熔化损伤阈值下降越快。表面热应力阈值模拟中，随着激光辐射时间增加，硅片表面热应力越来越大，导致表面热应力损伤阈值逐渐减小。通过模拟得出结论，两种工作波长中 532nm 时硅片熔化损伤阈值和热应力损伤阈值最低，最适合作为激光加工太阳能电池工作波长。

（2）利用理论计算与实验的方法找到激光聚焦最佳值，首先通过激光聚焦原理计算出硅片平台理论上所在具体，然后通过实验调节激光平台高度 5.0~25.0mm，通过高倍显微镜观察激光刻蚀能量最聚集处，即为激光聚焦处，实验测得当平台高度 5.0~6.0mm 时为激光聚焦点。

（3）探索激光加工背接触太阳能电池最佳输出功率：保持其他条件不变，改变激光输出功率 20%~75%，通过高倍显微镜、有效少子寿命、发射级饱和电流探索适用于加工太阳能电池的最佳输出功率。结论：当激光输出功率为总功率的 70% 时，硅片少子寿命降低幅度较低，同时又能使硅片表面沉积层被完全去除，为激光刻蚀硅片较好的功率参数。

（4）探索固体激光器刻蚀硅片的最优速度，一方面可以减少由于激光扫描速度过快或过慢造成的硅片损伤，另一方面可以保证日后固体激光器投入产线使用时，不会占用过多的太阳能电池片生产时间。实验仍然采用控制变量法，其他条件不变的情况，改变激光扫描速度，10~1500mm/s。通过高倍显微镜、载流子有效少子寿命、发射级饱和电流探索激光加工太阳能电池的最佳扫描速度。结论：硅片少数载流子寿命下降幅度随激光扫描速度增加而减少，扩散区方块电阻随扫描速度增加而减少，固体激光器以 800mm/s 的扫描速度刻蚀硅片表面 SiN$_x$ 效果最优。

（5）探索固体激光器刻蚀硅片最佳重复频率，其他条件不变，改变激光脉冲重复频率 100～810kHz，通过高倍显微镜、载流子有效少子寿命、发射级饱和电流探索固体激光器加工太阳能电池的最佳重复频率。结论：当脉冲重复频率超过 400kHz，会使硅基地受到损伤，表面缺陷增加。激光输出脉冲能量输出过小，则并能使硅片表面 SiN 沉积层被完全移除。当激光脉冲重复频率为 100～200kHz 时，对硅片损伤最小，为固体激光器加工太阳能电池的最佳脉冲频率。

参 考 文 献

［1］ 来冰，丁训民，袁泽亮．同步辐射光电子能谱对 ITO 表面的研究［J］．半导体学报，1999，20（7）：543～547.

［2］ 段学臣，杨向萍．新材料 ITO 薄膜的应用和发展［J］．稀有金属与硬质合金，1999，138（9）：58～60.

［3］ Marykawa T. The compressed development of China's photovoltaic industry and the rise of suntech power［J］. Journal of Water Resource & Protection, 2012, 5（5）：511～519.

［4］ Szlufcik J, Duerinckx F, Horzel J, et al. High-efficiency Low-cost Intergral Screen-printing Multicrystalline Silicon Solar Cells［J］. Solar Energy Materials&Solar Cells, 2002, 74（6）：155～163.

［5］ Ruby D S, Zaidi S H, Narayanan S, et al. RIE-texturing of industrial multicrystalline silicon solar cells［C］. 29th IEEE Photovoltaic Specialists Conference, 2002, 22：146～149.

［6］ Nositschka W A, Voigt O, Manshaden P, et al. Textursation of Multicarystalline Silicon Solar Cells by RIE and Plasma Etching［J］. Solar Energy Materials & Solar Cells, 2003（80）：227～237.

［7］ Cerhard S C, Marchmann R, Tone M. Mechanically Textured Low Cost Muticrystalline Silicon Solar Cells with a Novel Printing Metallization［C］. 26th IEEE Photovoltaic Specialists Conference, 2007, 21：43～46.

［8］ Macdonald D, Cuevas As, Kerr M , et al. Texturing Industrial Multicrystal-line Silicon Solar Cells［C］. Proceedings of ISES 2001 Solar World Congress, 2001, 19：1～7.

［9］ Lemell C, Tong X M, Krausz F, et al. Electron Emission from Metal Surfaces by Ultrashort Pulses: Determination of the Carrier-envelope Phase.［J］. Physical Review Letters, 2003, 9（9）：64～70.

［10］ Qi Y, Qi H, Chen A, et al. Improvement of Aluminum Drilling Efficiency and Precision by Shaped Femtosecond Laser［J］. Applied Surface Science, 2014, 3（17）：252～256.

［11］ Cheng C W, Chen J K. Drilling of Copper Using a Dual-pulse Femtosecond Laser［J］. Technologies, 2016, 4（1）：4～7.

[12] Loncanc I, Alducin M, Saalfrand P, et al. Femtosecond Laser Pulse Induced Desorption: A Molecular Dynamics Simulation [J]. Nuclear Instruments & Methods in Physics Research, 2016, 10 (4): 382~389.

[13] Anisimov S I, Kapeliovich B L, Perelman T L. Electron Emission from Metal Surfaces Exposed to Ultrashort Laser Pulses [J]. Zhurnal Eksperimentalnoi Teoreticheskoi Fiziki, 1974, 66 (76): 776~781.

[14] Lowe R A, Landis G A, Jenkins P. Response of Photovoltaic Cells to Pulsed Laser Illumination [J]. IEEE Transactions on Electron Devices, 1995, 42 (4): 744~751.

[15] Jain R K. Calculated Performance of Indium Phosphide Solar Cells under Monochromatic Illumination [J]. IEEE Transactions on Electron Devices, 1993, 40 (10): 1893~1895.

[16] Li Ling, Zhou L, Zhang Y. Thermal Wave Superposition and Reflection Phenomena during Femtosecond Laser Interaction with Thin Gold Film [J]. Numerical Heat Transfer Part Applications, 2014, 65 (12): 1139~1153.

[17] Levy Y, Derrien J Y, Bulgakova N M, et al. Relaxation Dynamics of Femtosecond-laser-induced Temperature Modulation on the Surfaces of Metals and semiconductors [J]. Applied Surface Science, 2011, 9 (74): 157~164.

[18] Schomaker M, Heinermann D, Kalies S, et al. Characterization of Nanoparticle Mediated Laser Transfection by Femtosecond Laser Pulses for Applications in Molecular Medicine [J]. Journal of Nanobiotechnology, 2015, 13 (1): 1~15.

[19] Li L, Zhao S. Thermal Ablation of Thin Gold Films Irradiated by Ultrashort Laser Pulses [J]. Applied Physics Application, 2016, 122 (4): 1~10.

[20] Kumar N, Dash S, Tyagi A K, et al. Dynamics of Plasma Expansion in the Pulsed Laser Material Interaction [J]. Sādhanā, 2010, 35 (4): 493~511.

[21] Zolperr J, Fuzu Z, Green M. Laser Grooved and Polycrystalline Silicon Solar Cell Research [J]. Nasa Sti/recon Technical Report , 1989, 90 (1): 31~40.

[22] Huang J, Zhang Y, Chen J K, et al. Ultrafast Solid-liquid-vapor Phase Change of a Thin Gold Film Irradiated by Femtosecond Laser Pulses and Pulse Trains [J]. Frontiers in Energy, 2012, 6 (1): 1~11.

[23] Chow I H, Xu X, Weiner A M. Ultrafast Pulse Train Micromachining [J]. The International Society for Optical Engineering, 2003, 49 (78): 138~146.

[24] Karim ET, Wu C, Zhigilei LV. Molecular Dynamics Simulations of Laser-materials Interactions: General and Material-specific Mechanisms of Material Removal and Generation of Crystal Defects [M]. New York: Springer International Publishing, 2014: 27~49.

[25] Szfulick J, Dierimckx F. Defect Passivation of Industrial Multicrystalline Solar Cells Based on PECVD Silicon Nitride [J]. Solar Energy Materials & Solar Cells, 2002, 72 (4): 231~246.

[26] Kerr M, Schimidt J. Highest-quality Surface Passivation of Low-resistivity P-type Silicon Using Stoichiometric PECVD Silicon Nitride [J]. Solar Energy Materials & Solar Cells, 2001, 65 (4): 585~591.

[27] Vermang B, Goverde H, Uruen A, et al. Blistering in ALD Al$_2$O$_3$ Passivation Layers as Rear Contacting for Local Al BSF Si Solar Cells [J]. Solar Energy Materials & Solar Cells, 2012, 101 (21): 204 ~ 209.

[28] Mertens R, Poortmans J, Kerschaver E, Characterization and Implementation of Thermal ALD Al$_2$O$_3$ as Surface Passivation for Industrial Si Solar Cells [J]. Microcirculation, 2009, 17 (5): 358 ~ 366.

[29] Schmidt J, Merkl A, Brendel R Surface Passivation of High-efficiency Silicon Solar Cells by Atomic-layer-deposited Al$_2$O$_3$ [J]. Progress in Photovoltaics Research & Application, 2010, 16 (6): 461 ~ 466.

[30] Veith B, Wemer F, Zielke D, Comparison of the Thermal Stability of Single Al$_2$O$_3$ Layers and Al$_2$O$_3$/SiN$_x$ Stacks for the Surface Passiviation of Silicon [J]. Energy Procedia, 2011, 8 (8): 307 ~ 312.

[31] Mochizukit T, Kim C, Yoshita M. Solar-cell Radiance Standard for Absolute Electroluminescence Measurements and Open-circuit Voltage Mapping of Silicon Solar Modules [J]. Journal of Applied Physics, 2016, 119 (3): 194 ~ 201.